다원주의와 지적 설계론

유물주의와 창조주의의 논쟁 : 고대에서 현대까지

Critique of Intelligent Design

다윈주의와 지적 설계론

유물주의와 창조주의의 논쟁 : 고대에서 현대까지

존 벨라미 포스터, 브렛 클라크, 리차드 요크 공저
박종일 옮김

인간사랑

Critique of Intelligent Design
by John Bellamy Foster, Brett Clark, and Richard York

– 『다윈주의와 지적 설계론』을 추천하는 글들 –

이른바 “지적 설계”에 대응하여 그 핵심을 바로 비판하는 책이 마침내 나왔다. 『다윈주의와 지적 설계론』의 저자들은 생명체의 복잡성과 진화의 생물학적 과정에 관한 현대의 연구성과를 충실하게 소개하면서도 유물주의와 초자연주의의 실질적 쟁점이 무엇인지도 놓치지 않고 있다. 이 책은 지적 설계론에 관한 모든 논의가 기초로 삼아야 할 모델이다.

– **Richard Lewontin** : 하버드 대학 비교동물학 교수. *Biology Under the Influence*와 *The Dialectical Biologist*의 저자(Richard Levins와 공저).

지적 설계 창조론 운동의 자연과학에 대한 공격은 철저하게 비판받아 왔으나 이 운동이 사회과학을 타도하려는 시도에 대해서는 지금까지 비판이 부족했다. 이 책은 중요한 인물들—다윈뿐만이 아니라 지적 설계론 지지자들이 악마로 여겨왔던 에피쿠로스, 마르크스, 프로이트—에 대한 논쟁을 상세히 다룸으로써 부족했던 이 부분을 채워주고 있다. 여기에 더하여 저자들은 지적 설계론 운동의 지도자인 C. S. Lewis를 분석함으로써 지적 설계론이 기독교 호교학에 불과함을 밝히고 있다. 뛰어난 저작이다.

– **Barbara Forrest** : 사우스 루이지애나 대학 철학 교수. *Creationism's Trojan Horse : The Wedge of Intelligent Design*의 저자(Paul R. Gross와 공저).

지적 설계론 운동의 바탕이 되고 있는 반유물주의 역사를 훌륭하게 재구성하였다.

– **David Sedley** : 캠브리지 대학 고대철학 교수. *Creationism and Its Critics in Antiquity*의 저자.

지적 설계론은 환상과 미신과 숨겨진 반동적 논쟁으로 가득 찬 반계몽주의 운동임을 학술적으로 밝힌 책이며 반드시 읽어야 할 책이다. 천체 설계에 관한 동화보다는 과학과 이성에 관심이 있는 독자라면 한 권은 가져야 할 책이다. 학생들에게 지적 설계론을 주입시키려는 교육자들에게도 권하고 싶은 책이다.

– **Peter Dickens** : 캠브리지 대학 사회학/정치학 교수. *Society and Nature*의 저자.

다시 불붙은 종교와 과학의 논쟁에서 창조론 또는 지적 설계론 진영이 여러 차례 현대 과학을 공격하자 자연과학자들과 유물주의 철학자들이 몇 차례 반격을 가했다. 그 과정에서 소홀히 다루어졌으나 이 책이 메워주고 있는 부분은 마르크스주의적인 세계 전망이다. 저자들은 에피쿠로스, 루크레티우스, 흄, 포이에르바흐, 마르크스, 다윈, 프로이트, 르원틴, 굴드의 저작을 자세하게 소개하는 한편 이들과 대칭점에 서 있는 사람들의 저작도 충실히 소개함으로써 과학적 · 유물주의적 사상과 여러 형태의 관념주의 사이에 벌어진 오랜 논쟁의 역사를 재미있게 소개하고 있다. 이 논쟁은 아마도 인류의 역사가 기록된 이후로 벌어진 가장 의미 있는 이슈일 것이다.

– **Jean Bricmont** : 루뱅 대학(벨기에) 이론물리학 교수. *Humanitarian Imperialism*과 *Fashionable Nonsense*의 저자(Alan Sokal과 공저).

이 책은 에피쿠로스와 다윈을 내세워 지적 설계론 운동이 과학으로 위장하고 있는 창조론의 도그마를 폭로하고 있다.

– **A. A. Long** : 캘리포니아 대학(버클리) 고전학/문학 교수. *Hellenistic Philosophy : Stoics, Epicureans, Sceptics*의 저자.

지적 설계론으로 재포장한 새로운 창조론과 싸우는 데는 우연, 복잡성, 자연선택 등에 대한 특정한 오해를 지적하는 것으로는 충분하지 않다. 지적 설계론은 몰락하는 제국이 기독교 근본주의를 앞세워 유물주의와 휴머니즘을 공격하는 전략의 일부분이다. 『다윈주의와 지적 설계론』은 양 진영의 오랜 논쟁의 내용과 역사적 연원을 포괄적으로 보여주고 있다.

– **Richard Levins** : 하버드 대학 인구와 국제건강 교수. *Biology Under Influence*와 *The Dialectical Biologist*의 저자(Richard Lewontin과 공저).

목차

서문

미국에서 1990년대에 등장하여 공립학교에서의 진화론 교육에 이의를 제기함으로써 짧은 시간 안에 언론의 주목을 받은 지적 설계론 운동은 고대 그리스로부터 시작하여 2,500년이나 된 유물주의 비판이 새롭게 등장한 것이라고 자처한다. 이 책을 통해 우리는 이 새로운 논쟁에서 대립적인 입장에 서서 현대의 과학적 세계관의 모태가 된 2,500년이나 된 유물주의의 지적 설계론(창조론) 비판을 간략하게 소개하려 한다. 서구의 사상계에서 수천 년을 끌어온 이 논쟁을 우리는 사회과학뿐만 아니라 자연과학의 맥락에서, 철학적 관점에서는 물론 종교적인 관점에서, 국가(정치)와 교회의 관계라는 틀에서 살펴볼 것이다.

지적 설계론 운동에 대응하는 쪽에서는 최근 과학과 종교 사이의 인위적인 평화를 모색하여 왔다. 그런데 지적 설계론 운동이 야기한 종교와 과학의 갈등은 우리가 이 책에서 밝혀내겠지만 현대 사회에서는 극복할 수 없다. 종교적 소외, 다시 말해 세상으로부터의 소외는 우월한 입지를 차지하려는 수단에 불과하며, 인간 소외이자 과학 소외를 의미한다.

인간과 과학의 소외는 오늘날의 권력구조에서 불가피하다. 이 중첩적인 소외를 초월할 수 있는 유일한 방법은 사회적 수단을 통하여 유물주의-인간중심주의를 확대하는 것이며, 그러기 위해서는 지속 가능한 자연과의 관계를 수립하는 것이 첫 번째 전제조건이다. 그러나 이런 목표를 달성하자면 우리는 우리와 세계의 관계를 변화시키지 않으면 안 되고, 결국 세계는 '우리의 친구'가 되어야 한다.

이 책은 우리의 가족, 친구, 동료가 관련된 지극히 사회적인 산물이다. 수년 동안 다듬어 온 우리의 주장은 2005-2006년 사이에 브렛 클라크가 여러 대학에서 공개강좌를 통해 발표한 것에다가 우리 세 사람이 2007년에 『이론과 사회』(*Theory and Society*)지에 공동 저술로서 발표한 논문을 더한 것이다.[1] 우리는 이 책의 집필 초기에 도움을 준 『이론과 사회』지의 편집자들, 그 중에서도 특히 카렌 루카스에게 감사를 드리고자 한다. 우리를 격려해 준 『먼슬리 리뷰』(*Monthly Review*)지의 친구들 존 메이지, 마틴 파디오, 존 사이먼, 마이클 예이츠, 클로드 미스키에비츠, 스캇 보처트에게도 감사를 드린다. 케리 앤 나우모프, 크리스 쉴드, 테레사 코포드로부터 영감을 얻지 못했다면 이 책은 나올 수 없었을 것이다. 이들은 교육, 인간의 복지, 생명을 위한 나름대로의 투쟁에 매진해 왔고, 실질적으로 이 책은 그들의 활약으로부터 연유한 것이다. 마지막으로 사울과 아이다 포스터, 아서와 게일런 요크, 공립학교에서 교육받고 있는 모든 학생들, 이 모든 사람들이 대변하고 있는 세상의 희망에게 이 책을 바친다.

:: 주 ::

1 Brett Clark, John Bellamy Foster, and Richard York, "The Critique of Intelligent Design : Epicurus, Marx, Darwin, and Freud and the Materialist Defence of Science," *Theory and Sociology* 36/6(2007) : 515–46. 이 책의 여러 단락은 이 초기의 논문에서 발췌한 것이다.

역자 서문

올해가 찰스 다윈 탄생 200주년이고 『종의 기원』이 출판된 지 150주년이라 진화론에 관한 책들이 전례 없이 많이 출판되고 있다. 그리고 진화론과 창조론 사이의 논쟁은 다윈이 『종의 기원』을 발표하면서 비로소 시작된 것이 아니라 고대 그리스 문명에서부터 지금까지 2,500년을 이어져 오고 있다.

역자가 이 책을 우리말로 옮기는 작업을 해보기로 마음 먹은 데는 창조론과 진화론 사이의 쟁점과 그 역사를 알고 싶은 것은 물론이지만, 여기에 더하여 창조론이 하나의 종교적 교리로만 머물지 않고 정치세력화할 때, 특히 유일 초강대국인 미국에서 정치세력화할 때 우리의 문명 전체에 어떤 일이 일어났는지를 생각해 보기 위해서였다.

이 책의 공저자 가운데 한 사람인 존 벨라미 포스터의 저작은 근래에 우리나라에도 여러 권이 번역 소개되어 있다. 이 책에서 독자들은 미국의 진보적 지식인들의 눈을 통해 창조론의 논리와 역사를 비판적으로 관찰할 수 있을 것이다.

이 역서의 원저는 *Critique of Intelligent Design : Materialism versus Creationism From Antiquity to the Present*(Monthly Review Press, 2008)이다. 우리말로 바꾸면 『지적 설계론 비판』이 되어야 할 것이나 독자들이 책의 메시지를 쉽게 파악할 수 있도록 『다원주의와 지적 설계론』으로 다듬었다.

원저의 내용을 독자들에게 충실히 전하기 위해 나름대로 노력했으나 지식이 얕아 오역이 없지 않을 것이다. 이는 온전히 역자의 책임이다. 번역 원고를 읽고 여러 가지 오류를 지적해 주고 귀한 의견을 내준 추정완 선생님과 이상민 양에게 감사를 드린다.

2009. 3

역자

들어가는 말

오늘날 쓰이는 것과 같은 의미로서 "지적인 설계"란 말을 처음 사용한 사람이 찰스 다윈이란 사실은 역사에 가끔씩 나타나는 아이러니 가운데 하나이다. 다윈은 1861년 5월에 존 허셜(John Hershel)에게 보낸 편지에서 이 세계가 설계되었다는 관념에 대해 의문을 제기하면서 다음과 같이 썼다. "지적인 설계라고 하는 당신의 관점에 대해 나는 매우 혼란스러움을 느낍니다 … . 이 우주에 존재하는 온갖 생명체와 인간을 볼 때 모든 것이 지적으로 설계되었다는 생각을 하지 않을 수 없습니다. 그러나 생명체 하나하나를 들여다 보면 그런 증거를 발견할 수 없습니다. 신이 비둘기의 깃털을 설계할 때 인간이 알아볼 수 있도록 공작의 깃털과는 전혀 다르게 설계했다는 주장을 주저 없이 받아들이기는 어렵습니다."[1)]

다윈에게 있어서 "지적인 설계"란 개념은 비판의 대상이었다. 그런데 1990년대부터 미국에서는 일군의 창조론자들이 유물주의와 다윈주의를 공격하고 근본주의 기독교의 관점을 과학과 문화에 침투시키기 위해 이 개념을 부활시켰다. 이 새로운 "지적 설계론" 확산 운동은 자연은 설계되었다는 "과학적" 증거를 제시하여 공공생활의 기반 전체를 변화시키려는 목적을 갖고 있다.

공격의 주 대상은 여러 가지 이유로 연결고리가 가장 취약한 공립학교의 교과과정이다. 20세기 초에 등장했던 "창조과학"의 신판이라고 할 수 있는 오늘날의 "지적 설계론"을 지지하는 사람들은 그들의 신념을 과학의 수준으로 끌어올려 유물론과 창조론 사이의 해묵은 논쟁의 불씨를 다시 지피고 공립학교 교과과정에 "지적 설계론"을 집어넣어 진화론과 대등한 위치를 차지하게 하려고 한다.[2)]

19세기 말에 진화론의 여러 관점이 고등학교 교과서에 포함되었다. 20세기 초가 되자 생물학, 식물학, 동물학, 지질학 관련 주요 교과서에는 "강력한 진화론의 분위기"가 충만했고 "창조론의 관점"은 배제되거나 부정되었다.[3)] 교사들은 진화론을 가르치도록 고무되었고 또 그런 지침을 받았다. 이와 동시에 2차 교육이 대규모로 확대되면서 진화론을 접하는 학생의 수가 늘어났다. 이에 위협을 느낀 기독교 보수주의자들은 1920년대가 되자 반진화론 십자군 운동을 일으켰다. 이 십자군 운동의 최전선에 섰던 인물이 윌리엄 제닝스 브라이언(William Jennings Bryan)이었다. 브라이언은 우드로 윌슨 대통령 밑에서 국무장관을 지냈고 민주당 후보로 대통령선거에 세 번이나 출마했다. 그는 "다윈주의를 우리의 학교에서 몰아내야" 한다고 주장했다.[4)] 유명한 웅변가였고 "황금십자가" 연설로 수백만의 사람들에게 영향을 끼쳤던 그는 풍자작가 멍켄(H. L. Mencken)의 표현을 빌리자면 기독교 근본주의를 전도하는 "코카콜라 지대의 싸구려 교황"이었다. 근본주의자들의 단체가 조직되고 나서 몇 년이 지난 1923년에 오클라호마 주가 처음으로 반진화론법을 통과시켰고, 플로리다 주가 잇달아 유사한 법을 제정했다. 1925년에는 테네시 주도 학교에서 다윈주의와 성서에 기록된 신성한 창조를 부정하는 학설을 가르치는 것을 금지하는 법을 통과시켰다. 버틀러 법(Butler Act)이라고 불린 이 법은 "테네시 주 안에 소재하는 대학, 사범대학, 그리고 일체의 각급 공립학교에서 … 성서가 가르치는 이야기를 부정하고 인간은 저급한 동물의 수준에서 진화한 동물의 후손이라고 주장하는 학설을 가르치는 것은 불법"이라고 규정했다. 이 법은 역사적으로 유명한 "스콥스 원숭이 재판"의 발단이 되었다.

미국 시민자유연맹(American Civil Liberties Union)은 테네시 주법에 도전하기 위해 무료변론을 제공했다. 재판이 있었던 데이튼 시의 사업가들도 고향의 명예를 떨어뜨리지 않으려고 모임을 갖고 이 법에 도전하기로 결정했다. 고등학교의 물리 교사이자 체육 코치도 겸하면서 정규 교사가 없는 생물과목도 임시로 가르치던 존 스콥스(John Scopes)는 이 법에 도전하기 위해 학생들에게 시험을 앞두고 진화론을 담은 교재(조지 윌리엄 헌터가 쓴 『시민의 생물학』)를 읽도록 지정해 주고 자진하여 체포되었다. 이 사건의 재판에서 스콥스의 변호인 클레런스 대로우(Clarence Darrow)와 검찰측 증인 윌리엄 제닝스 브라이언이 치열한 법정싸움을 벌였다. 재판이 진행되던 1925년의 8일 동안 신문기자들, 방문객, 데이튼 주민들은 흥분 속에서 거물들의 논쟁을 지켜보았다. 브라이언은 법정 안팎을 가리지 않고 진화론을 부정하면서 많은 사회적 질병이 학교에서 진화론을 가르쳤기 때문에 생겨났다고 매도했다. 대로우는 증언대에 선 브라이언에게 성서에 기록된 현상들이 문자 그대로 이 세계에서 일어나고 있는지 물었다. 대로우는 성서에 기록된 얘기들이 비이성적이며 (브라이언도 태양은 동쪽에서 떠서 서쪽으로 지는 것이 아니라 움직이지 않는다는 사실을 인정했다) 과학적 지식에 비추어 볼 때 잘못된 것이므로 과학교육의 기초로 삼아서는 안 된다는 점을 부각시켰다. 대로우는 증언대에 선 브라이언을 완패시킬 수 있었지만 스콥스는 진화론을 가르쳤다는 이유로 유죄판결을 받았다(이 판결은 후에 절차상의 잘못 때문에 번복되었다). 브라이언은 재판이 끝나고 나서 닷새 후에 데이튼에서 죽었다.[5]

스콥스 재판으로 진화론에 대한 인식이 고양되었음에도 불구하고 이후 수십 년 동안 미국의 공립학교 교실에서 진화론은 완전히 사라졌다. 버틀러 법은 이 재판 이후로 실제로 집행된 적이 없었지만 법령집속에 계속 남아 있다가 1967년이 되어서야 폐기되었다. 1957년에 소련이 인류 최초의 **스푸트니크** 위성을 쏘아올리자 우주개발과 핵무기 경쟁이 벌어졌고, 미국이 우주경쟁에서 뒤진 것은 낙후한 교육 때문이라는 위기의식이 팽배했다. 그 결과 특히 수학과 과학교육을 강화하는 조처가 취해졌고 진화론의 교육도 부활했다. 새로 펴낸 고등학교용 생물 교과서에 진화론이 포함되었고, 곧바로 반진화론 운동이 "과학적 창조론"이란 이름표를 달고 시작되었다. 아칸소와 루이지애나 주에서는 학교에서 진화론과 창조론을 가르치는 데 "동일한" 시간을 배정해야 한다는 법이 제정되었다.

1982년 **맥클린 대 아칸소 주 교육청 소송**에서 연방법원은 진화과학과 이른바 창조과학 사이에 "균형 잡힌 배려"를 요구하는 법령은 "의회가 국가 종교를 설립하거나 종교의 자유를 제약하는 어떤 법도 제정할 수 없도록" 규정한 헌법정신에 위배된다는 결정을 내렸다. 또한 연방법원은 "창조과학"은 사실상 과학이 아니라는 결정도 내렸다. 1987년에는 **에드워드 대 아길라르 소송**에서 노벨상 수상자를 포함한 일단의 과학자들이 루이지애나 주의 "동일 시간" 법이 위헌이라 주장하는 사람들을 지지하는 의견서를 법정에 제출했다. 이 의견서는 과학이란 자연현상을 관찰하고 자연의 법칙에 따른 해석을 추구하는 것이라고 지적했다. 달리 말하자면 유물론을 지지하는 것이 과학의 기반이란 의견이다. 연방 대법원은 이들의 의견을 지지하고 공립학교에서 진화론을 가르칠 수 있다는 결정을 내렸다. 대법원은 또한 "창조과학"이 인류를 창조한 초자연적 존재란 개념을 내세움으로써 특정 종교를 지지하는 것은 부당하다는 결정을 내렸다. 1990, 1994, 1997년에도 여러 법원에서 창조론 지지자들의 주장을 물리치는 결정이 잇달아 나왔다.[6]

반진화론자들은 이에 굴하지 않고 다음 번 십자군 원정을 위해 다시 뭉쳤다. 그들은 법과 정치제도의 틈을 찾아 진화론을 손상시키고 신학의 쐐기를 박아넣을 틈을 찾으려 했다. 새천년이 다가올 무렵 칼 세이건(Carl Sagan)이 저서를 통해 반동적인 힘이 활동하고 있으며, 과학을 지키기 위해 꾸준한 경각심을 가져야 할 필요가 있다고 주장했다. 그는 이렇게 썼다.

> 새천년이 다가오면서 거짓 과학과 미신이 해가 갈수록 사람들을 부추기고 비이성적인 주장이 사이렌의 노래처럼 사람들을 유혹하는 정도가 강해지고 있는 것 같아 염려스럽다. 전에도 그런 적이 있었던가? 어려운 시대가 오면 인종적 혹은 국가적 편견을 부추기는 세력이 등장하여 우리 국가의 영향력과 목표가 작아졌다고 한탄하면서 국가적 자부심이나 공포심을 자극한다. 그렇게 되면 우리 주변에 광신주의가 퍼지기 시작한다. 이런 시대가 되면 옛날의 사상들이 지배권을 장악하려고 한다. 촛불이 꺼져가면서 촛불 주위의 작은 빛의 덩어리는 흔들린다. 어

> 둠이 몰려들고 악마들이 일어서기 시작한다.[7)]

그들이 일어서기 시작했다. 반진화론 세력이 그들의 낡은 교리를 다시 포장하고 소외된 세계에 만연하는 편견에 호소하기 위해 "지적인 설계"(다윈 이전 시대의 자연신학의 재판)를 과학으로 선전한다.

지적 설계 학파의 교과서인 『판다와 인간』(*Of Pandas and People*)에 따르면,

> 다윈주의자들이 지적 설계론을 반대하는 이유는 그것이 다양한 형태의 생명이 처음에 어떻게 시작되었는지 밝히기 위해 자연적인 원인을 제시하지 않기 때문이다. 지적인 설계란 다양한 형태의 생명이 지성적인 동인(動因)을 통하여 이미 완전한 모습으로 (예컨대 물고기는 처음부터 지느러미를 갖고 있었고 새는 처음부터 깃털과 부리와 날개를 갖고 있었다) 한 순간에 존재하게 되었다는 것을 의미한다.[8)]

지적 설계론을 옹호하는 사람들은 민권운동의 논리를 일부분 빌려와 학교에서도 사상의 다양성을 교육해야 한다고 주장한다. 그들은 진화론의 정통성에 대해 의문을 제기하기 위해 "다른 논점도 교육해야 한다"는 주장을 펼치는 것이며, 이를 통해 형이상학적 유물주의/자연주의의 교의에 충실한 정통적인 과학탐구를 중단시키려 한다. 또한 그들은 지적 설계론에도 주의를 기울임으로써 과학적 탐구를 확대해야 한다는 논리를 내세워 과학의 붕괴를 궁극적인 목표로 삼고 있는 자신들의 입장을 변호하고 있다. 지적 설계론을 옹호하는 일의 맨 앞에 나서서 설계론의 관점이 차별대우를 받고 있다고 주장한 사람은 생물학자가 아니라

법학자인 존슨(Philip E. Johnson)이다. 그는 1991년에 『심판대 위의 다윈』(*Darwin on Trial*)[9]이란 책을 내놓아 거의 혼자서 지적 설계론 전파운동을 시작했다.

최근에 반진화론자들은 선출직 교육위원과 법정을 통해 학교에서 지적 설계론을 가르치도록 강요하려는 시도를 해왔다. 진화론을 교육하는 것은 필수사항으로 규정되어 있지만 그렇다고 진화론 교육이 반드시 이루어지고 있지는 않다. 많은 교사들이 대립과 논쟁을 피하기 위해 진화론을 무시하거나 진화론의 중요성을 낮추어 말하고 있다. 캔자스와 오하이오 같은 주에서는 지적 설계론을 옹호하는 사람들이 새로운 교수 지침을 제정하여 진화론 교육을 방해하고 있다. 이런 시도는 대중을 양 진영을 지지하는 쪽으로 편갈라 놓고 있다.

2004년에는 펜실베니아 주 도버에서 매우 중요한 의미를 갖는 사건이 발생했다. 토마스 모어 법률 센터(Thomas More Law Center)—이 단체는 지적 설계론을 선전하는 종교집단에서 설립했고 미국 법정에서 시민자유연맹과 대립하고 있다—가 지적 설계론의 교육을 확대하려는 교육위원들을 끌어들였다. 2004년 10월에 교육위원회는 다윈 이론의 결함과 문제를 가르치도록 하는 교과과정 안을 투표로 통과시켰다. 지적 설계론의 지지자들은 진화론은 "하나의 이론에 불과하며", 이 이론은 사실과 부합하지 않는다고 주장하면서 진화론의 대안으로서 지적 설계론을 적극적으로 제시했다. 교사들에게는 9학년 생물과목 수업시간에 진화론에 대해 의문을 제기하는 문장—이 문장은 지적 설계론의 교과서라고 할 수 있는 『판다와 인간』에서 나왔다—을 읽어주고 지적 설계론을 입증하는 사례를 교육하라는 지시가 내려졌고, 『판다와 인간』이 학교에 배포되었다. 교사들이 집단적으로 문제의 문장을 학생들에게 읽어주기를 거부했다. 2004년 12월에 도버 지역의 학부모들이 지방 교육위원회를 상대로 소송을 제기했다[키츠밀러 대 도버(Dover) 지역 교육위원회 사건. 일반적으로 약칭하여 키츠밀러(Kitzmiller) 재판 또는 도버 재판이라고 부른다]. 이 재판은 2005년 9월 26일부터 11월 4일까지 진행되었다. 조지 W. 부시가 지명한 보수적인 기독교인 판사 존 E. 존스 3세가 이 재판을 맡았다.[10)]

지적 설계론 지지자들은 자신들의 주장이 신뢰를 받을 수 있도록 하기 위해 전문가 그룹을 증인으로 내세우려 했으나 진지한 과학자로서 지적 설계론을 지지하러 나서는 사람은 사실상 없었다. 디스커버리 연구소(Discovery Institute)란 단체가 할 수 없이 재판에 참여했다. (이 단체는 시애틀에 본부를 두고 있으며, 지적 설계론을 지지하는 주요 인물이 모두 이 단체의 회원이다.) 디스커버리 연구소의 선임 연구원 마이클 비히(Michael Behe)가 증언을 통해 지적 설계론은 종교가 아니며, 환원 불가능한 복잡성(irreducible complexity)을 보여주는 실험적 증거를 바탕으로 하고 있다고 주장했다. 비히는 1996년에 발간한 자신의 저서 『다윈의 블랙박스』(*Darwin's Black Box*)와 2001년에 발표한 논문 「나의 비판자들에 대한 회답」(Reply to My Critics)을 통해 환원 불가능한 복잡성을 다음과 같이 정의했다.

> 기초적인 기능이 작동하도록 잘 조화되고 상호작용하는 여러 개의 부분으로 구성되어 있으며, 부분의 하나라도 제거되면 전체의 기능이 실질적으로 작동을 중단하는 하나의 단일기관. 환원 불가능한 복합적 기관은 선행(先行) 세포를 간단하고도 연속적으로 변형시킨다고 해서 생성되지 않는다. 한 부분을 상실한 환원 불가능한 복잡한 시스템의 선행 세포는 기능하지 못한다고 정의되기 때문이다. 자연선택론에 의하

면 이미 작동하고 있는 기관만이 선택할 수 있다. 그렇다면 생물학적 기관은 점진적으로 생성될 수 없으며, 한 순간에 통합된 단위로서 등장해야만 자연선택론이 성립된다.[11)]

비히는 법정의 반대 신문에서 진화론으로는 설명되지 않는 자신의 환원 불가능한 복합적·생물학적 기관론을 지지하는 과학적 저술은 한권도 없다는 사실을 인정하지 않을 수 없었다. 비히 자신도 「나의 비판자들에 대한 회답」에서 환원 불가능한 복합적(부분이 상실되면 기관 전체의 기능이 작동하지 않는) 기관을 강조한다고 해서 그런 환원 불가능한 복잡성이 자연선택을 통해 생겨날 수 없음이 증명되지는 않는다는 점을 인정했다. 진화론에서 굴절적응이란 개념은 진화과정의 한 시점에서 생긴 기능으로서의 생물학적 특징이 후에 환경의 변화로 인해 다른 기능으로 전환되는 현상을 설명하는 데 널리 사용된다. 생물학자들은 이 개념을 사용하여 사람의 눈과 같은 복잡한 기관이 "한 순간에" 생겨난 것이 아니라 점진적으로 진화했음을 설명할 수 있었다. 비히가 환원 불가능한 복합적 기관으로서 (1) 박테리아의 편모(鞭毛), (2) 혈액 응고 메커니즘, (3) 면역체계 세 가지를 열거했기 때문에 더욱 궁지에 몰리게 되었다. 브라운 대학의 생물학 교수이자 세포생물학 전문가인 케네스 밀러(Kenneth Miller)는 법정에서 이 세 가지가 엄밀한 과학연구에서는 환원 불가능한 복합적 기관으로 볼 수 없다는 분명한 증거를 제시했다. 존스 판사 자신이 언급했듯이, 현대 진화론을 부정하는 주장이 옳다고 하더라도 그것이 설계론을 긍정할 수 있는 증거는 아니며, 또한 이런 주장은 과학적 증명의 영역을 벗어난 것이다.[12)]

사회학자이며 과학철학자인 스티브 풀러(Steve Fuller)도 지적 설계론을 지지하는 의견을 제시했다. 그는 과학 수업시간에 설계론을 제시한다면 교육의 수준을 높일 수 있을 것이라고 주장했으며, 나아가 지적 설계론을 지원하는 긍정적 실행계획을 세워야 한다고 주장했다. 풀러는 다른 설계론 지지자들과는 달리 지적 설계론은 창조론의 한 형태임을 공개적으로 인정했다.

진화론 지지 진영에서는 『창조론의 트로이 목마 : 지적 설계론의 쐐기』(*Creationism's Trojan Horse : The Wedge of Intelligent Design*)의 저자인 철학자 바바라 포리스트(Barbara Forrest)가 법정에서 지적 설계론은 창조론의 위장술에 불과하다는 결정적인 증거를 제시했다. 포리스트는 『판다와 인간』의 초고(1983-1987)에서 "창조"라는 용어가 어떻게 사용되었는지를 밝혀냈다. 후에 출판용 원고에서는 창조라는 용어는 삭제되고 다만 지적인 설계라는 용어로 대체되었을 뿐이다. 이 새로운 용어는 종교, 과학, 학교 교육에 관한 최근의 법원 결정을 교묘하게 피해가기 위한 수단으로 채택되었다. 『판다와 인간』에서는 "지적인 설계"에 대한 정의조차도 초기 원고의 "창조"에 관한 정의와 동일했다. 이 책의 원래 제목 자체도 『창조생물학』이었다.

조지타운 대학의 가톨릭 신학자인 존 호트(John Haught)는 진화론 지지 진영에 서서 지적 설계론은 새로운 학설이 아니고 토마스 아퀴나스와 그 이전 시대까지 거슬러 올라갈 수 있으며, 이 학설을 가장 열렬하게 주장한 인물은 19세기 초의 자연신학자 윌리엄 페일리(William Paley)라고 증언했다. 지적 설계론 지지자들은 이 증언의 주장을 인정하면서도 페일리와는 달리 "공식적으로" 설계자를 신으로 지명하지는 않음으로써 그들이 주장하는 "과학"과 신학의 관계를 애매하게 분리하려고 했다.

결국 존스 판사는 139쪽에 이르는 판결문을 통해 지적 설계론은 과학이 아니라는 결정을 내렸다. 그것은 "창조론의 후손일 뿐이며 … 지적 설계론을 지지한 전문가 풀러가 지적 설계론은 창조론의 한 형태라고 증언한 것보다 더 명백하게 지적 설계론과 창조론의 관계를 보여주는 증거는 없다 … . 지적 설계론을 옹호하는 운동의 목적은 비판적인 사고를 장려하고자 함이 아니라, 진화론을 지적 설계론으로 대체하려는 혁명을 선동하는 데 있다." 존스 판사는 지적 설계론을 "과학"으로 보는 견해는 전통적 창조론자들이 내세우는 "결함의 신"(과학적 증거의 결함이 존재하는 곳이면 어디나 신이 존재한다)이란 주장과 다를 바가 없으며, 공립학교에서 지적 설계론을 가르치는 것은 국교를 금지한 미국 헌법의 정신에 위배된다고 판시했다.

도버 재판을 통해 지적 설계론 운동이 철저하게 패배했음에도 불구하고 성전은 계속되었다. 여러 주에서 반진화론 단체가 결성되었다(알래스카, 아이오와, 미네소타, 미주리, 오클라호마, 오레곤, 텍사스). 지적 설계론 지지자들은 기관지와 간행물, 웹사이트를 통해 그들의 과학적인 외양을 선전했으며, 또한 PR 전문회사를 고용하여 언론을 움직이려고 했다. 기독교 근본주의와 보수적인 기독교가 성장함에 따라 창조론을 믿는 광범위한 미국인들 사이에 지적 설계론이 퍼졌다. 2005년에 실시한 전국적인 조사결과에 따르면 산업화된 34개 국가 가운데서 미국은 인간의 진화를 믿는 인구의 비율이 33번째로 적은 국가이다(미국 아래는 터키 한 나라뿐이다). 믿기 어렵겠지만 갤럽 조사에 의하면 미국 인구의 45%가 인간은 1만여 년 전에 현재의 모습대로 창조되었다고 생각하고 있으며, 나머지 인구도 인간의 진화를 잠정적으로 지지할 따름이다. 반진화론적 인식이 팽배한 틈을 타서 디스커버리 연구소의 지도부는 진화론뿐만 아니라 과학적 유물론까지도 타도하여 문화 전체를 변화시키려 한다. 공식적으로 시인하지는 않지만 지지자들이 발표한 무수한 글에서는 지적 설계론 운동이 보수적 기독교 또는 근본주의 기독교 세계관을 확산시키는 데 전력을 기울이고 있음이 명백하게 드러난다.[13)]

지적 설계론 운동은 과학적이라기보다는 신학적이며, 신학적이라기보다는 정치적이라고 할 수 있다. 지적 설계론 운동의 수호성인이라고 할 루이스(C. S. Lewis)는 그의 저서 『위대한 절연』(*The Great Divorce*)에서 이렇게 주장했다. "그러면 땅은 무엇인가라고 물을 것이다. 내 생각에는 땅은 궁극적으로 구체적인 장소가 아니다. 하늘에 대응하는 개념으로서 땅은 언제나 지상세계의 한 부분이었다. 땅은 하늘 다음가는 위치에 있으면서 처음부터 하늘의 일부분이었다."[14)] 이런 관점에 따르면 땅은 형체가 모호한 존재이며, 실질적으로는 사라져 버린다. 자연과 인간도 땅과 함께 사라져 버리고 유일하게 남는 현실은 하늘과 지옥, 즉 '심판의 날' 뿐이다. 이런 식의 기독교적 해석이 지적 설계론 운동의 핵심임은 의문의 여지가 없다.

그러나 새로운 창조론의 종교적 성격보다 더 중요한 것은 정치적 성격이다. 스티븐 굴드(Stephen Jay Gould)는 이미 1980년대 초에 발표한 글을 통해 오늘날 창조론을 지지하는 "실질적 목적"은 "복음 전도자의 권리를 확보하는 것이며, 낙태를 금지하고, 여성의 사회적 · 정치적 성취를 지워버리고 그들의 지위를 구식의 가부장적 가정이란 틀 속에 제한하며, 호전적 민족주의를 부활시키고 지식에 대한 혐오를 부추겨 선동가들의 나라를 만들려는 정치적 계획일 따름"이라고 지적했다.[15)]

여하튼 우리는 오늘날의 지적 설계론 운동의 신학적이고 정치적인 야망 때문에 과학의 역사-변증법적 발전 대 종교, 유물론 대 창조론, 진화론 대 설계론이라고 하는 대립구조가 등장하게 되었음을 분명히 인식해야 한다. 서구세계의 과학 자체가 대부분이 2,500년 동안 지적 설계론을 비판하는 과정에서 생긴 산물이며, 그 속에는 2,500년 동안에 벌어진 보다 광범위한 사회적 투쟁의 성격과 성과가 농축되어 있다.

유물론과 종교

지적 설계론 운동의 역사적 의미와 중요성을 제대로 이해하기 위해서는 (지적 설계론이) 단순히 다윈의 진화론을 적으로 보는 것이 아니라 유물주의적 과학(사회과학도 포함하여), 철학, 문화 전반을 적으로 보고 있다는 사실을 분명하게 인식해야 한다. 서구사회에서 수천 년을 이어온 유물주의와 설계론 논쟁의 시발점은 고대 그리스 시대로 거슬러 올라간다(이 책에서는 서구사회의 과학과 종교 간의 논쟁에만 국한하여 언급할 것이다). 실제로, 설계론 사상가들의 유물론에 대한 비판은 유물론 사상가들의 설계론에 대한 비판만큼 강력했다. 이 논쟁은 기독교의 역사보다도 더 오랜 역사를 갖고 있으며, 처음부터 과학과 종교 간의 논쟁이었을 뿐만 아니라 정치와 사회분야에서도 진행된 논쟁이었다.

새로이 대두하는 과학적 세계관은 언제나 유물주의—다시 말하면 세계의 모든 현상은 물질적 조건, 자연법칙, 우연히 일어난 일들의 경험적 규칙에 의해서 설명될 수 있는 것이지 초자연적인 존재의 작용에 의한 것이 아니라는 신념—를 기반으로 했다. 그리스의 원자론자 데모크리토스와 에피쿠로스가 2천 년 전에 닦아놓은 지적 기반 위에서 나온 이런 신념은 16세기와 17세기에 유럽에서 과학의 혁명을 촉발시켰다. 철저한 유물주의와 우주목적론 및 종교—두 관점은 '자연' 현상에 대해 각기 다른 해석을 한다—사이의 근본적인 양립불가능성 때문에 고대로부터 현재에 이르기까지 과학과 종교 사이의 논쟁이 촉발되어 왔다.

소크라테스, 플라톤, 아리스토텔레스의 목적론적 세계관에 도전한 에피쿠로스는 기원전 3세기 초에 그리스 원자론의 전통을 이어받아 이 세계로부터 신을 축출하고 자연과 사회를 이해하는 데 있어서 미신으로부터 자유로운 사고의 틀을 만들어냈다. 에피쿠로스의 추종자였던 로마 시인 루크레티우스는 기원전 1세기에 그러한 사고의 틀을 「데 레룸 나투라」(*De rerum natura* , 문자 그대로 옮기자면 「사물의 본성에 대하여」)란 시로 표현했다.

그러므로 마음 속의 이 공포와 어둠은
햇볕이나 한낮의 광선이 아니라
자연의 모습과 그 법칙이
쫓아낼 것이며 반드시 그리 될 것이다.

아무 것도 없는 데서 신성한 힘 때문에 생겨난 것은 없으니
이는 자연의 위대한 첫 번째 법칙.
이 땅과 하늘의 수많은 사물을 보고
두려움이 인간의 정신을 지배하는 것은
그 원인을 보지 못하고
신성한 힘이 그렇게 만드는 것이라고 믿기 때문.
아무 것도 없는 데서는
그 무엇도 창조될 수 없다는 것을 알면
소재가 있어야 무엇이건 창조될 수 있으며

사물은 신들의 도움 없이 존재하게 된다는 사실을
한 순간에 분명하게 깨닫게 될 터.[16)]

에피쿠로스의 유물주의적 철학은 중세에 이르러 기독교가 확산되면서 이성과 세속적 학문이 쇠퇴하자 지적인 지평으로부터 사라졌다. 15세기에 이르러 유물주의가 다시 살아나고 루크레티우스의 위대한 시도 다시 발견되어 널리 읽혀지면서 근대 초기의 과학혁명을 준비하던 사상가들에게 영감을 주었다. 이런 시대적 분위기가 축적되자 17세기에 이르러 피에르 가상디(Pierre Gassendi)가 에피쿠로스의 자연철학을 체계화하게 된다. 과학사학자 데이비드 린드버그(David Lindberg)가 지적했듯이 16-17세기에 과학혁명이 일어나고 결국 계몽운동에 이르게 된 것은 실험수단과 수학적 지식의 확대 때문이라기보다는 유물주의의 부활 때문이었다.[17)]

이 책 전체를 일관하여 유물주의를 말할 때는 **역사 진행과정에서 지적 설계론에 대한 비판으로서 등장한 유물주의**에 한정해서 언급하고자 한다. 이런 유물주의는 과학과 인간의 자유를 향한 투쟁의 역정을 해석하는 데 주목한다. 오늘날 철학적 토론에서 "유물주의"란 용어는 모든 자연현상은 직접적으로 물질로부터 기인한다는 원초적인 명제를 지칭할 때 사용되며, 그래서 모든 자연현상은 단순히 자연적 동기에서 나온다고 보는 자연주의와는 구분된다. 우리는 유물주의란 용어를 자연주의와 구분되지 않는 고전적 의미로 사용할 것이다. 이런 관점에서 보자면 고대로부터 현대에 이르기까지 유물주의는 모든 실체를 포괄적으로 물질이라고 보는 편협하고 형이상학적인 개념에 집착하지 않고(물론 원자란 개념은 고대로부터 유물주의의 핵심이었고 물질이란 개념도 모든 과학의 결정적인 요소로 남아 있지만) 오히려 모든 우주목적론적 해석—궁극적 동인이 '신' 이든 '로고스' 이든 간에—에 대해 대립적 태도를 지켜왔다.

가장 일반적인 의미로 말하자면 유물주의는 모든 존재의 시원과 성장은 자연현상과 "물질"에 종속되어 있다고 주장한다. 다시 말해 물질적 실체는 인식에 종속되지 않으며, 또한 인식 이전부터 존재한다는 것이다. 유물주의를 이렇게 이해한다면 (유물주의는) 과학적 실증주의의 특징인 현실적 존재론과 동일시될 수 있을 것이다.[18] 20세기 초에 버트란드 러셀이 말했듯이 유물주의는 그리스 철학에서 발생하여 "지지해 준 탁월한 철학자가 없었음에도 불구하고 우리 시대까지 소멸되지 않고 전해 내려" 왔으며, 또한 유물주의는 "많은 과학발전과 함께 하면서 과학의 새로운 기원이 수립될 때마다 항상 과학적 전망(展望)과 같은 뜻으로 인식되었다."[19]

유물주의는 플라톤 학파가 형식, 절대 이데아, 관념주의, 신, 정신, 궁극적 동인, 초자연적 현상, 기적, 천당, 지옥 등으로 세계를 해석하는 데 반대함으로써 신, 정신, 로고스 등에서 연원을 구하는 모든 철학적 관념주의의 적이 되었다. 유물주의적 세계관의 핵심은 칼 마르크스와 함께 역사적 유물주의를 창시한 프레데릭 엥겔스가 19세기 후반에 출간한 저서에 잘 요약되어 있다. 엥겔스는 『루드비히 포이에르바흐와 독일 고전파 철학의 성과』(*Ludwig Feuerbach and the Outcome of Classical German Philosophy*)에서 다음과 같이 기술했다.

> 신이 세계를 창조했는가? 세계는 영원히 존재해 왔는가? 이 질문에 대한 철학자들의 답변은 크게 보아 두 진영으로 나뉜다. 자연보다 영혼이 우월하다고 믿고 결국 이런 저런 형태의 세계 창조론을 믿는 사람

> 들—이들 가운데서 헤겔의 창조론은 기독교의 창조론 보다 더 복잡하고 실현불가능하다—은 관념주의 진영을 이루었다. 자연이 우월하다고 믿는 사람들은 여러 유형의 유물주의 진영에 속한다. 관념주의와 유물주의라는 두 가지 주장의 차이점은 바로 이것이다.[20]

유물주의는 흔히 그 비판자들(지적 설계론의 지지자들을 포함하여)로부터 원천적으로 "환원주의자"(reductionist)이며 관측 가능한 현상의 복잡성을 설명해 줄 수 없다는 평가를 받는다. 유물주의에 기계론적이고 환원론적인 요소가 있는 것은 사실이며(유물론은 기계론이라고 불러야 좋을지도 모르겠다), 특히 오늘날 사회학, 발달심리학, 유전적 결정론에서 그런 경향이 강하다. 부분이 전체를 결정한다는 원초적이고 환원적인 관점으로 회귀하지 않고 완숙한 유물론적 전망을 갖기 위해서는 유물론적 변증법은 필요불가결하다. 그러므로 우리는 생물학자 리처드 레빈스(Richard Levins)와 리처드 르원틴(Richard Lewontin)의 다음과 같은 주장을 지지한다 : "변증법적 세계에서는 부분과 전체 간의 논리적·변증법적 관계를 중시해야 한다. 부분이 전체를 만들며, 전체가 부분을 만든다 … . 생명체는 진화의 주체이며 동시에 객체이다. 생명체는 환경에 의해 만들어지며 동시에 환경을 만든다. 따라서 생명체는 자신의 진화역사 가운데서 행위자이다."[21] 고대로부터 유물론적·변증법적 사상가들은 우주목적론과 종교와 함께 환원론, 기계론, 결정론을 부인해 왔다. 에피쿠로스는 양자택일을 강요받는다면 결정론에 굴복하여 자유를 포기하기보다는 여러 신들의 간섭을 받아들이는 쪽을 택하겠다고 주장했다.[22]

인구의 많은 부분이 아직도 어느 정도까지는 초자연적인 동인과 이런저런 형태의 창조론을 믿고 있는 미국 같은 나라에서 활동하는 과학자는 과학 내부의 존재론적 기반인 유물주의/자연주의를 [반(反)종교적이란 평을 듣지 않기 위해서] 부인하도록 강요받는다고 느낄 때가 많다. 그래서 과학적 유물주의는 공식적으로는 단순히 **방법론적** 자연주의/유물주의로 표현된다. 예를 들면 미국 학술원은 과학이란 자연은 단순히 자연현상을 통해 설명될 수 있다고 **방법론적으로** 가정하는 지식의 형태이며, **모든 진실의 영역—보다 광범위한 존재론적(형이상학적) 의미를 포함하여—에 포괄적으로 동시에 적용될 수는 없다**는 입장을 분명하게 표명하고 있다.[23] 그러나 과학이 그런 것이라면 일반대중보다도 훨씬 더 강한 정도로 어떤 형태의 것이든 창조론을 부정하고 유물주의적/자연주의적 존재론을 받아들이는 과학자는 창의력을 잃기 쉽다. 르원틴과 레빈스는 "창조론자들은 아주 교묘하게 과학의 세속적 휴머니즘이란 성격을 두고서 과학은 종교적 신념의 대립자라고 규정한다"고 지적했다.[24]

가장 최근에 종교와 과학을 동시에 한자리에 앉히게 하려는 시도를 한 비중 있는 (그리고 마르크스주의의 영향을 받은 유물론자로서) 과학자는 아마도 스티븐 굴드일 것이다. 굴드는 그의 저서 『오래된 반석』(*Rocks of Ages*)에서 평화를 찾아내는 놀라운 직관을 동원하여 비(非)중첩영역(Non-Overlapping Magisteria : NOMA)의 원칙을 제시했다. 이것은 과학과 종교는 각자 독립된 영역을 갖고 있으므로 서로 충돌할 이유가 없다는 주장이다. 과학은 물질세계에 전념하는 반면에 종교는 존재의 문제를 고민한다. 굴드는 과학과 종교가 각기 전유하는 영역에 몰두한다면 서로 대립할 필요가 없다고 주장하며, 나아가 종교와 과학은 추측하는 것만큼 역사적으로 자주, 그리고 치열하게 대립하지는 않았다고 말한다. 서구에서 발생한 여러 차례의 과학과의 충돌은 대체로 종교적 신앙을 함께 하는 사람들이 모인 교회 내부에서 일어난 것이었으며, 과학의 방법론적 실행은 "책상머리의 유물주의"를 필요로 하기는 하지만 (종교적 신념이 자연세계를 구속하지 않는다면) 종교적 신념을 반드시 부인해야 하는 것은 아니라고 주장한다. 과학은 사실의 세계를 다루고 종교는 신념과 윤리의 세계를 다룬다는 것이다.

그러나 굴드의 주장이 갖고 있는 장점에도 불구하고 그가 제안한 평화협정은 작동할 것 같지가 않다. 종교적 가르침을 충실히 따르는 사람들이 자연과 "사실"을 과학에게 내어줄 것 같아 보이지는 않기 때문이다. 지적 설계론의 지지자들은 흔히 과학이 갈수록 더 많이 신의 영역을 차지하려 하기 때문에 제국주의적이라고 부른다. 굴드는 "도덕의 도덕성"(어떤 도덕을 가져야만 하는가 하는 문제)은 종교(와 인간)의 영역으로 내어주고 "도덕의 인류학"(어떤 도적체계를 갖고 있는가 하는 문제)은 과학의 영역으로 남겨두자고 제안한다.[25] 도덕의 인류학이 도덕의 도덕성을 선도할 수 없다는 굴드의 주장은 옳다. 다 알고 있다시피 흄도 존재에서 당위로 가는 논리적인 필연성은 없다고 했다. 달리 말하자면 우리에게 어떤 도덕적 가치를 따라야 하는지를 말해줄 수 있는(대체로 종교에 의해 가정된) 근본적인 당위가 존재하는지 의문스럽다. 그러므로 인간이 지켜야 할 도덕을 만드는 일은 인간 자신의 몫이다.[26]

철저한 유물주의자의 견지에서 볼 때 "도덕의 도덕성"이 초월적인 도덕적 원칙을 포함한다면 도덕성의 역사적 의미가 사라진다. 도덕성이란 인간이 변화하는 조건 하에서 개인적으로건 집단적으로건 분투해야 할 어떤 대상이다. 윤리적 관습은 근본주의적 시각에서 평가되어야 하는 것이 아니라 사회계약적 관점에서 평가되어야 한다.[27] 우리가 어떤 도덕을 가져야 하는가 하는 문제는 실제적인 방법으로는 해답을 찾을 수 없으며, 도덕성에 대한 실제적인 의문은 과학의 영역에 속한다. 따라서 지적 설계론의 지지자들도 제대로 파악했듯이 굴드의 비중첩영역의 원칙에 따르면 결국 종교가 (과학에) 개입할 수 있는 여지는 거의 없거나 전혀 없다.

뉴턴에서부터 오늘날의 몇몇 과학자들에 이르기까지 신앙을 가진 수많은 과학자들이 과학의 자연주의적 방법론을 사용할 수 있고 또 그렇게 해왔으나 과학의 유물주의적 · 철학적 입장은 한결같이 신의 도움(신성한 섭리를 포함하여)에 기대는 것을 반대해 왔다. 굴드 자신이 지적했듯이 "다원의 지적 급진성은 생명의 역사를 설명하면서 인식할 수 있는 목적이나 예정된 과정을 동원하지 않고 자연선택이라고 하는 유물주의적 이론을 적용한 데서 가장 분명하게 드러난다." 여기서 전통 종교와의 대립이 적나라하게 드러났다. 알란 소칼(Alan Sokal)이 최근의 저서에서 밝혔듯이 "솔직하게 말하라고 한다면 현대의 과학적 세계관은 당연히 무신론—또는 최소한 무해한 이신론(理神論)이나 범(凡)유심론—을 지향하지만 그것을 공개적으로 말하는 과학자가 거의 없을 뿐이다."[28]

우리는 원칙적으로 종교와 과학은 상호 불가침조약을 맺어 공존할 수 있다는 굴드의 주장에 동의하지만(에피쿠로스는 신들을 포기하지는 않았지만 자연과 관련되었을 때는 신들을 가차없이 추방해 버렸다), 그래도 종교와 과학 사이의 긴장은 우리 사회 전체가 자연을 소외시켜 왔기 때문에 생긴 뿌리 깊은 산물이라는 사실은 남는다. 이율배반적이기는 하지만 종교의 소외와 과학의 소외—레이첼 카슨(Rachel Carson)이 적절하게 표현한 말을 인용하자면 생산과 이윤의 신들을 섬기는 것—는 둘 다 권력구조에서 불가결한 요소이다. 이 점은 제5장에서 마르크스가 제시한 비판적 견해에 비추어 보면 쉽게 이해된다.[29]

지적 설계론은 자연을 초자연적으로 설명하려 하고 있으며, 바로 그 때문에 종교와 과학이 최소한 실용적인 수준에서는 어느 정도 타협할 수 있음에도 불구하고 과학과 오늘날의 지적 설계론적 창조론은 타협할 수가 없다. 과학 철학과 과학 사회학 사이의 경계 문제는 과학을 비과학으로부터 구분하는 기준에 관한 끊임없는 논쟁을 야기했다. 그러므로 오늘날 반(反)실재론적 과학 사회학자들 사이에서 그런 경계를 획정할 수 있는 보편적인 규칙은 없으며, 경계는 과학적 합의를 통해 결정되어야 한다는 주장이 나오고 있다. 그러나 우리가 지적 설계론은 절대적으로 과학의 영역 밖에 있으며 또한 과학과 대립한다고 주장하는 것은 어려운 경계의 문제를 제기하기 위함이 아니다. 지적 설계론의 목적이 새로운 과학적 설명을 하는 것이었던 적은 한번도 없다. 지적 설계론은 오히려 과학의 한계("신이 설정한 한계"라고 부르는 것이 좋을 것 같다)를 설정하려 한다. 지적 설계론의 지지자들은 예외없이 과학이 설명하지 않는, 또는 설명하지 못하는 틈이 있음을 지적하고 그 부분이 초자연적인 설계자가 존재한다는 궁극적이며 부인할 수 없는 증거라고 주장한다. 그런데 이와는 반대로 과학에 종사하는 사람이라면 누구나 "과학이 아직까지 (적절한) 설명을 하지 않은" 현상을 탐구하려 한다.[30]

과학이 최근에 지적 설계론 운동이란 형태의 종교적 비이성주의로부터 공격을 받고 있음은 부인할 수 없는 사실이다. 종교와 과학의 정전협정은 깨어졌다. 그 결과 종교와 유물주의적 과학, 설계론과 유물론이 지적으로 타협할 수 있는 공간은 거의 없다. 실제로 굴드가 제시한 비중첩영역의 원칙도 지적 설계론 지지자들로부터 신을 이 세계와 격리시키려는 "인종차별주의"라는 강력한 비난을 받고 있다.[31]

그러므로 우리는 종교와 과학의 대립은 오늘날의 자본주의 사회의 영속적인 특징이라는 점을 솔직하게 인정하고자 한다. 인문과학이 보다 진보하려면 혁명적 계획을 갖지 않으면 안 된다. 이와 동시에 지적 설계론은 과학이 쌓아온 과거의 업적을 파괴하려는 반혁명적 운동임을 명확히 인식해야 한다. 『종의 기원』이 출간된 직후에 토마스 헨리 헉슬리(Thomas Henry Huxley)가 의기양양하게 언급했듯이 "헤라클레스의 요람 곁에 뱀들이 해치려고 우글거렸듯 모든 과학의 요람 곁에는 저명한 신학자들이 둘러서 있다. 과학과 교조주의가 정당한 시합을 벌였을 때 교조주의는 시합장에 나가지도 못한 채 소멸되지는 않았을지라도 피 흘리고 무너졌으며, 목숨을 빼앗기지는 않았을지라도 심각한 부상을 입었다는 사실을 역사가 기록하고 있다."[32] 이런 의미에서 지적 설계론은 과학에 대한 반혁명이다.

에피쿠로스, 다윈, 마르크스, 그리고 프로이트

가장 최근에 복수의 일념에서 지적 설계론이란 형태로 부활한 창조론은 공립학교와 여러 연구기관에서 유물주의와 경쟁을 벌여 이기려는 정도가 아니라 아예 유물주의를 십자가에 매달아 화형에 처하려 하고 있다. 지적 설계론 지지자들은 그들의 운동을 유물주의에 대항하는 대규모의 십자군 전쟁으로 간주하고 있으며, 문제의 근원을 다윈에게서 찾는 것이 아니라 고대로 거슬러 올라가 에피쿠로스에게서 찾고 있다. 에피쿠로스는 유물주의의 원형이자 창조론의 유일한 주적으로 인식되고 있다. 다윈에 대한 반박은 보다 광범위한 심문을 위해 필요한 수단일 뿐, 궁극적이고도 완벽한 목표가 아니다. 지적 설계론은 사실상 에피쿠로스 이후의 모든 유물주의적 전통 전체를 비판의 대상으로 삼고 있으며, 그들은 다윈, 마르크스, 프로이트 세 사람을 반기독교적인 현대판 세속의 삼위일체로 간주한다.

디스커버리 연구소 과학문화 센터의 선임 연구원이며 지적 설계론의 주요 지지자 가운데 한 사람인 윌리엄 뎀스키(William Dembski)의 말에 따르면 "모든 길은 에피쿠로스에게로 통하며, 유물주의라는 기차를 출발시킨 사람은 그이다."[33] 역시 과학문화 센터의 선임 연구원이며 명망 있는 사회철학자인 벤자민 와이커(Benjamin Wiker)도 유사한 주장을 하고 있다. "에피쿠로스 학파의 유물주의는 자연현상을 지적인 설계자에게 연결시키는 어떠한 설명이든 부인하기 위해 생겨났으며, 그런 까닭에 우주는 신성한 힘에 의해 창조되었으며 지배된다고 믿는 어떤 종교든 언제나 반대해 왔다."[34] 이런 인식을 바탕으로 와이커는 다음과 같은 주장을 한다:

> 다윈주의는 유물주의라고 하는 더 큰 규모의 논리적·도덕적 세계관의 한 부분이다 … . 그것의 … 근원은 고대 그리스 철학자 에피쿠로스에게까지 거슬러 올라갈 수 있으며 … 밝혀진 바와 같이 오늘날 건전하지 못한 우리의 도덕적 상태는 유물주의와 관련된 모든 사상을 받아들인 결과이며, 다윈주의는 그 핵심적인 부분이다. 유물주의라고 하는 더 큰 사상은 도덕적으로 기독교에 반항적인 모든 것들을 지지하며 … 사회적 다윈주의와 그 아류들뿐만 아니라 성적 방종, 낙태, 영아살해, 안락사, 생명복제까지도 지지한다 … . 에피쿠로스와 루크레티우스를 읽어보면 유물주의는 모든 종교를 파괴할 의도를 갖고 있음을 알 수 있다. 루크레티우스가 에피쿠로스 학파의 유물주의적 서사시를 짓고 나서 얼마 후에 등장한 기독교는 곧바로 에피쿠로스의 유물주의에 적대적인

입장을 표명했다. 이 근본적인 적대관계의 근원은 역사적으로 2,500년을 거슬러 올라간다.[35)]

지적 설계론 지지자들은 에피쿠로스에게 뿌리가 닿는 오랜 전통을 가진 유물주의-인본주의의 현대적 대표 인물로서 상투적으로 다윈, 마르크스, 프로이트 세 사람을 든다. 이 때문에 에피쿠로스, 다윈, 마르크스, 프로이트는 지적 설계론 운동의 4대 공격목표가 되었다. 지적 설계론은 자연과학에 있어서의 유물주의의 역할을 비난하는 데 만족하지 않고 사회과학에까지도 비난을 확대하고 있다. 지적 설계론 운동의 목표는 자연을 지배하는 것일 뿐만 아니라 인간의 자유를 지배하는 것이며, 자연과학을 지배하는 것일 뿐만 아니라 사회과학까지도 지배하는 것이다.

현대 자연과학의 위대한 사상가들 뿐만 아니라 현대 사회과학의 주요한 사상가들도 함께 나서서 설계론과 우주목적론을 비판하던 옛 전통으로 돌아가 그들의 학설을 발전시키는 전제조건으로서 과학의 유물주의적 뿌리를 지켜냈어야 했다. 모든 분야의 과학이 여러 가지 형태로 발전하는 데 필수불가결했던 설계론에 대한 비판의 오랜 전통이 오늘날에는 그 중요성이 제대로 이해되지 못하고 있고, 설계론의 주장을 반대하는 사람들은 투쟁에 필요한 무장을 충분히 하지 못하고 있다. 뿐만 아니라 유물주의/설계론 논쟁이 특히 사회과학과 어떤 관계가 있는지 이해하는 사람들은 유감스럽게도 설계론 지지자들 뿐이며, 대부분의 사람들은 그 의미와 중요성을 거의 이해하지 못하고 있다.

다윈이 자연계의 현상을 이성적으로 탐구할 수 있는 기반을 구축하기 위해 압도적인 종교적 세계관과 맞서 싸워야 했다는 사실은 널리 알려져 있다. 굴드가 지적했다시피 다윈은 "자연을 탐구하기 위해 유물주의 철학을 굳건하게 지켜야 했다. 물질은 모든 존재의 기반이며 정신, 영혼, 그리고 신까지도 신경단위의 복잡성의 놀라운 성과를 표현하는 어휘에 불과하다."[36] 그런데 사회과학의 기반을 구축하는 일에서도 유사한 도전과 싸움이 있었다는 사실은 잘 알려져 있지 않다. 특히 사회과학의 기반을 구축하는 일에 마르크스가 쏟은 노력은 다윈(과 그 이전의 에피쿠로스)의 그것과 필적했으며, 그 결과 마르크스는 자신이 살았던 시대의 종교적 교조(敎條)를 떨쳐내고 비이성으로부터 자유롭게 사회현상의 분석을 가능케 해준 유물주의 철학체계를 수립했다. 이와 마찬가지로 프로이트는 정신의 과학을 창조하기 위해 유신론적 제약과 맞서 싸워야 했다. 지적 설계 창조론자들의 공격으로부터 사회과학을 지켜내기 위해서는 새로운 방어수단을 찾아내야 할 필요가 없다. 그것은 이미 마르크스와 프로이트가 준비해 놓았기 때문이다. 마르크스의 지적 설계론에 대한 도전은 그 중요성과 강력함에도 불구하고 일반적으로 무시되고 있다. 뿐만 아니라 오늘날 대부분의 사회과학자들은 지적 설계론이 사회과학의 기반을 무너뜨리려 하고 있다는 사실도 제대로 인식하지 못하며, 이런 공격에 대한 사회과학의 유물주의적 방어수단이 이미 존재한다는 사실도 잘 알지 못한다. 그래서 우리의 목적은 잊혀진 방어수단을 부활시키는 것이고, 그것을 에피쿠로스까지 거슬러 올라가는 유물주의적 탐구방법의 오랜 전통과 연결시켜 자연과학과 사회과학의 긴밀한 관계를 드러내는 것이며, 그렇게 함으로써 자연과학과 사회과학의 관계와 유물주의를 모두 붕괴시키려는 비이성적인 세력에 대항하는 보루를 제공하는 것이다.

지적 설계론 운동은 지적 설계론에 대한 모범적 비판자들인 다윈, 마르크스, 프로이트를 제쳐두고 에피쿠로스의 유물주의를 주로 공격하고 있다. 그러나 박사학위 논문의 주제를 에피쿠로스로 설정했던 마르크스가 에피쿠로스를 연구하던 학자들 사이에서 오래 전부터 19세기의 가장 뛰어난 에피쿠로스 유물주의 분석자란 평가를 받아온 사실을 감안하면 이는 아이러니라 하지 않을 수 없다.[37]

에피쿠로스 유물주의의 바탕에는 자연과 인간세계에는 우연성이 존재한다는 인식이 깔려 있다. 에피쿠로스는 『자연론』(*On Nature*)에서 이렇게 말했다. "바로 처음부터 어떤 것은 우리를 이쪽으로 향하게 하고, 어떤 것은 우리를 저쪽으로 향하게 하고, 또 어떤 것은 우리를 이쪽과 저쪽으로 향하게 하는 씨앗이 항상 있다. 그래서 행동과 사고와 특징이 작든 크든 나타나는 것이다. 결과적으로 우리가 어느 쪽으로 발전하느냐 하는 것—이런 종류의 특징이나 저런 종류의 특징—은 무엇보다도 전적으로 우리에게 달려 있다."[38] 물질적 조건과 세계와의 관계를 기초로 하여 신들의 도움 없이 나아가는 인간의 자유라는 개념, 이것이 지적 설계 창조론에게는 가장 큰 위협이며, 이 위협은 현대 세계에서는 특히 다윈과 마르크스, 그리고 프로이트의 저작으로 구체화되어 있다.

:: 주 ::

1 Charles Darwin, *The Correspondence of Charles Darwin*(Cambridge : Cambridge University Press, 1994), 9 : 135. 보다 상세한 논의는 6장을 보라.

2 초기의 "창조과학" 비판은 Phillip Kitcher의 *Abusing Science*(Cambridge, Mass. : MIT Press, 1983)와 *Living with Darwin*(New York : Oxford University Press, 2007)을 보라. *Living with Darwin*에서 Kitcher는 자연계에 대한 창조론적 설명의 역사가 계속하여 변하고 있으며, 전·후의 설명이 서로 상충됨을 보여준다.

3 Edward J. Larson, *Trial and Error : The American Controversy Over Creation and Evolution*(Oxford : Oxford University Press, 2003), 15–27.

4 Lawrence W. Levine, *Defender of the Faith : William Jennings Bryan*(New York : Oxford University Press, 1965), 277.

5 Edward J. Larson, *Summer for the Gods : The Scopes Trial and America's Continuing Debate*(New York : Basic Books, 1997) ; Larson, *Trial and Error*, 28–57 ; Stephen J. Gould, *Hen's Teeth and Horse's Toes*(New York : W. W. Norton, 1983), 263–70, 그리고 *Rocks of Ages : Science and Religion in the Fullness of Life*(New York : Ballantine, 1999), 133–38.

6 Edward Humes, *Monkey Girl : Evolution, Education, Religion, and the Battle for America's Soul*(New York : Ecco, 2007) ; National Center for Science Education, "10 Significant Court Decisions Regarding Evolution/Creationism," http://www. nseweb.org/resources/articles/5690_10_significant_court_decisions_2_15_2001.asp ; John R. Cole, "Wielding the Wedge," Andrew J. Petto와 Laurie R. Godfrey 편저, *Scientists Confront Intelligent Design and Creationism*(New York : W. W. Norton & Company, 2007), 110–128 ; Micael Shermer, *Why Darwin Matters*(New York : Henry Holt and Company 2006).

7 Carl Sagan, *The Demon–Haunted World*(New York : Ballantine Books, 1997), 26–27.

8 Percival Davis와 Dean H. Kenyon(학술편집자 Charles B. Thaxton), *Of Pandas and People : The Central Question of Biological Origin*(Dallas : Haughton Publishing, 1993), 99–100(*Kitzmiller*에서 인용. 아래 주 10을 보라). 디스커버리 연구소는 이 교과서의 제작에 깊이 간여했다. *Of Pandas and People*의 공동 저자인 Dean Kenyon은 디스커버리 연구소 과학문화 센터의 연구원이다. Stephen C. Meyer와 Michael J. Behe는 서문에서 "주요 감수자"로 거명되고 있다. 다른 연구원 Nancy R. Pearcey는 서문에서 편집자이자 개관편의 기고자로 거명되고 있다. Meyer의 이름은 이 교과서의 "저자와 자료제공자" 명단에 포함되어 있다.

9 Phillip E. Johnson, *Darwin on Trial*(Washington, D. C. : Regnery Gateway, 1991).

10 펜실베니아 중부 지방법원, Kitzmiller 대 Dover 지역 교육위원회, http://www.pamd.uscourt.gov/kitzmiller/kitzmiller_342.pdf.

11 Micahel Behe, *Darwin's Black Box*(New York : Free Press, 1996), 39 ; "Reply to My Critics," *Biology and Philosophy* 16/5(2001. 11), 691, 695 ; *Kitzmiller*, 73.

12 Behe, "Reply to My Critics," 695 ; *Kitzmiller*, 74–78 ; Kenneth R. Miller, *Only a Theory*(New York : Viking, 2008), 58–62.

13 *Kitzmiller*, 24–25, 29–31, 35, 70–71, 89 ; Barbara Forrest와 Paul R. Gross, *Creationism's Trojan Horse : The Wedge of Intelligent Design*(Oxford : Oxford University Press, 2007), 325–38 ; Shermer, *Why Darwin Matters*, 99–105 ; Humes, *Monkey Girl* ; John D. Miller, Eugenie C. Scott, Shinji Okamoto, "Public Acceptance of Evolution in 34 Countries," *Science* 313/5788(2006. 8. 11) : 765–66 ; Alan Sokal, *Beyond the Hoax*(Oxford : Oxford University Press, 2008), 336–40. "결함의 신"이란 용어는 C. A. Coulson, *Science and Christian Beliefs*(Chapel Hill : University of North Carolina Press, 1955), 20에 처음 나온다. Coulson은 "이런 종류의 결함은 어쩔 수 없이 줄어드는 경향이 있다"고 하였다. Fuller는 1996년부터 공립학교에서 창조론을 가르치는 것을 반대하는 과학자들을 비난해 왔다. Andrew Ross(편), *Science Wars*(Durham, N. C. : Duke University Press, 1996), 49쪽에 실린 Steve Fuller의 "Does Science Put an End to History, Or History Science?"를 보라.

14 C. S. Lewis, *The Great Divorce*(New York : Harper and Row, 1946), ix.

15 Gould, *Hen's Teeth and Horse's Toes*, 275.

16 Lucretius, *On the Nature of Universe*(Oxford : Oxford University Press, 1999), 7–8 (1.145–158).

17 David C. Lindberg, *The Beginning of Western Science*, 2nd ed.(Chicago : University of Chicago Press, 2007), 362–67.

18 "물질"이란 개념은 과학과 함께 발전해 왔다. 이와 관련해서는 C. Vitzth-

um, *Materialism : An Affirmative History of Definition*(Amherst, N. Y. : Prometheus Books, 1995), 176–80을 보라. 과학적 현실주의에 관해서는 Alan Sokal, *Beyond the Hoax*, 229–58에 수록된 Jean Bricmont와 Alan Skokal의 "Defense of a Modest Scientific Realism"을 보라.

19 Frederick Albert Lange, *The History of Materialism*(New York : Humanities Press, 1950), v에 수록된 Bertrand Russell의 "Introduction." 유물주의에 관한 보다 완벽한 논의를 알려면 John Bellamy Foster, *Marx's Ecology : Materialism and Nature*(New York : Monthly Review Press, 2000), 2–9와 Tom Bottomore(편), *Dictionary of Marxist Thought*(Oxford : Blackwell, 1983), 324에 수록된 Roy Bhaskar의 "Materialism"을 보라.

20 Frederick Engels, *Ludwig Feuerbach and the Outcome of Classical German Philosophy*(New York : International Publishers, 1941), 21.

21 Richard Levins와 Richard Lewontin, *The Dialectical Biologist*(Cambridge, Mass. : Harvard University Press, 1985), 272–74 ; Richard Lewontin과 Richard Levins, *Biology Under the Influence*(New York : Monthly Review Press, 2007), 101–24. 또한 Brett Clark와 Richard York, "Dialectical Materialism and Nature," *Organization and Environment* 18/3(2005 봄) : 318–37 ; Ardea Skybreak, *The Science of Evolution and the Myth of Creationism*(Chicago : Insight Press, 2006), 299–300을 보라.

22 아래 제3장을 보라.

23 Robert T. Pennock, *Tower of Babel : The Evidence Against the New Creationism*(Cambridge, Mass. : MIT Press, 1999), 194–200 ; Vitzthum, *Materialism*, 15, 179 ; National Academy of Science, *Science, Evolution and Creationism*(Washington, D. C. : National Academies Press, 2008).

24 Richard Lewontin과 Richard Levins, *Biology Under the Influence*, 92.

25 Gould, *Rocks of Ages*, 3–6, 65–66, 84 ; Gould, *The Hedgehog, the Fox, and the Magister's Pox*(New York : Harmony Books, 2003), 142–143, 242–243.

26 *The Abolition of Man*에서 C. S. Lewis는 기독교의 로고스(도덕의 도덕성)를 믿는 보편적인 도덕의 인류학도 있다고 주장하였다. 그러나 그의 분석은 역사적으로 다양한 인간사회의 문화가 존재했음을 고려하면 설득력이 없다. 다시 말해 그의 인간사회의 존재로부터 기독교의 당위의 근거를 찾는다는 것은 논리적으로 성립될 수가 없다. Lewis의 *The Abolition of Man*(New York : Harper & Row, 1947)을 보라.

27 도덕의 근본주의적 성격이 아니라 사회적–계약적 성격을 강조한 인물은 에피쿠로스이다. 그는 "사회적 계약"이란 개념을 만들어냈다. *The Epicurus Reader*(Indianapolis : Hackett Publishing, 1994), 32–36을 보라. 에피쿠로스의 계약

개념은 윤리에 관한 영국의 공리주의와 마르크스의 급진적 역사적 접근법에 영향을 미쳤다. 특히 Cornel West, *The Ethical Dimensions of Marxist Thought*(New York : Monthly Review Press, 1991)을 보라.

28 Frederick Burkhardt(편), *Origins : Selected Letters of Charles Darwin, 1822–1859*(Cambridge : Cambridge University Press, 2008), ix–xxi에 수록된 Stephen Jay Gould의 "Foreword : A Life's Epistolary Drama" ; Sokal, *Beyond the Hoax*, 347. Sokal은 Gould의 비중첩영역을 직접적으로 겨냥하여 대응하였다.

29 Rachel Carson, *Lost Woods*(Boston : Beacon Press, 1998), 210.

30 Eugenie C. Scott, *Evolution vs Creationism*(Berkeley : University of California Press, 2004), 252–53을 보라

31 Phillip E. Johnson, *The Wedge of Truth : Splitting the Foundations of Naturalism*(Downers Grove, Ill. : Inter Varsity Press, 2000), 99–101.

32 Janet Browne, *Charles Darwin : The Power of Place*(New York : Knopf, 2002), 106에서 재인용.

33 Benjamin Wiker, *Moral Darwinism*(Downers Grove, Ill. : Inter Varsity Press, 2002), 10에 수록된 William A. Dembski의 "Foreword."

34 Benjamin Wiker, *Moral Darwinism : How We Became Hedonists*(Downers Grove, Ill. : Inter Varsity Press, 2002), 24 ; 또한 Benjamin Wiker와 Jonathan Witt, *A Meaningful World*(Downers Grove, Ill. : Inter Varsity Press, 2006), 15–16을 보라.

35 Benjamin Wiker, "Darwin as Epicurean : Interview," *Touchstone* 15/8(2002. 10), http://www.touchstone.mag/. 이 책에서 우리는 지적 설계론 지지자들이 "지적 설계"란 용어를 자연계와 관련해서만 적용하는 것이 아니라 사회와 문화도 지적으로 설계되었다는 의미로 사용하고 있음을 알 수 있다.

36 Stephen J. Gould, *Ever since Darwin*(New York : W. W. Norton, 1977), 13.

37 Cyril Bailey, "Karl Marx on Greek Atomism," *Classical Quarterly* 22/3–4(1928) : 205–6 ; Benjamin Farrington, *The Faith of Epicurus*(New York : Basic Books, 1967) ; Dane R. Gordon과 David B. Suits(편), *Epicurus : His Continuing Influence and Contemporary Relevance*(Rochester, N. Y. : Rochester Institute of Technology, Cary Graphic Arts Press, 2003) 127–38에 수록된 Paul M. Schafer의 "The young Marx on Epicurus" ; Foster, *Marx's Ecology*, 21–65.

38 A. A. Long과 David Sedley(편), *The Hellenistic Philosophers*(Cambridge : Cambridge University Press, 1987), 1 : 102.

쐐기박기 전략

오늘날의 지적 설계론 지지자들은 지적 설계론을 비판하는 진영의 주요 인물 가운데 한 사람이자 전국 과학교육 센터(National Center for Science Education) 이사인 유제니 스콧(Eugenie Scott)이 말한 대로 설계행위의 형태를 어떻게 인식하느냐에 따라 두 부류로 나누어진다. 한 부류는 진행 중인 창조의 우연한 개입이 있었다—빅뱅이 일어났던 초기 단계에 모든 결과물이 배치되었다—고 주장하고, 다른 한 부류는 가능성을 명확하게 표현하지 못하는 부류이다. 어쨌든 신이 주도한 진화—신이 물질적인 우주를 창조했고, 우주가 존재하기 시작한 후로는 이내 손을 떼어버리고 (인간 영혼의 생성은 예외로 하고) 자연의 법칙에 따라 진화하도록 내버려 두었다는 관념—는 인정받지 못하고 있다.[1] 그러므로 지적 설계론 지지자는 단순히 넓은 의미에서 신이 우주를 창조했다—신이 창조를 끝낸 후 자연적인 진화과정이 그 뒤를 이었다—고 믿는 사람들이 아니다. (넓은 의미의 창조론은 신이 주도한 진화론과 부합한다.) 그들은 오히려 "특수 창조론"을 믿고 있다는 여러 가지 암시를 보여주고 있다. 특수 창조론이란 세계는 본래 지금 존재하는 모습대로 창조되었다는 관념이다. 그들은 또한 한결같이 지적인 설계자가 진행 중인 세계의 형성과정에 분명히 능동적으로 개입했음을 귀납적으로 증명할 수 있고 추론할 수 있다고 주장한다.

지적 설계론의 핵심은 디스커버리 연구소 과학문화 센터의 연구계획 고문인 필립 존슨이 쓴 『심판대 위의 다윈』에 잘 드러나 있는데, "신은 규칙적으로 창조에 개입해 왔다"는 개념이다.[2] 존슨과 그 밖의 지적 설계론 대변자들은 지적 설계와 "완전한 창조"란 용어를 동일시한다[이 용어는 루이스가 쓴 유명한 기독교 변증서 『순전한 기독교』(*Mere Christianity*)라는 책의 한 장의 주제이다.] 이런 용어를 동원한 의도는 초기의 "창조과학" 론자들 뿐만 아니라 성서를 진보적으로 해석하는 "젊은 대지" 창조론자들(이들은 대지가 성서에서 제시하는 만큼 오래되지 않았다고 믿는다)도 포함하여 모든 창조론자들을 결집시켜 통일된 기독교 반진화론 운동을 전개하기 위해서였다.[3]

새로운 지적 설계 창조론은 20세기에 미국에서 일어났던 것보다 더 적대적인 종교와 과학 간의 새로운 전쟁을 선동하고 있다. 지적 설계론 지지자들은 과학적 합의를 무시하고 광범위한 대중을 상대로 창조론적 관점을 보급함으로써 지지세력을 모으려 한다. 2004년 11월에 실시한 갤럽 여론조사에 의하면 미국 시민의 45%가 인류는 과거 1만 년 중 어느 시기엔가 지금의 모습대로 신에 의해 창조되었다고 믿고 있고, 다른 38%는 인간은 신의 안내에 따라 진화했다고 믿고 있다. 오직 13%만 인간의 출현과정에 신이 아무런 역할도 하지 않았다고 믿고 있다. 지적 설계론이 대중적 교육운동으로 자리잡을 수 있었던 까닭은 이처럼 진화론

에 대한 무지와 함께 창조론 교리가 광범위하게 퍼져 있었기 때문이다.[4)]

새로운 창조론은 단순히 사회의 일각에서 일어나고 있는 운동이 아니다. 이 운동은 로널드 레이건, 에드윈 미즈(Edwin Meese), 조지 길더(George Gilder), 윌리엄 버클리(William F. Buckley), 톰 드레이(Tom DeLay), 존 매케인(John McCain), 조지 W. 부시 같은 영향력 있는 보수적 정치가들과 여론 형성자들로부터 강력한 지원을 받고 있다. 로널드 레이건은 1980년에 대통령선거에 출마했을 때 진화론에 반대한다는 입장을 밝히면서 "최근에 연속적으로 일어난 발견으로 미루어 볼 때 진화론에는 중대한 결함이 있다"고 말했다. 레이건은 달라스에서 열린 근본주의 종교 집회에 참석하여 연설하는 중에 공립학교에서 진화론을 가르치는 문제에 대해 어떤 견해를 갖고 있느냐는 질문을 받고 다음과 같이 답변했다 :

> 그건 과학의 한 이론일 뿐입니다. 이 이론은 최근에는 과학계로부터 도전받고 있고 과학계 내부에서도 예전처럼 이 이론이 오류가 없는 것으로 받아들여지지 않고 있습니다. 그런데 학교에서 진화론을 계속 가르친다면 내 생각에는 성서에 기초한 창조론도 가르쳐야 할 것입니다. 창조론은 이론이 아니고 바로 성서가 가르치고 있는 것입니다.[5)]

레이건 행정부와 밀접한 관련을 가졌던 근본주의 정치-종교 운동은 정부와 함께 1990년대에 지적 설계 창조론이란 악몽의 물결을 일으켰다. 1990년에 브루스 채프먼(Bruce Chapman)이 시애틀에서 디스커버리 연구소를 설립했다. 채프먼은 레이건 행정부 시절에 대통령 부보좌관과 인구통계국 국장을 지냈다. 그는 디스커버리 연구소를 창립하면서 그의 오랜 친구이자 공급자 주도 경제학(레이거노믹스)의 주창자 가운데

한 사람인 조지 길더의 도움을 받았다. 채프먼은 연구소 설립 이후 지금까지 소장을 맡고 있고 길더는 이 연구소 선임 연구원이다. 레이건 행정부에서 법무장관을 지낸 에드윈 미즈는 부연구원이다.

디스커버리 연구소는 보수적 싱크탱크인 허드슨 연구소의 한 부서로 출발했다가 독립된 기관으로 분리되어 나갔다. 1990년대 말에 이 연구소의 과학문화 재건 센터(후에 과학문화 센터로 이름을 바꾸었다)는 지적 설계 운동의 주요한 이론기관으로 부상했다. 과학문화 재건 센터는 백만장자 은행가이자 복음주의 기독교인인 하워드 아만슨(Howard Ahmanson)의 재정지원으로 1996년에 설립되었다. 새로운 이론기관의 설립은 공립학교에서 진화론을 가르치는 것을 반대하는 전국적인 운동의 촉매역할을 했다.[6)]

새로운 창조론 운동의 영향력은 정치분야에서도 찾아볼 수 있다. 1999년에 컬럼바인 고등학교에서 총격사건이 일어나자 하원 다수당(공화당) 지도자인 톰 드레이는 이 사건을 이용하여 학교 내 총기사건을 포함한 모든 사회악의 원인을 진화론 탓으로 돌렸다. 그는 "우리나라의 학교제도는 학생들에게 그들은 원시적인 진흙탕으로부터 진화해 온 칭송받을 만한 원숭이에 불과하다고 가르치고 있다"고 했다. 2001년에는 펜실베니아 출신의 릭 샌토럼(Rick Santorum) 상원의원이 아동 학력향상법(No Child Left Behind) 법안의 수정안을 제출하면서 생물학적 진화론은 "문제가 있다"는 조항을 삽입했다(그러나 최종 통과된 아동 학력향상법에서는 이 조항은 포함되지 않았다). 조지 W. 부시 대통령도 여러 차례 공립학교에서 지적 설계론을 가르치는 데 찬성한다는 발언을 했다. 『내셔널 리뷰』(*National Review*)지의 편집자 윌리엄 버클리는 2007년 2월에 지적 설계론 운동을 지지한다는 의견을 발표하면서 존슨과 그 밖의 지적 설계론 지지자들은 "독점적 지위를 차지할" 자격을 상실했다고 주장했다. 버클리가 이런 발언을 한 것은 2007년에 공화당 대통령 후보 존 매케인이 디스커버리 연구소가 초청한 오찬회에서 한 연설이 논란을 일으킨 것을 염두에 둔 것이었다. 매케인은 2년 전에 공립학교에서 지적 설계론을 가르치는 것을 지지한다고 말한 바 있다(매케인은 진화론 교육이 과학 시간에 국한되는 것인지는 명확히 밝히지 않았다).[7] 디스커버리 연구소는 정치 · 교육 · 문화 부문의 논쟁을 제기하기 위해 2004년에 워싱턴에 지부를 설치했다.

쐐기의 기원

다윈주의가 지적 설계론 지지자들로부터 공격을 받는 것은 당연한 일이지만 그들이 다윈주의를 공격의 주 대상으로 선정한 이유는 유물주의 철학, 교육, 문화를 근본주의 기독교의 철학, 교육, 문화로 대체하기 위해서는 유물주의의 한 부분에 쐐기를 박아넣어 틈을 벌려나가는 것이 효과적이라 판단했기 때문이다.[8] 지적 설계론 지지자 윌리엄 뎀스키가 간단명료하게 표현했듯이 "자연주의는 질병이며, 지적 설계론이 그 치료법이다."[9]

쐐기박기의 전략적 논거는 존슨이 2000년에 발간한 책 『진리의 쐐기 : 자연주의의 기반 허물기』(*The Wedge of Truth : Splitting the Foundations of Naturalism*)에 잘 정리되어 있다 :

책 제목의 쐐기란 같은 생각을 가진 사람들의 비공식적인 운동을 의미하며, 이 운동은 내가 주도하여 시작되었다. 우리의 전략은 오랫동안 무시되어 왔던 문제를 표면으로 부상시켜 대중적 논쟁의 장에 등장시킴으로써 자연주의라고 하는 통나무의 갈라진 틈으로 쐐기의 날카로운 끄트머리를 박아넣는 것이다. 물론 쐐기가 처음으로 뚫고 들어갈 대상은 통나무 전체가 아니다. 쐐기가 더 깊이 파고들면서 큰 틈이 생기면 통나무는 짜개질 것이다.[10)]

존슨의 비유에서 쐐기의 "날카로운 끄트머리"는 다윈주의 과학에 대한 공격을 의미하며, 큰 틈이란 현대 사회의 유물주의 세계관 전체를 전복시키는 보다 야심찬 전략을 의미한다. 이 전략은 1999년에 나온 악명 높은 **쐐기전략** 문서에 보다 충실하게 정리되어 있다(이 문서는 일반적으로 **쐐기문서**로 더 잘 알려져 있다. 디스커버리 연구소의 과학문화 재건 센터에서 기초했고 10여 쪽에 달하는 지적 설계 운동 발전방안을 담고 있다). **쐐기문서**의 도입부에 따르면 자연과학이나 물질과학보다는 유물주의적 사회과학과 문화가 궁극적으로 문제가 된다. 문서는 다음과 같이 기술하고 있다 :

> 인간이 신의 형상대로 창조되었다는 명제는 서구문명이 세워진 기반이다. 그러나 약 한 세기 전부터 이 기본 원칙이 현대 과학의 몇 가지 발견을 앞세운 지식인들로부터 전면적인 공격을 받기 시작했다. 신과 인간의 관계에 관한 전통적인 관념을 부인하는 찰스 다윈, 칼 마르크스, 지그문트 프로이트 같은 사상가들이 인간은 도덕적이고 영적인 존재가 아니라 순전히 비인격적인 힘이 지배하는 우주에 살고 있는 동물이나 기계이며, 인간의 행태와 사고 자체가 생물학, 화학, 환경이라고 하

는 불굴의 힘에 의해 규정된다고 주장했다. 현실세계에 대한 유물주의적 개념은 실질적으로 우리의 문화, 정치, 경제, 문학, 예술 등 모든 분야에 빠짐없이 침투했다.

유물주의의 문화적 승리의 결과는 엄청나다. 유물주의자들은 객관적인 도덕기준의 존재를 부인하고 환경이 우리의 행태와 신념을 규정한다고 주장했다. 대부분의 사회과학이 이러한 도덕적 상대주의를 무비판적으로 받아들였으며, 아직도 현대의 경제학, 정치학, 심리학, 사회학을 무장해제시키고 있다… .

유물주의는 공상적 사회주의라고 하는 유독한 변종을 낳았다. 유물주의적 개혁자들은 과학적 지식을 통해 사회를 완벽하게 통제할 수 있다고 생각하며, 그래서 이 땅에 천국을 건설한다는 거짓 약속을 하는 정부의 강압적인 계획을 변호했다.

디스커버리 연구소의 과학문화 재건 센터는 다름 아닌 유물주의와 그 문화적 유산의 타도를 추구한다.[11)]

유물주의 사회과학과 문화의 파괴를 궁극적인 목표(쐐기의 큰 틈)로 설정함으로써 지적 설계론 지지자들은 다윈주의에 대한 공격은 거대한 전략의 일부분임을 분명히 밝혔다. **쐐기문서**는 이 전략을 5년과 20년 단위의 활동계획과 목표로 나누어 제시했다. 활동계획은 세 단계로 나누어진다 : "제1단계 : 과학적 연구, 저술, 출판", "제2단계 : 선전과 여론 형성", "제3단계 : 문화적 대결과 재건." "20년 목표"는 설계론이 자연과학의 영역에 진입하는 것뿐만 아니라 "심리학, 윤리학, 정치학, 신학, 철학 등 인문과학에도" 진출하는 것이다. **쐐기문서**에는 "성행위, 낙태, 신에 대한 믿음"에 관한 현대의 관점을 바꾸는 계획도 포함되어 있다. 쐐기전략

- 지적 설계론의 사도들 -

디스커버리 연구소 소장
브루스 채프먼

디스커버리 연구소 과학문화 센터 연구과제 고문
필립 E. 존슨

연구과제 책임자
스티븐 C. 메이어

연구과제 부책임자
존 G. 웨스트

선임 연구원
마이클 비히
데이비드 벌린스키(David Berlinski)
폴 친(Paul Chien)
윌리엄 A. 뎀스키
데이비드 드울프(David DeWolf)
귀예르모 곤잘레스(Guillermo Gonzales)
마이클 뉴턴 키스(Michael Newton Keas)
제이 W. 리처드
조나단 웰스
벤자민 와이커
조나단 위트

연구원
(명단은 불완전함)
딘 케년(Dean Kenyon)
로버트 C. 쿤스(Robert C. Koons)
낸시 피어시
찰스 댁스턴
리처드 웨이커트(Richard Weikart)

출처 : 디스커버리 연구소 웹사이트, http://www.discovery.org

의 궁극적인 목표는 "설계론을 우리의 종교 · 문화 · 도덕 · 정치 생활"에 침투시키는 것이며, 이는 필립 존슨이 한 말을 빌리자면 "현대 문화의 지배적 철학(즉 자연주의)"을 지적 설계론이란 새로운 지배적 철학으로 대체시키는 것이다.[12]

지적 설계론의 중요한 지지자들—필립 E. 존슨, 윌리엄 A. 뎀스키, 마이클 비히, 스티븐 메이어(Stephen Meyer), 제이 웨슬리 리처드(Jay Wesley Richard), 존 G. 웨스트(John G. West), 벤자민 와이커, 조나단 위트(Jonathan Witt), 조나단 웰스(Jonathan Wells), 낸시 피어시(Nancy Pearcy), 찰스 댁스턴(Charles Thaxton) 등—은 모두 이 전략에 서명했고, 이에 따른 지적 설계론 지지자들의 활동계획은 치밀한 검토를 거쳐 확정되었다. 이 전략은 그들의 활동에 너무나 중요한 것이기 때문에 지적 설계론 지지자들은 그들의 운동을 때로는 "쐐기"라고 불렀다. 예컨대, 존슨은 "쐐기는 지적인 운동"이라고 했고, 지적 설계론 지지자들을 고무하기 위해 종종 "쐐기 회원"이란 용어도 사용했다.[13] 디스커버리 연구소의 쐐기운동의 지도자들은 거의 대부분이 보수적인 근본주의 기독교인—복음주의 개신교와 가톨릭이 주류를 이룬다—이며, 그 중에서 조나단 웰스는 문선명 목사의 통일교 소속이다.[14]

"최고 기밀문서"

쐐기전략 문서는 점진적으로 발전해 왔다. 그 과정에서 핵심적인 이벤트는 1995년 여름에 "유물주의의 사망과 문화의 재건"이란 주제를 내걸고 열린 세미나였다. 존슨이 재정지원을 한 이 세미나에서 과학문화

재건 센터의 설립이 결정되었다. 정치학자 존 C. 웨스트는 『인터칼리지에이트 리뷰』(*Intercollegiate Review*)지 1996년 봄호 서면 좌담회의 권두논문으로 기고한 「유물주의의 사망과 문화의 재건」이란 글—같은 제목의 1995년도 여름 세미나 결과를 정리한 글—을 기고했는데, 그 내용은 앞서 인용한 1999년 **쐐기문서**의 도입부와 사실상 동일했다. 그러므로 "신과 인간의 관계에 관한 전통적인 관념을 부인하는 칼 마르크스, 찰스 다윈, 지그문트 프로이트 같은 사상가들이 인간은 영원하고 책임 있는 존재가 아니라 동물이나 기계 같은 존재라고 규정했다"는 주장을 처음으로 제시한 사람은 웨스트였다(**쐐기문서**에서와는 달리 웨스트의 글에서는 마르크스가 다윈 앞에 배열되어 있다). 이런 점을 고려할 때 **쐐기문서**의 주 저자는 웨스트임이 분명하다.[15)]

"유물주의의 사망" 세미나가 열렸던 다음해에는 비올라 대학에서 "완전한 창조"라는 주제의 이정표적인 세미나가 열렸다. 이 세미나에서 발표한 논문들을 묶은 『완전한 창조』(*Mere Creation*)라는 책의 후기에서 디스커버리 연구소 소장 브루스 채프먼은 새로운 운동의 목적을 다음과 같이 설명했다 :

> 유물주의는 본질적으로 자연과학에 국한되지 않는다. 유물주의는 일상적인 존재에 대한 인식방식이자 대응이다. 유물주의는 도덕, 법률과 범죄학, 교육, 의학, 심리학, 인종관계, 환경 등 수많은 분야에 관련된 정책과 공공의 기준에 영향을 끼쳤다.
>
> 유물주의는 20세기 도덕적 타락의 주요 원인이라고 할 수 있다. 유물주의는 설계론뿐만 아니라 설계론의 가능성을 보여주는 증거들까지도 부인함으로써 유대-기독교의 규범적 유산을 엄청나게 손상시켰

다. 설계되지 않은 세계란 본질적인 의미를 갖지 못한 세계이다. 그런 세계에서는 시인 예이츠의 표현을 빌리자면 "사물은 산산조각나고 중심은 버티지 못한다."

> 유물주의는 자연과학에만 만연한 것이 아니라 사회학, 심리학 같은 인식과학에도 적용되고 있다 … . 과학의 유물주의적 해석이 틀린 것이라면 유물주의를 공공정책과 문화에 적용하는 것도 잘못된 일이다.[16)]

1996년이 되자 쐐기전략의 주요 부분은 이미 자리를 잡게 되었다. 그런데도 **쐐기문서**의 작성과 보급은 안개에 가려진 채 남아 있었다. 로즈 다우니(Roger Downey)는 2006년 2월에 『시애틀 위클리』지에 게재한 "디스커버리 연구소의 창립"이란 제목의 기사에서 다음과 같이 썼다 :

> 얘기가 세상에 알려지게 된 것은 7년 전 1월 하순의 어느 날 시애틀에 있는 한 국제적인 인력관리 회사의 우편물 수발실에서부터 시작한다. 우편물 수발실은 복사실을 겸하고 있었는데, 맷 더스는 이곳에서 일용직 직원으로 일하고 있었다. 복사기에서 흘러나오는 문서는 지독하게 따분한 인력채용에 관한 문서가 아니었다. 문서의 표지에는 "최고 기밀", "배포 금지" 등의 고무도장이 찍혀 있었다. 문서의 표지에는 미켈란젤로가 그린 시스틴 성당의 아담에게 생명을 불어넣는 신의 그림을 희미하게 바탕으로 깔고 그 위에 불길한 느낌을 주는 피라미드 모양의 도형이 그려져 있었다. 표지의 제목은 **쐐기**였다.
>
> 호기심이 발동한 더스는 10여 쪽 가량을 자세히 살펴보다가 눈이 휘둥그레졌다. 그는 복사를 하면서 한 부를 빼내 보관했다. 이 일이 있고 나서 한 주가 지나기 전에 더스는 이 문서를 진화론, 정치이념, 사

상의 선전 등에 관심을 가진 친구에게 보여주었다. 더스와는 달리 문서의 내용을 기술적으로 이해하고 있던 친구 팀 로즈는 문서를 스캔하여 인터넷에 올렸다. 문서가 처음으로 세상에 드러난 때는 1999년 2월 5일이었다.[17]

디스커버리 연구소가 "최고 기밀"로 다루고 싶었던 과학문화 재건 센터의 **쐐기문서**는 이렇게 하여 제3자의 손으로 인터넷을 통해 세상에 알려졌다(뉴욕타임즈의 보도에 의하면 이 문서는 당초 "기금 모금용 자료"로 작성되었다고 한다). 1999년 3월에 그 존재가 지적 설계론 비판자들에게 알려진 후로 이 문서는 광범위하게 유포되었고 지금도 온라인에서 검색 가능하다. 디스커버리 연구소 측은 이 문서의 전체 내용을 연구소의 웹사이트에 올리지 않고 웨스트가 작성한 도입부만 올려놓았다. 1999년에 과학문화 재건 센터의 연구과제 책임자 웨슬리 리처드가 이 문서는 "오래 전에 작성된 '쐐기' 프로그램의 요약본"임을 시인함으로써 그 신빙성을 인정받게 되었다. 프로그램 내용은 **쐐기문서**의 전체는 아니지만 센터의 웹사이트에 올라와 있는 **쐐기문서**와 동일한 문장을 사용하고 있다.[18]

디스커버리 연구소가 작성한 1999년의 **쐐기문서**가 중요한 의미를 갖는 (그래서 당초에는 "최고 기밀"로 분류되었던) 이유는 그 내용이 지적 설계론 운동의 장기 전략의 기초이기 때문이다. 이 문서에는 운동의 5개년 및 20개년 목표가 제시되어 있고, 쐐기전략의 궁극적인 목표가 과학에 국한된 것이 아니라 신학, 정치학, 문화, 도덕 등 전반에 걸친 것임이 분명하게 밝혀져 있다. 비평가 유제니 스콧이 쐐기전략에 대한 평가에서 썼듯이 지적 설계론의 2차적 초점은 '문화 재건'이며, 이 용어는 지적 설계론 지지자들이 미국 사회에서 근거가 의심스러운 철학적 유물주의를 신학적(특히 기독교적) 가치관으로 대체하려는 자신들의 운동목표를 지칭할 때 사용한다.[19] "그러므로 지적 설계론 지지자들에게 있어서 유물주의적 과학을 공격한다는 것은 유물주의 전반을 공격하는 것이며, 그와 마찬가지로 설계론(존슨의 표현을 빌리자면 "창조론 그 자체")에 대한 지지는 궁극적으로 신의 지배가 (유물주의적 철학과 문화를 대체하고) 도덕적 세계로 확산되는 수단임을 의미한다.

C. S. 루이스, 기독교 호교학, 그리고 완전한 창조

지적 설계론 운동은 유물주의/자연주의에 대한 공격으로 시작해서 공격으로 끝난다. 공격은 과학을 대상으로 시작하여 전체 문화(쐐기의 큰 틈)로 옮겨간다. 이 운동에 영감을 준 사람은 (지적 설계론 지지자들 자신이 인정하고 있듯이) 기독교 호교학자인 C. S. 루이스이다. 디스커버리 연구소는 원래 루이스의 호교학(護教學)을 기반 이념으로 하여 설립되었고, 연구과제의 주제 가운데 하나도 "C. S. 루이스와 공공생활"이다. 과학문화 센터의 부책임자 존 G. 웨스트는 루이스 강좌의 강사이며 『루이스 독본』(*The C. S. Lewis Reader's Encyclopedia*)의 공동 편집자이다. 웨스트가 1996년에 했던 "루이스와 유물주의의 위협"이란 제목의 강의 원고가 디스커버리 연구소의 웹사이트에 올라와 있는데, 이 글은 지적 설계론 철학의 핵심 내용을 담고 있다. 이 글에서는 찰스 다윈, 칼 마르크스, 지그문트 프로이트의 저작에 대한 공격이 기독교 호교학을 부흥시키는 첫 단계라고 명시하고 있다. 루이스는 "아리스토텔레스가 제시한 우주에 관한 신학적 관점으로 우리를 다시 안내했다"고 한다. 웨스트의 설명에 의하면, 루이스는 유물주의가 "여러 분야의 사회과학에서 무비판적으로 수용되었고 … 여전히 현대 경제학, 정치학, 심리학, 사회학에 침투"하고 있는 도덕적 "상대주의"를 낳았다고 생각한다.

웨스트는 "유물주의의 사망과 문화의 재건"이란 주제의 토론회 인사말에서 루이스의 논리를 인용하여 도덕성의 "보편적 기준"을 거부하고 있는 학문이 사회학이라고 지적했다. 웨스트의 견해로는 루이스가 자신의 소설 『악의 세력』(*That Hideous Strength*)에서 젊은 사회학자 마크 스타덕(Mark Studdock)을 주인공으로 등장시킨 것은 의미심장한 일이다. [『악의 세력』은 그 전에 발표된 『침묵의 행성으로부터』(*Out of Silent Planet*)와 『페렐란드라』(*Perelandra*)와 함께 루이스의 우주 3부작이다.] 이 소설 속에서 악의 세력이 국립 통합실험 연구소(National Institution for Coordinated Experiments : NICE)를 내세워 주인공 스타덕의 영혼을 차지하려고 한다. 스타덕은 어둠의 세력과 빛의 세력이 투쟁하는 대상이 된다. 소설 속의 한 장면에서 유물주의의 미망에 사로잡혀 있던 스타덕은 한 화학자와 논쟁을 벌이는 과정에서 "사회학 같은 과학"이라는 표현을 사용한다. 이에 화학자는 "사회학과 같은 과학은 존재하지 않는다"고 반박한다. 웨스트의 해석에 따르면 이 장면은 유물주의가 지배하고 있는 사회과학에 대한 루이스의 강력한 거부감을 나타내는 것이며, 그 중심에 사회학이 있다고 한다. 스타덕은 자신이 신봉하던 유물주의와 도덕적 상대주의를 직면할 수밖에 없는 상황을 마주하게 되고, 마침내 자신의 개인적 책임(죄)을 인정하고 구원의 길로 들어선다. (소설의 마지막 장면에서 그는 오랜 잠에서 깨어난 마법사 멀린과 기독교인 공동체의 개입과 천국세력의 도움을 받아 구원을 얻게 된다. 이렇게 하여 기독교는 악의 세력이 지배하지만 아직은 완전하게 악의 세력에게 정복되지 않은 세계에서 승리를 거둔다.)

존슨은 1945년에 출간된 『악의 세력』을 2000년에 논평하면서 이 작품은 "유물주의에 대한 공격이며, 사람들이 진정한 창조주를 위해 봉사하는 데 자신들의 사랑과 믿음을 바치지 않고 과학기술을 자신들의 주인으로 섬길 때 어떤 일이 일어나는지를 보여주고 있다"고 평가했다.[20]

C. S. 루이스의 반유물주의와 기독교 호교론의 유산은 지적 설계론 지지자들인 뎀스키, 리처드, 와이커, 위트의 저작이 물려받고 있다. 뎀스키와 리처드는 루이스의 기독교 호교론으로부터 영감을 받아 1998년에 지적 설계론을 주장하는 논문집 『비호교적인 호교론 : 신학연구의 도전에 직면하여』(*Unapologetic Apologetics : Meeting the Challenges of Theological Studies*)를 편저했다. 리처드는 이 논문집에서 다음과 같이 썼다 :

> 자연주의자는 자연이란 단어로 모든 것을 설명하려 한다. C. S. 루이스는 그것을 이렇게 표현했다 : "자연주의자는 존재하는 것은 오직 자연뿐이라고 생각하며, 자연은 그에게 있어서 그냥 '모든 것', '보이는 모든 것', '존재하는 모든 것'을 의미한다. 이 말을 받아들인다면 자연 말고는 아무 것도 존재하지 않는다." 기독교인이나 다른 신학자는 분명히 이 주장을 부정하고 스스로 존재하는 실체, 즉 자연을 창조했고 유지하는 신이 존재한다고 주장할 것이다. 이런 자연은 종속적인 존재이지 궁극적인 실체가 아니다.[21]

뎀스키와 리처드의 **종교적** 목표는 설계론을 따르지 않고 자연주의에 굴복한 기독교 신학 일파에 대해 의문을 제기하는 것이다. 리처드는 자연주의는 "기독교 신앙과 배치"되며, "자연주의적 기독교란 기독교의 모든 특징을 버린 것"이라고 주장했다. 루이스와 마찬가지로 리처드도 직설적으로 "자연주의자"의 주장을 배격하고 "초자연주의자"의 입장을 옹호한다.

뎀스키가 『비호교적인 호교론』에서 성서의 무류성(無謬性)을 주장한 것은 루이스가 자신의 "호교론"에서 신앙과 합치되지 않는 사실적 증거와 대면하여 공개적으로 "당혹감"을 표명한 것에 자극을 받은 때문임이 분명하다. 성서 구절은 유물주의가 밝혀낸 사실과 모순되는 것처럼 보임에도 불구하고 "신의 눈으로 보는 관점"을 따르는 사람들은 그런 경우에는 "당혹감" 쪽을 선택할 것이라는 것이 뎀스키의 주장이다. "신의 눈으로 보는 관점"을 따르는 사람들은 인간의 인식에는 한계가 있으므로 성서 구절에 오류가 있다고 생각하는 것은 잘못이라고 주장한다. 뎀스키는 이렇게 주장했다. "선택은 우리 몫이다. 어떤 관점을 따를 것인가? 우리 자신의 관점인가, 신의 관점인가?" 동료 설계론자 웨스트는 이 주장을 달리 표현했다. "성서는 절대 무류이다. 그러나 그것을 해석하는 사람은 그렇지 않다."[22)]

C. S. 루이스의 기독교 호교론은 고대로부터 현대에 이르기까지 모든 유물론에 대한 부정을 기반으로 하고 있다. 그의 수필집 『맹도견』(*The Seeing Eye*)에서는 "우주의 불모성"의 뿌리는 루크레티우스에게 닿는다고 주장한다(루크레티우스는 에피쿠로스의 학설을 추종한다). 자신의 자서전 『놀라운 기쁨』(*Surprised by Joy*)에서 루이스는 젊은 시절에 데모크리토스, 루크레티우스, 에피쿠로스를 연구하면서 에피쿠로스의 유물주의적 관점에 매료되었던 경험을 밝히고 있다. 그는 후에 일체의 유물주의 철학과 결별하고 신실한 기독교인으로 변모했다. 그래서 그의 사상에는 유물주의와 창조주의의 대결이 짙게 드러나고 있다.[23)]

『순전한 기독교』, 『인간의 타락』(*The Abolition of Man*), 『고통의 문제』(*The Problem of Pain*) 같은 루이스의 저작들이 쐐기운동에 깊은 영향을 주기는 했지만 오늘날의 지적 설계론의 직접적 기반이 된 것은 1947년에 출판된 그의 마지막 호교론 저작인 『기적』(*Miracles*)이었다. 『기적』의 서두에서부터 루이스는 자연주의(또는 유물주의)와 초자연주의의 차이를 아주 분명하게 보여주었다. 그는 "어떤 사람들은 자연 이외에는 아무 것도 존재하지 않는다고 믿고 있다. 나는 이런 사람들을 **자연주의자**라고 부른다. 다른 사람들은 자연 이외에도 다른 무엇인가 존재한다고 생각한다. 나는 이런 사람들을 **초자연주의자**라고 부른다"라고 썼다. 루이스를 포함한 초자연주의자들은 "스스로 존재하는 존재", 모든 것의 "근원인 신"이 존재한다고 믿는다. 루이스는 "초자연주의가 받아들일 수 없는 것은 신이 자연을 만들었지만 자연 바깥에 있다는 생각"이라고 했다. 그러므로 자연주의(또는 유물주의)는 자연을 "완전한 시스템"으로 인식한다. 루이스가 "완전한 시스템"이란 인식에 반대하는 가장 큰 이유는 "그 속에는 설계자가 없기 때문"이다. 후에 『선착장에 와계신 신』(*God in the Dock*)이란 책으로 간행된 1945년의 강연에서 루이스는 로켓의 설계자가 있듯이 자연에도 설계자가 있어야 한다는 설계론의 고전적인 주장을 제시했다. 그러므로 그의 주장에 의하면 현대에 자연주의/유물주의가 지배적 관점이 되어 있는 것은 비극이다. "우리 모두에게는 자연주의가 뼛속까지 침투해 있어서 기독교로 개종한다고 하더라도 일시에 우리 체제로부터 감염을 제거할 수는 없다."[24)]

이 지옥 같은 자연주의에 맞서기로 마음 먹은 루이스는 기독교 호교학을 발전시켰다. 그는 신(또는 삼위일체)과 자연으로 구성된 실재라고 하는 인기 없는 개념을 선택했다. "신이 자연을 창조했다. 둘 사이의 관계는 일시에 형성되면서 '타자성'(他者性)은 완전히 제거되었다." 자연은 결코 신과 대등하지 않은 "창조물"이다. 자연이 통상적으로는 자신의 법칙을 따라 운행하는 것은 사실이지만 초자연적인 존재가 "선택된 사건" 또는 "기적"이란 형태로 개입하기도 한다. 모든 기적은 세계를 위해 대속(代贖)하는 그리스도의 모습으로 현신(現身)한 "큰 기적"의 부속물에 불과했다.[25)]

자연은 신에게 속해야 함이 마땅하지만 순종하지 않았고 세계는 "타락한 세계"가 되었다. 루이스는 또 "자연은 영혼을 지배함으로써 모든 영적인 활동을 파멸로 이끌었다"고 썼다. 결국 자연은 이성이라고 하는 천상의 힘과 "전쟁"을 벌이려 했다. 그러나 이 전쟁에서 자연은 이성(로고스)의 적수가 될 수 없었다. "자연은 살해하기 위해 이성을 침범할 수 있을 뿐이지만 이성은 죄인을 구원하고 심지어 자연을 구제하기 위해 자연을 침범할 수 있다."

루이스가 이 책의 다른 부분에서 달리 표현한 바를 인용하면 다음과 같다 :

> 우리가 자연이 (외적이 침입하듯) 침범당했다고 본 것은 잘못이었다. 침범의 행태를 제대로 살펴보면 그것은 왕이 자신의 신하들을 방문하는 것과 같거나 코끼리 조련사가 코끼리를 찾아가는 것과 같다. 코끼리가 날뛰듯 자연도 반항적일 수 있다. 그러나 자연이 순종할 때 무슨 일이 일어나는지 보고 나면 복종이 바로 자연의 "본성"이라는 결론을 내리지 않을 수 없다. 마치 자연의 역할은 그것인 것처럼 모든 일이 일어난다.[26)]

그러나 루이스는 (그 자신도 말했듯이) 군주가 자기의 영역에 대한 정당한 권리를 주장하듯 표현해야 보다 잘 이해될 수 있다는 듯이 끊임없이 "침범"이란 개념을 인용한다. 그는 기독교의 궁극적인 임무는 세계의 재정복이며, 그래서 기독교는 자연주의/유물주의와 전쟁을 벌여야 한다고 믿는다(쐐기론 지지자들의 논리가 이와 흡사하다) : "기독교 교리 안에서는 이곳 저곳 흩뿌리듯 제멋대로 간섭이 일어난다고 의심할 근거가 없다. 자연에 대한 일련의 침입은 연관성이 없는 것이 아니며, 전략적으로 일관된 침범이 여러 단계로 나누어 나타나는 것이다. 침범의 목표는 완벽한 정복과 '점령'이다." 이것은 선과 악의 전쟁이다. "인간은 … 영혼을 가진 동물이기 때문에 신의 아들이 될 수도 있고 악마가 될 수도 있다." 그리스도의 "큰 기적"이 예언한 대로 결국에는 사탄과 "인간의 타락" 때문에 생긴 죽음조차도 초월할 수 있을 것이다.

루이스는 현대 유물주의 과학에 대한 반감을 분명히 밝혔고, 지적 설계론이란 기독교적 관념을 동원하여 자연을 재정복하는 것이 목표임도 분명하게 밝혔다. 그러기 위해서는 현대 과학 자체를 전복시키는 것이 급선무이다. 루이스가 『기적』에서 희망적으로 선언했듯이 "과학의 시대는 우리가 생각하는 것보다 종말에 더 가까이 와 있다."[27]

그러므로 C. S. 루이스가 지적 설계론 운동의 수호성인으로 부상한 것은 놀라운 일이 아니다. 디스커버리 연구소 웹페이지의 "C. S. 루이스와 공공생활"이라는 항목은 『온라인 루이스 유산』이란 인터넷 계간지, 그의 저작을 무료로 내려 받을 수 있는 "루이스의 저작"이란 섹션, 웨스트와 그 밖의 지적 설계론 지지자들이 쓰는 루이스에 관한 해설 시리즈로 구성되어 있다. 지적 설계론의 전당에서 루이스만큼 추앙받는 위치에 모셔진 사상가는 없다.

유물주의 비판 : 지적 설계론 비판

C. S. 루이스는 유물주의에 대한 비판과 지적 설계론에 대한 옹호는 고대 그리스에까지 거슬러 올라가는 긴 역사를 갖고 있다고 보았다. 그는 고대 그리스의 원자론자들, 스피노자, 흄, 마르크스, 다윈, 프로이트, 할데인(J. B. S. Haldane) 등을 자주 신랄하게 비판했다. 오늘날의 지적 설계론 지지자들도 과학문화 센터의 연구원 낸시 피어시의 표현을 빌리자면 "유물주의와 기독교의 오랜 전쟁"을 계속하여 강조하고 있다. 피어시는 이 논쟁이 "에피쿠로스에 대한 강력한 공격"을 통해 논리를 개발한 초기 기독교 사상가들의 활동으로부터 시작되었다고 기술했다. 그러나 논쟁은 기독교 서구사회가 있기 이전부터 시작되었으므로 보다 포괄적으로 "유물주의와 설계론의 오랜 전쟁"이라고 표현해야 옳을 것이다.[28)]

설계론은 고대 아테네에서 유물주의 철학(특히 원자론)이 발전하자 이에 대응하여 소크라테스가 처음으로 소개했다. 소크라테스 학파의 등장과 함께 시작된 유물주의 비판은 다시 에피쿠로스의 등장과 함께 유물주의의 설계론 비판으로 이어졌다.[29)] 이런 논쟁은 수백 년간 계속되었다. 드디어 기독교가 지적 설계론에 가세하게 되자 에피쿠로스 유물주의는 지적 설계론의 주요 적수가 되었다. 계몽주의 시대가 되자 유물주의가 부활했고 기독교 우주목적론은 도전받게 되었다. 수천 년을 이어져 온 이 오랜 전쟁에서 유물주의는 자연과 과학, 즉 세속철학 영역에서 승리를 거두었다. "지적 설계론"이란 용어 자체는 다윈이 우주목적론적 관점을 강력하게 비판하는 과정에서 현대적 의미로 소개되었다. 그는 자연은 설계된 것처럼 보일지 모르나 실제로 그 뒤에 지성이 있는 것은 아니라고 주장했다.

20세기에 들어와 창조론 또는 지적 설계론은 신학, 기독교 호교학, 관념주의 철학, 대중적 미신의 영역으로 후퇴했다. 이제 새로운 지적 설계론 운동이 등장하여 루이스의 말을 빌리자면 "전략적으로 일관성 있는 침투, 완벽한 정복과 '점령' 을 목표로 하는 침투"를 다시 시도하고 있다. 궁극적인 목표는 오로지, 또는 주로 자연과학을 지배하는 것이 아니라 사회과학, 문화, 철학, 도덕 그리고 공공생활을 지배하는 것이다. 이것이 쐐기의 정치적 · 종교적 목표이다.

이 모든 것을 역사적 맥락에서 이해하자면 수천 년을 이어져 온 지적인 투쟁과정을 탐구해야 한다. 고대에서부터 현대에 이르기까지 지적 설계론이 제기하는 유물주의 비판은 유물주의가 제기하는 지적 설계론 비판을 배경으로 하여 이해해야 한다. 이것은 단순하고 직설적인 얘기가 아니다. 이것은 기나긴 변증법적 논쟁이다.

:: 주 ::

1 Eugenie Scott, *Evolution vs Creationism* (Berkeley : University of California Press, 2004), 128.

2 Phillip E. Johnson, *The Wedge of Truth : Splitting the Foundations of Naturalism* (Downers Grove, Ill. : Inter Varsity Press, 2000), 93.

3 William A. Dembski와 Jay Wesley Richards, *Unapologetic Apologetics* (Downers Grove, Ill. : Inter Varsity Press, 2001), 9에 수록된 Phillip E. Johnson의 "Foreword" ; William Dembski(편), *Mere Creation : Science, Faith, and Intelligent Design* (Downers Grove, Ill. : Inter Varsity Press, 1998) ; Barbara Forrest와 Glenn Branch, "Wedging Creationism in the Academy," Academe Online(2005), http://www.aaup.org/AAUP.pubsres/academe/2005/JF/Feat/forr.htm?PF=1.

4 Pew Research Center Pollwatch, "Reading the Polls on Creation and Evolution," 2006. 9. 28, http://www.people-press.org ; Ronald L. Numbers, *The Creationists : From Scientific Creationism to Intelligent Design* (Cambridge, Mass. : Harvard University Press, 2006), 1.

5 Constance Holden, "Republican Candidate Picks Fight with Darwin," *Science* 209/4462(1980. 9. 12) : 1214.

6 디스커버리 연구소의 기금에 관해서는 Jodi Wilgoren, "Poloticized Scholars Put Evolution on the Defense," *New York Times*, 2005. 8. 25를 보라.

7 Francis X. Clines, "Capitol Sketchbook : In a Bitter Cultural War, An Ardent Call to Arms," *New York Times*, 1999. 6. 17 ; Denyse O'Leary, *By Design or By Chance?* (Minneapolis : Augusburg Books, 2004), 161 ; William F. Buckley, "So Help Us Darwin," *National Review Online*, 2007. 2. 16 ; Ronald Bailey, "Evolutionary Politics"(2008. 2. 8), reasononline, http://www.reason.com ; Forrest와 Branch, "Wedging Creationism in the Academy." 지적 설계론에 관한 Glider의 견해를 알

려면 George Gilder, "The Materialist Superstition," *Intercollegiate Review* 31/2(1996. 봄) : 6-14를 보라.

8 Johnson은 때때로 현대 과학의 형이상학적 · 자연주의적 근원에 대한 자신의 공격을 쐐기의 날카로운 끝부분으로 비유하였다. 쐐기는 처음에는 지적 설계론이란 형태로 과학의 영역을 파고들다가 깊이 박혀가면서 최종적으로는 유물주의 철학이라고 하는 통나무 전체를 짜개게 된다는 것이다. 그렇게 되면 신학, 문화, 사회과학 전체를 바꿀 수 있다. Johnson, *The Wedge of Truth*, 13-16을 보라.

9 William Dembski, *Intelligent Design : The Bridge Between Science and Theology* (Downers Grove, Ill. : Inter Varsity Press, 1999), 120.

10 Johnson, *The Wedge of Truth*, 14.

11 Center for Renewal of Science and Culture, "The Wedge Strategy," 1999. 2. 5 (웹에 처음 올라온 날짜), http://www.antievolution.org/features/wedge.html.

12 Center for Renewal of Science and Culture, "The Wedge Strategy" ; Johnson, *The Wedge of Truth*, 13.

13 Johnson, *The Wedge of Truth*, 16, 152, 167 ; Barbara Forrest와 Glen Branch, "Wedging Creationism in to the Academy."

14 Wilgoren, "Poloticized Scholars." 문선명 목사는 "Johnathan Wells에게 진화론을 파괴하라는 임무를 부여했다." 그리고 Wells는 "나의 동료 통일교 신자들이 마르크시즘을 파괴하는 데 평생을 바쳤듯이 나는 다윈주의를 파괴하는 데 평생을 바쳐야겠다"는 확신을 갖게 되었다고 말했다. Michael Shermer, *Why Darwin Matters*(New York : Henry Holt, 2006), 110을 보라.

15 John G. West, "The Death of Materialism and the Renewal of Culture : Introduction," *Intercollegiate Review* 31/2(1996년 봄) : 3-5 ; Barbara Forrest와 Paul R. Gross, *Creationism's Trojan Horse : The Wedge of Intelligent Design*(Ox-ford : Oxford University Press, 2007), 31.

16 William Dembski(편), *Mere Creation : Science, Faith, and Intelligent Design*(Downers Grove, Ill. : Inter Varsity Press, 1998), 457-58에 수록된 Bruce Chapman의 "Postscript."

17 Roger Downey, "Discovery's Creation," *Seattle Weekly*, 2006. 2. 1, http://www.seattleweekly.com.

18 Richard가 인용한 Secular Web의 전 편집자 James Still의 편지에 관한 보다 상세한 내용을 알려면 Barbara Forrest와 Paul R, Gross, *Creationism's Trojan Horse*, 25-33과 Wilgoren, "Poloticized Scholars"를 보라.

19 Scott, *Evolutionism vs Creationism*, 124-25.

20 John G. West, "C. S. Lewis and the Materialist Menace," 1996. 7. 15. 시애틀 Pacific University에서 한 강연, http://www.discovery.org ; "Finding the Permanent in the Political : C. S. Lewis as a Political Thinker," http://www.discovery.org/a/457 ; "The Death of Materialism and the Renewal of Culture : Introduction" ; Phillip Johnson, "C. S. Lewis, *That Hideous Strength*(*1945*)," *First Things* (2000. 3), 48–49, http://www.leaderu.com/ftissues/ft0003/articles/lewis. html ; C. S. Lewis, *That Hideous Strength*(London : Macmillan, 1946), 70.

21 William Dembski와 Jay Wesley Richards(편), *Unapologetic Apologetics : Meeting the Challenge of Theological Studies*(Downers Grove, Ill. : Inter Varsity Press, 2001), 97에 수록된 Jay Wesley Richards의 "Naturalism in Theology and Biblical Studies" ; C. S. Lewis, *Miracles*(New York : Harper and Row, 1960), 6.

22 Richards, "Naturalism in Theology and Biblical Studies," 97–98, 193 ; William A. Dembski와 Jay Wesley Richard(편), *Unapologetic Apologetics*, 94에 수록된 William Dembski의 "The Problem of Error in Scripture" ; West, "Finding the Permanent in Political," http://www.discovery.org/a/457 ; Lewis, *God in the Dock* (Grand Rapids, Mich. : Eerdmans, 1970), 91–92.

23 C. S. Lewis, *The Seeing Eye*(New York : Ballantine Books, 1967), 80 ; *Surprised by Joy* (New York : Harcourt, 1955), 139–44.

24 Lewis, *Miracles*, 5–28 ; Lewis, *God in the Dock*(Grand Rapids, Mich. : Eerdmans, 1970), 208–11.

25 Lewis, *Miracles*, 267–70, 13, 49, 102 ; Lewis, *God in the Dock*, 208–11.

26 Lewis, *Miracles*, 39, 48–49, 205.

27 Ibid., 169, 173, 279. Lewis의 반유물주의적 반과학적 철학에 분노한 J. B. S. Haldane(신다윈주의를 발전시키는 데 크게 공헌한 20세기의 대표적 다윈주의 철학자)은 Lewis의 관점을 직접적으로 비난했다. Haldane, "Auld Hornie, F. R. S.," *Modern Quarterly*, no. 4(1946 가을), 32–40.

28 Nancy Pearcey, *Total Truth : Liberating Christianity from it's Cultural Captivity* (Wheaton, Ill. : Good News Publication, 2004), 389–92.

29 어떤 의미에서는 논쟁의 시발점은 설계라는 개념에 분명하게 반대했던 고대의 원자론자들, 루크레티우스, 데모크리토스까지 거슬러 올라간다. 소크라테스가 이들의 주장을 반박했음은 물론이다. 그러므로 양쪽의 주장은 기원전 5세기의 고대 그리스 철학자들로부터 시작되었다고 할 수 있다. David Sedley, *Creationism and It's Critics in Antiquity*(Berkeley : University of California Press), 133–35를 보라.

에피쿠로스의 원자론

"지적 설계"란 말이 처음으로 대중에게 알려진 것은 19세기에 에피쿠로스 유물론자들이 설계론을 비판할 때였다. 데이비드 흄의 1748년 저서 『인간 오성(悟性)에 관한 탐구』(*Enquiry Concerning Human Understanding*)에는 에피쿠로스가 아테네의 대중 앞에서 자연 속에 있는 "지성과 설계"라는 "종교적 가설"을 부정하는 자신의 논리를 입증하는 상상의 장면이 나온다.[1] 그러나 현대적인 의미에서 "지적 설계"라는 구체적인 용어가 등장하는 가장 오래된 사례는 들어가는 말에서 지적했듯이 다른 사람이 아닌 다윈에게서 찾을 수 있다. 다윈은 1861년판 『브리태니커 백과사전』의 "자연지리"편에 실린 당시 영국의 저명한 과학자 존 허셜이 집필한 글을 보고 그에게 반박하는 편지를 보냈다 : "지적인 설계라고 하는 당신의 관점에 대해 나는 매우 혼란스러움을 느낍니다 … . 이 우주에 존재하는 온갖 생명체와 인간을 볼 때 모든 것이 지적으로 설계되었다는 생각을 하지 않을 수 없습니다. 그러나 생명체 하나하나를 들여다 보면 그런 증거를 발견할 수 없습니다."[2)]

그럼에도 불구하고 "지적 설계"란 용어가 현대적인 의미에서 대중적으로 사용된 의미 있는 첫 번째 사례는 1874년에 벨파스트에서 열린 영국 과학발전협회 회의에서 물리학자 존 틴달(John Tyndall)이 행한 의장연설일 것이다.[3)] 오늘날 틴달은 수증기, 이산화탄소, 메탄이 태양열의 발산을 차단하는 온실 가스의 역할을 한다는 사실을 실험을 통해 증명한 과학자로 잘 알려져 있다.[4)] 벨파스트 연설에서 틴달은 유물주의 과학을 옹호하면서 에피쿠로스와 그의 추종자인 로마 시인 루크레티우스(BC 99-55년 추정)가 우주목적론적 관점을 반박한 논리를 상세하게 소개했다.[5)] 틴달은 루크레티우스가 「데 레룸 나투라」란 시에서 원자론을 기초로 한 우주가 우연과 진화의 지배를 받는 모습을 어떻게 묘사했는지를 소개하면서 다음과 같이 말했다 :

> 원자의 기계적 충격이 물체를 존재하게 하는 충분한 동인이라고 생각했던 루크레티우스는 자연의 구조는 어떤 식으로든 지적인 설계에 의해 결정된다는 관념에 맞섰습니다. 무한한 시간 동안의 원자의 상호 작용이 모든 조합의 방식을 가능케 합니다 … . "만약 이것을 이해하고 염두에 둔다면 오만한 신의 손에서 벗어나 한 순간에 자유로워진 자연이 신들의 간섭을 받지 않고 스스로 자연스럽게 운행하게 되는 것을 보게 될 것입니다."[6)]

고대 에피쿠로스 학파가 입증한 이러한 유물주의적 관점 속에는 자연은 우연한 발생에 의해 저절로 보다 복잡한 조합으로 진화해 간다는 주장이 담겨 있으며, 이는 창조론 철학자들에게 가장 위협적인 주장이다. 여기에 더하여 에피쿠로스는 근본주의자들의 논리—지적이고 도덕적인 설계자로서의 신들과, 변화하는 조건을 따르는 인간들의 사회적 계약과는 독립된 절대적 도덕원칙의 존재—를 거부하는 사회적 진화와 인간의 자유라는 개념을 제시했다. 에피쿠로스를 뒤이어 수세기 동안 등장한 그의 추종자들은 고대의 우주목적론의 강력한 적이 되었으며, 새로 등장한 기독교에게 있어서 에피쿠로스 유물주의보다 더 강력한 철학적 위협은 없었다.

지적 설계론 비판의 기원

지적 설계론과 우주목적론적 관점은 서구문명에 기독교가 등장하기 훨씬 이전인 고대 그리스와 로마 시대 때부터 존재했으며, 이를 지지한 철학자로는 소크라테스(기원전 469-399년), 플라톤(기원전 427-347년경), 아리스토텔레스(기원전 384-322년), 스토아 학파 철학자들(헬레니즘 시대와 로마 시대), 키케로(기원전 106-43년), 플루타르크(46-121년) 등이 있었다. 한편, 고대세계에서 우주목적론과 지적 설계론을 가장 강력하게 비판한 사람은 에피쿠로스(기원전 341-270년)였다. 자연에서 설계의 증거를 찾아내어 창조자 신의 존재를 증명하려는 설계론의 연원은 소크라테스에게서 찾을 수 있다. 크세노폰(기원전 428-354년경)의 『메모라빌리아』(*Meorabilia*)에 소크라테스의 주장이 실려 있는데, 고전학자 데이비드 세들리(David Sedley)의 해석에 따르면 소크라테스는 "근본적으로 반과학적 창조론자"였다고 한다.[7] 소크라테스는 인간은 신들로부터 각별한 취급을 받았으며, 신들의 설계는 인간의 모습에 그대로 반영되어 있다고 주장한다. 신성한 창조자는 물체의 형상을 만들었을 뿐만 아니라 물체에 생명까지 부여했다. 그래서 조각은 창조자의 최고의 솜씨를 모방하는 작업으로 인정받았다. 소크라테스에 의하면 인간은 명백하게 "우연이 아닌 설계의 산물"이며, 인간의 본성 속에는 신성한 장인의 "지성"이 드러나고 있다. 인간의 외모 가운데서 눈은 신성한 설계의 중요한 예증이다. 소크라테스는 아리스토데무스와의 대화 가운데서 다음과 같이 말했다 :

> 눈으로 보고 귀로 듣는 것을 보게나. 자네는 처음에 인간을 창조한 분께서 여러 가지 의도를 가지고 인간에게 이런 것들을 만들어 주었다고 생각하지 않나? … 예를 들어보세. 인간의 눈은 얼마나 정교한가? 감겼던 눈꺼풀은 써야 할 때는 올라가고 잘 때는 닫히네. 바람이 불어오면 눈이 상처입지 않도록 속눈썹을 만들어 놓았고, 머리에서 흘러내리는 땀이 눈에 들어가지 않도록 이마에는 눈썹을 만들어 놓았네.[8)]

이런 설계를 소크라테스는 다른 방식으로도 찾아볼 수 있었다. 인간은 동물과는 달리 (창조자의 지성으로부터 나온) 지성과 계절에 구애받지 않는 성적 능력을 부여받았다. 그리고 인간 이외의 모든 물체는 신성한 힘이 특별히 인간의 필요에 부응하도록 창조한 것이었다.[9)]

그리스에서 창조론적 관점은 소크라테스 훨씬 이전부터 존재했었고 누구도 이의를 제기하지 않았다. 그러나 초기 원자론자 레우키푸스(기원전 5세기)와 데모크리토스(기원전 460-356년경)가 물질세계와 그 속에 존재하는 생명은 원자의 우연한 운동에 의해 생겨났다는 개념을 제시하면서부터 창조자인 신을 변호할 필요가 생겼다. 설계론의 주장은 당초에 유물주의/원자론 자연과학에 대한 대응이었다. 소크라테스가 설계론을 주장했던 의도는 신들의 존재를 철저하게 부정한 원자론자 레우키푸스와 데모크리토스의 주장에 맞서 관념주의적인 변론을 펴기 위함이었다.[10)]

소크라테스의 사상을 이어받은 플라톤은 크세노폰의 저작에 나오는 소크라테스와는 달리 설계론을 직접적으로 주장하지는 않았다. 플라톤은 창조론과 창조론적 과학을 제시했다. 고대 그리스 철학자들에게 있어서 물질은 모든 것들의 전제조건이었다. 그래서 플라톤의 『티마이오스』(*Timaeus*)에 등장하는 세계 형성자 또는 신성한 장인(匠人)은 세계를 무(無)로부터(*ex nihilo*) 창조하지는 않았다. 대신에 그는 전부터 존재하던 물질에 의존하여 혼돈으로부터 질서가 나왔다는 개념을 제시했다. 세계 형성자는 "완벽하고 지적인 살아 있는 창조물"을 본떠서 세계를 설계했다. 플라톤의 세계 형성자는 이런 방식으로 모든 동인(動因) 가운데서 최고의 동인이 되어 가능한 세계 중에서 가장 정교한 세계를 만들어냈다. 플라톤은 『법률』에서 세계가 생기게 된 것은 설계 때문이 아니라 필요와 우연 때문이라고 생각하는 불경한 자들을 투옥하고 심지어 처형해야 한다고 주장했다.[11)]

고대의 철학자 가운데서 가장 철저한 우주목적론자란 평가를 받는 아리스토텔레스도 설계론으로부터 한 발자국 떨어져 있었다. 그의 철학에 따르면 자연 속에 존재하는 모든 것은 목적에 합치한다. 그런데 아리스토텔레스의 철학에는 플라톤의 세계 형성자가 없고 창조론적 주장도 엄격하지 않다. 멀리 떨어져 있는 신, 움직이지 않으면서 타자를 움직이는 존재가 아리스토텔레스의 설명기반이다. 그는 『동물부분론』(*The Parts of Animals*)에서 다음과 같이 말했다 : "단순히 말해 … 그 동인은 우리가 최종적인 동인이라 부르는 첫 번째이다. 이것은 이성이며, 예술작품이나 자연의 작용에서와 마찬가지로 이성이 첫 시발점이다 … . 이제 자연의 작용에서는 선하고 최종적인 동인이 예술작품에서보다 더 지배적이다." 아리스토텔레스에게 있어서 멀리 떨어져 있으면서 신성한 충격 또는 최종적인 동인의 지배를 받는 자연의 합목적성은 그러므로 인간의 예술작품의 합목적성보다 우위에 있는 것이었다.[12)]

소크라테스 이후로 고대에 가장 적극적인 설계론 지지자들은 스토아 학파 철학자들이었다. 키케로는 온건한 회의론자인 그리스 아카데미아 학파를 추종했다. 크세노폰의 『메모라빌리아』에서 소크라테스가 밝힌 설계론은 기원전 3세기 초에 성립된 스토아 학파가 직접 이어받았고, 스토아 학파는 『메모라빌리아』를 기본 교과서로 받아들였다.[13)] 스토아 학파는 에피쿠로스와 그 추종자들에 대적하여 자연을 설계한 증거를 통해 그 존재를 확인할 수 있는 섭리의 신이 있다는 우주목적론을 제시했다. 목적론과 설계론을 둘러싼 스토아 학파와 에피쿠로스 학파의 논쟁은 로마 시대까지 계속되었다.

로마 시대에 설계론을 발전시킨 주목할 만한 저작은 에피쿠로스의 유물주의를 비판한 키케로의 대화록 『신들의 본질』(*The Nature of Gods*, 기원전 45년 저작)이었다. 이 대화록에서 스토아 철학자 발부스는 다음과 같이 말했다 :

> 바다에 나간 배가 나아가는 것을 멀리서 따라가 보면 뱃길을 안내하는 숙련된 지성이 있음을 부인할 수 없을 것이다. 해시계나 물시계를 보면 시간을 알려주는 것은 설계 때문이지 우연 때문이 아님을 알 수 있을 것이다. 그렇다면 전체로서의 우주에 어떻게 목적과 지성이 없다

> 고 말할 수 있는가? … 그러나 우리의 반대자들은 우주가 … 우연히 생겨났는지 필요 때문에 생겨났는지, 아니면 신성한 지성의 산물인지 알 수 없다고 주장한다 … . 진실은 그것[우주]이 우리가 결코 모방할 수 없는 힘과 목적의 통제를 받고 있다는 것이다. 예컨대 천체의(天體儀)나 시계나 다른 장치들의 메커니즘을 보고서 그런 것들이 의식적인 지성의 창조물이라는 것을 의심할 수 있는가? 천체가 해마다 일정한 궤도와 속도를 가지고 운행하고 있고 그래서 천체에 종속된 것들이 유지되고 번성하는 것을 보고서 이것이 이성, 즉 완벽하고 신성한 이성의 작품이라는 것을 어떻게 의심할 수 있는가?[14)]

키케로의 대화록에 나타나듯이 키케로를 포함한 스토아 학파는 설계론을 고대의 유물주의, 특히 에피쿠로스 학파의 원시적 진화론과 지적 설계론 비판에 대한 반론으로 받아들였다.[15)] 에피쿠로스 학파와 헬레니즘 철학을 연구한 대가 중 한 사람인 롱(Anthony A. Long)은 최근에 발표한 「고전 시대의 진화와 지적 설계의 대립」이란 논문에서 이렇게 말했다 : "오늘날까지도 사람들은 에피쿠로스 학파에게서 현대 합리주의의 시원(始原)만 찾아낼 뿐, 고대 과학에 있어서의 그들의 영웅적인 업적을 간과하고 있다. 그들의 업적이 간과되는 주요한 이유는 대중문화가 플라톤의 신학적 관점과 기독교의 친연성에 주목하기 때문이다 … . 고대 과학과 우리 시대의 과학은 다음에 열거하는 방법론과 가정에서 일치한다" :

> 1. 세계의 대한 인식의 출발점은 엄격한 경험주의이다.
> 2. 우리가 경험하는 모든 것들은 궁극적으로 물질적인 사실과 원인으로

설명할 수 있다고 믿을 수 있는 이유가 있다.

3. 세계를 구성하는 재료는 창조된 것이 아니며, 끊임없이 움직이는 원자 입자이다.
4. 과학은 타고난 합목적성이나 정신을 다루는 것이 아니다.
5. 자연 속에서 드러나는 설계의 분명한 증거(예컨대 생명체나 생명기관)는 보이지 않는 손이 만든 것이 아니라 물질이 순전히 우연의 법칙에 따라 체계화되는 일정한 방식 탓이다.
6. 생명과 정신은 세계의 시발점이 아니라 특정한 타입의 원자적 집성체에서 출현한 특질이다.[16]

에피쿠로스와 그의 추종자들은 이런 명제를 발전시켰을 뿐만 아니라, 그런 노력은 믿음을 기초로 한 것이 아니라 합리적인 논쟁을 바탕으로 했고, 그들이 사용했던 정교한 과학적 방법론은 후세의 과학사상에 영향을 주었다.[17] 세들리가 말했듯이 에피쿠로스 학파는 "고대 철학세계의 열렬한 경험론자들"이었다.[18]

에피쿠로스의 철학은 신들과 기계론적 결정론으로 대표되는 두 개의 함정(운명의 속박)을 피하는 데 주안점을 두었다. 에피쿠로스가 보기에는 신들을 세계의 주요 동인으로 인식하는 관념을 고수한다는 것은 세계를 탐구함에 있어서 반과학적 철학에 매달리는 것을 의미했다. 반면에 엄격한 기계론적 결정론은 신들을 배제하고 유물주의적 과학을 수용하기는 하지만 인간의 작용도 함께 배제해 버리는 것이었다.

에피쿠로스는 이 두 가지 다를 피하고자 했다. 그는 현대의 과학자들과 유사하게 궁극적 동인, 특히 신성한 인과관계를 부정했다. 루크레티우스가 고대 그리스 철학의 일반적인 원칙을 인용하여 표현한 바와 같이 "신성한 힘에 의해 무로부터 창조된 것은 아무 것도 없다."[19] 에피쿠로스는 이 원칙을 극대화하여 일체의 우주목적론적 입장을 부정하고 물질세계를 유물주의(자연주의)로 설명했다. 또한 그는 데모크리토스의 원사론을 바탕으로 하여 우주를 최종적인 동인이 아니라 물질적인 진화과정으로 설명했다. 그는 사물을 설명할 때에 경험적 검증을 통해 확인될 수 있는 복수의 동인이란 원칙만 인정했고, 정확한 현상을(예컨대 그의 생애 동안에 일식이나 월식을) 탐구하는 데는 한계가 있으므로 유일한 설명이 가능하지 않을 경우에 적용할 수 있는 일반 인과론을 찾아내려고 했다. 탐구대상인 관계나 현상을 발생시키는 다른 조건을 설명할 수 있는 몇 가지 대안적인 가설이 만들어졌다. 우리가 사용하는 "확증 대기"라는 용어는 에피쿠로스로부터 비롯된 것이다. 이 용어를 통해 에피쿠로스는 "모든 경우를 설명할 수 있는 특정 동인을 알고 있다는 주장을 배격하고, 과학적 설명은 경험과 일치해야 하며 경험과 대립되어서는 안 된다는 경험론적 원칙과 결정론의 일반원칙[유물주의적 인과관계]을 지켰다."[20]

에피쿠로스는 관념론에 함몰되지 않으면서 단순한 기계적 결정론을 반박했다. 그는 세계가 계속적으로 진공으로부터 떨어지는 원자로 구성되어 있고, 원자들은 떨어지면서 아주 미세하게 표적으로부터 이탈하기 때문에 우연과 부정성(不定性)이 생겨난다고 주장했다. 이러한 작용은 물질적 환경 안에서 또는 물질적 환경을 통해서 일어난다. 원자의 이탈은 물질적 조건에 의해서 촉진되기도 하고 제약되기도 한다. 이탈이 존재함으로써 생명 발생과정의 불확정성이 증가했다. 일정한 시간 안에서 어떤 특정한 시점에 (루크레티우스의 설명을 빌리자면) "물체의 우연들이 … 발생했다."[21] 우연은 복합적인 상호작용의 결과이며, 이러한 충돌의 함의가 무엇인지는 알 수가 없다. 에피쿠로스는 원자의 이탈에서 비롯된 우연을 신들의 속박과 결정론으로부터 탈출하는 것이라고 보았다. 사실상 우연은 생명이 발생하는 모든 단계에서 변화의 핵심에 자리잡고 있으며, 그 결과 신비로움이 생명 역사의 한 부분이 되었다.[22)]

19세기 에피쿠로스주의의 가장 뛰어난 학자라고 할 수 있는 마르크스는 에피쿠로스의 기계론적 결정론과 우주목적론 둘 다에 대한 공격을 사회적 영역과 인간의 역사에까지 확대될 수 있는 자유라는 교리의 기반으로 이해했다. 에피쿠로스의 정원(고대 그리스의 철학계에서 아카데미아, 스토아와 대비되는 에피쿠로스 학파의 모임터이자 학파의 명칭)에서는 여자와 노예도 학파의 일원으로서 동등한 지위를 인정받았는데, 그 중에는 레온티온[이 여성은 헤타에라(*hetaera*) : 남자와 학문적인 교제도 하면서 매춘도 하는 고급 창부였다]처럼 뛰어난 철학적 논문을 저술한 사람도 있었다.[23)] 마르크스의 뒤를 이어 장 폴 사르트르도 「유물주의와 혁명」이란 논문에서 "인간을 공포와 속박으로부터 해방시키려는 진지한 노력을 처음으로 시도한 인물, 자신의 영역 안에서 노예제도를 철폐하려고 노력한 첫 번째 인물이 에피쿠로스이며, 그는 유물주의자"였다고 했다.[24)]

에피쿠로스는 신들을 죽이지는 않았다. 그는 단순히 신들을 물질세계로부터 분리시켜 우주의 숨구멍[또는 인테르문디아(*intermundia*, 여러 세계 사이의 공간)]으로 추방했다. 마르크스에 의하면 에피쿠로스는 그리스 "조각작품에 등장하는 형체를 가진 신들"의 필요는 인정했으나 물질적 행위자로서의 신들은 부정했다.[25)] 알프레드 로드 테니슨(Alfred Lord Tennyson)은 1868년에 쓴 「루크레티우스」란 시에서 에피쿠로스의 신들이 돌아다니는 세계를 다음과 같이 묘사했다 :

그곳은 세계와 세계 사이의 밝은 공간
구름도 스며들지 않고 바람도 움직이지 않는 곳,
별 같은 눈송이 하나도 떨어지지 않는 곳,
희미한 천둥의 울림도 들리지 않는 곳,
인간의 탄식 소리도 닿지 않는 곳,
신들의 영원하고도 신성한 적막이여![26]

헬레니즘 시대에는 별자리에 신들의 이름을 붙이고 신성시하는 경향이 사회적으로 큰 영향력을 갖고 있었고, 이런 현상은 플라톤의 『법률』에 잘 나타나 있다. 에피쿠로스는 이러한 국가 종교를 수립하려는 움직임에 맞서 싸움을 벌이려 했다. 그는 신들이 존재하기는 하지만 그들과 그들이 존재하는 천국은 물질세계와는 아무런 관계가 없다고 분명하게 주장했다.[27] 이것은 스티븐 굴드가 주장한 비중첩영역(NOMA)—신들을 물질세계와 단절시키고 물질세계는 과학의 영역으로 남겨둠—의 고전판이며, 에피쿠로스의 비판자들을 2천 년 이상이나 격분하게 만든 주장이었다.[28]

설계론이나 섭리를 모조리 부정한 에피쿠로스 학파는 플라톤 학파를 이은 플루타르크—그는 에피쿠로스의 정원이 설립된 지 4백 년이 지난 기원후 2세기에 에피쿠로스 학파의 첫 세대들을 겨냥한 논박서[『반콜로테스론』(*Against Colotes*)]를 썼다—뿐만 아니라 초기 기독교 교부(敎父)들의 저주의 대상이었다.[29] 초기 기독교 교부들은 에피쿠로스가 섭리와 영혼의 불멸성을 부정했다고 비난했다. 하워드 존스(Howard Jones)는 저서 『에피쿠로스 학파의 전통』(*The Epicurean Tradition*)에서 "2세기의 아테나고라스로부터 5세기의 아우구스티누스에 이르기까지 원자들의 무작위한 결합과 배치를 주장하는 에피쿠로스의 학설에 맞서서 우주의 지배자이자 지적인 설계자가 존재한다고 주장하는 설계론이 반복적으로 제시되어 왔음을 우리는 익숙하게 알고 있다"[30]고 말했다. 성 아우구스티누스는 『신의 도시』(*City of God*)에서 에피쿠로스가 "육체적 감각"을 진리의 척도로 삼았다고 비난하면서 "세계는 그것이 창조되었으며, 창조자는 신일 수밖에 없다는 침묵의 증언을 하고 있다"고 주장했다. 그를 이어 13세기에는 토마스 아퀴나스가 플라톤의 영원한 이성의 지배를 지지하고 "데모크리토스와 에피쿠로스 학파는 어떠한 섭리의 존재도 부정하고 세계는 우연히 생겨난 것이라고 주장한다"고 비난했다. 아퀴나스는 에피쿠로스를 직접적으로 겨냥하여 설계론을 들어 반박했다. 그는 "자연의 물체가 지식을 갖고 있지 않다면 그것들을 어떤 목적지를 향하도록 지시해 주는 미리 존재하는 지성이 있어야만 한다. 이것은 궁수(弓手)가 화살로 하여금 어떤 목표를 향해 날아가도록 분명한 동인을 부여하는 것과 마찬가지이다 … . 그러므로 세계는 자연에게 이러한 질서를 부여한 지성이라고 하는 섭리의 지배를 받고 있다"고 했다.[31]

14세기에 들어와 단테는 『신곡』(神曲) 「연옥」(煉獄)편에서 일곱 번째 지옥에서 영원한 고문을 받는 에피쿠로스와 그의 추종자들의 모습을 그려놓았다.[32]

에피쿠로스는 여러 차례 신들을 언급하고 종교적 경건함을 찬양했음에도 불구하고 설계론과 영혼의 불멸성을 부정했기 때문에 "무신론적 유물주의자"란 비난을 받았고, 이런 비난은 천 년을 넘게 이어졌다. 에피쿠로스의 비타협적인 유물주의는 모든 분야에서 종교적 세계관과 충돌한다고 간주되었다. 플라톤은 세계 형성자가 "가장 미세한 부분에 이르기까지" 움직이는 우주를 창조했다고 생각했다.[33] 스토아 학파는 질서정연하고 신성한 로고스가 섭리와 인간 이성을 모두 지배한다고 인식했다.[34] 에피쿠로스는 이에 반하여 신들은 아무 관련이 없고, 우주는 영원하나 창조된 것이 아니며, 우주는 스스로 운행할 뿐 감독자가 필요하지 않다고 주장했다.[35]

계몽주의 시대가 되자 에피쿠로스의 견해는 부활하여 서구 과학 발전에 영감을 준 원천이 되었고 베이컨, 가상디, 데카르트, 홉스, 루소, 흄, 칸트 같은 사상가들에게 직접적인 영향을 주었다. 이리하여 그는 "경험주의적 자연과학의 발명자"로 받아들여졌는데, 헤겔 같은 관념론자도 이를 인정하고 있다.[36]

에피쿠로스가 신들과 물질세계의 관계를 부정한 것은 지금까지도 설계론 지지자들의 분노를 불러일으키고 있다. 뎀스키는 에피쿠로스가 "물질세계는 신성한 존재가 의미 있는 작용을 할 여지가 없는 기계적 원칙에 따라 작동하기 때문에 신 또는 신들은 존재할 수는 있으나 이 세계에 대해서는 관심을 갖고 있지 않았으며, 인간사에 대해서는 아무런 역할을 하지 않았고 또 그렇게 할 수도 없었던 존재"로 보았다고 주장한다.[37] 필립 존슨(Phillip E. Johnson)은 『진리의 쐐기』(*The Wedge of Truth*)에서 에피쿠로스에서 굴드에 이르기까지 신 또는 신들은 물질세계에서 축출되었을 때만 그 존재를 인정받을 수 있다는 유물주의적 관점은 "유물주의적 전제를 바탕으로 한 … 결국은 종교의 영역에 아무 것도 남겨놓지 않는 … 제국주의"라고 주장했다.[38] 와이커는 『도덕적 다윈주의 : 우리는 어떻게 향락주의자가 되었나』(*Moral Darwinism : How We Became Hedonist*)에서 에피쿠로스와 굴드가 "두 영역 접근법"을 만들어내어 물질세계와의 신성한 관계를 배제함으로써 "어떤 신도 불필요하게 만들었다"고

주장한다. 그것은 "기독교적 우주와 … 기독교적 도덕세계 둘 다"를 제거하는 것을 의미한다.[39)]

마르크스가 강조한 바와 같이 에피쿠로스는 그리스 종교와 철학의 특징인 천상의 물체를 신으로 숭배하는 것과 특히 플라톤 이후에 강하게 나타난 모든 형태의 우주목적론을 거부했다.[40)] 더 나아가 인간은 자연의 일부이고 인간 자체가 물질-감각적 존재이므로 죽음에 이르면 모든 물질-감각적인 관계는 소멸한다고 보았다. 실제로 에피쿠로스는 영원불멸한 영혼의 존재를 부정함으로써 종교(와 내세)로부터 공포를 제거하려 했다. 그는 감각적 존재 이외에는 어떤 물질적 실체도 없고 죽음에 이르면 감각적인 존재는 더 이상 없으므로 "죽음은 우리에게 아무 것도 아니라"고 주장했다.[41)]

그의 비판자들이 주장한 것처럼 에피쿠로스는 존재를 순전히 우연의 산물이라고 보지는 않았고, (변화하는 사회까지 포함하는) 물질적 세계를 논할 때 발생과 우발이라는 개념을 중심에 두었다. "이전처럼 계속 남아 있는 것은 아무 것도 없다. 모든 것은 움직인다. 모든 것은 자연에 의해 변화하며 새로운 길로 나아가도록 강요받는다."[42)] 과학사학자인 토마스 홀(Thomas Hall)이 현대적인 용어로 옮긴 표현을 빌리자면 에피쿠로스는 생명의 본질을 유기체의 발생결과로 인식했다. 생명은 "유기체의 결합의 결과로서 나타나는 작용"이 구체화된 것이며, "생명체가 보다 높은 수준의 생명형태로 점진적으로 복잡하게 결합하여 가면서 덜 결합된 상태에서는 불가능한 새로운 유형의 생명, 새로운 기능과 행태가 발생하게 된다."[43)] 생명기관의 특징과 행태는 그 총체로서 작용할 수 있을 뿐 고립된 부분의 작용으로 환원될 수는 없다.

오늘날의 지적 설계론 지지자들이 계속해서 에피쿠로스에 대한 반감을 표시하는 것은 이상한 일이 아니다. 그래서 뎀스키는 자신의 저서 『공짜 점심은 없다』(*No Free Lunch*)의 첫 장에서 아퀴나스 등의 철학을 바탕으로 하여 우연의 역할을 강조하는 에피쿠로스의 철학을 반박하고 있다.[44)]

에피쿠로스와 원형 진화론

고대 에피쿠로스 학파의 유물주의는 진화론의 원형이라고 할 수 있다. 에피쿠로스의 학설은 유물주의적 관점에서 빠질 수 없는 여러 가지 진화론적 개념을 받아들이기는 했으나 진화론으로 변화할 수 있는 발전된 이론을 갖추지는 못했다. 에피쿠로스는 생명은 원래 대지로부터 나왔다고 가르쳤다. "우리는 대지가 마땅히 어머니라고 불리워야 한다는 결론에 도달했다. 대지로부터 모든 것이 태어났다." 생명은 대지가 훨씬 비옥했던 옛날에 따뜻한 햇볕을 받아 자연발생에 의해 생겨난 것이지 신성한 창조에 의해 생겨난 것은 아니다.[45)] [생명은 비(非)생명으로부터 자연발생적으로 생겨났다는 초기의 추론적 견해는 훨씬 후대인 20세기에 등장한 오파린-할데인(Oparin-Haldane) 가설의 고대 선조라고 할 수 있다. 이 가설은 생명체는 비생명체로부터 발생했다는 유물주의적 해석을 제시하고 있다.][46)]

진화와 관련된 고대의 철학적 개념은 엠페도클레스(기원전 493-433)에 의해 창시되어 에피쿠로스와 그 추종자들에게 전승되었다. 엠페도클레스는 종(種)은 대지에서 나왔다고 설명했다. 종은 온갖 이상한 모습(예컨대 "사람의 얼굴을 가진 암소")을 가지고 있다가 자연선택의 과정을 거치면서 환경에 적응하지 못하고 생존할 수 없는 것들은 소멸되었다. 살아남은 종들은 정상적인 모습 그대로 고착되어 이어져 갔다[현대적인 어법으로 표현하자면 일종의 상태화(常態化) 선택이라고 할 수 있다].[47]

다윈주의적 관점에서 보자면 이런 관점은 진화론에서 핵심 개념인 개체를 초월하여 유전되는 변이라고 하는 자연선택의 방식을 내포하고 있지 않으므로 발전된 진화론적 관점이라고 하기는 어렵지만 접근방식 자체는 다름 아닌 원형(原形) 진화론으로서의 지향성을 갖고 있다. 엠페도클레스의 견해에는 우주목적론적 요소가 혼재되어 있다. 그러나 후대의 에피쿠로스에 이르면 이 원형 진화론은 신에 의한 창조라는 관념을 부정하는 강력한 유물주의적 주장으로 변모하게 된다. 에피쿠로스는 엠페도클레스가 묘사한 신화 속의 켄타우로스 같은 이상한 형체는 생물학적으로 존재할 수 없다고 부정했다. 그러나 에피쿠로스는 자연 속의 생명체 가운데서 광범위한 변이가 일어나고 가장 잘 적응한 것이 생존하게 된다는 관념은 받아들였다. 주변 환경으로부터 자신을 보호해 주는 특별한 기관을 가진 종은 "번식을 통한 종의 연속"으로 유지되고 영속화되었다. "그러나 이러한 자연적 자산을 갖지 못한 종은 … 다른 종의 좋은 사냥감이나 희생물이 되었으며, 결국 자연은 이들을 소멸시켰다."[48]

앞에서 본 바와 같이 소크라테스는 인간의 눈을 설계론을 입증할 수 있는 신성한 장인의 솜씨를 보여주는 증거로 제시했다. 세들리가 말한 바와 같이 눈의 각막은 고대 그리스인들이 알고 있던 유일한, 완벽하고도 명료하며 확고부동한 물체였다(눈에 대한 가장 오래된 언급은 기원전 5세기 사람인 엠페도클레스에서 찾을 수 있다). 눈에 대한 언급은 키케로의 저작에서도 보인다. 키케로는 설계론을 옹호하는 저작 『신들의 본질』에서 이렇게 썼다 : "자연은 우리의 눈을 지키기 위해서 극도로 정교한 막을 주었다. 이 막은 밝은 시각을 제공하도록 반투명이면서 눈의 액체를 안전하게 보존할 만큼 충분히 튼튼하다."[49] 이에 반하여 에피쿠로스는 눈과 다른 기관들이 특정한 용도에 맞게 목적을 가지고 창조자에 의해 설계되었다는 주장은 잘못된 것이라고 했다. "우리 눈의 안구가 앞을 볼 수 있도록 목적을 가지고 창조되었다고 생각해서는 안 된다 … . 우리 몸의 어느 부분도 우리가 그것을 사용할 수 있도록 태어난 것이 아니라 태어난 모든 부분은 그 자신의 용도를 만들어낸다."[50]

자연선택을 바탕으로 한 발전된 진화론을 갖지 못한 상태에서 맹목적인 우연에 전적으로 의존하는 분명한 한계를 갖고 있는 에피쿠로스 학파의 이론은 인간의 눈과 같은 정교한 기관의 출현을 증거로 내세운 설계론과 대적하기는 불가능했다. 한정된 시기 동안에 몇몇 가지 순전히 우연한 발생을 통해 인간의 눈과 같은 기관으로 발전해 나간다고 상상하기 어려웠을 것이다. 이런 약점을 보완하려 노력하는 가운데 에피쿠로스 학파는 훗날 라마르크의 진화론적 관점으로 발전하게 되는 인간의 진화를 설명할 수 있는 이론적 기초를 찾아내게 되었다. 이리하여 에피쿠로스와 루크레티우스는 인간이 보다 동물적인 형태로부터 생물학적으로나 심리학적으로 진화했다는 주장을 내놓았다. 인간의 신체기관이 어떻게 변형되어 왔는지는 분명치 않으나 그들의 주장은 다윈주의의 자연선택과 "적자생존"과는 대비되는 라마르크의 개념—환경에 적응하여 후천적으로 습득된 특징은 유전된다—과 연결될 수 있을 것이다.[51]

세들리에 의하면 에피쿠로스는 현존하는 상태의 정교한 세계의 등장을 유물주의적으로 설명하기 위해 맹목적인 우연(blind chance)을 변형시킨 자연법칙에 의한 우연(contingency)이란 가설을 제시했다.[52] 그의 가정에 따르면 세계는 현재의 형태로 발전해 왔을 뿐만 아니라 그런 발전은 필연적인 것이었다. 에피쿠로스는 이것을 "무한성의 힘"(the power of infinity)이라 불렀다. 무한성의 힘은 다섯 가지 가정을 바탕으로 하고 있다. (1) 공간, 시간, 물질은 무한하다. (2) 세계는 무한히 많다. (3) 수학적으로 가장 작은 입자(magnitude)가 같은 크기의 다른 입자와 결합하여 원자(atom, 나눌 수 없는 최소단위라는 뜻이다)를 형성한다. (4) 그 결과 생겨난 원자의 형태는 이들 작은 입자의 결합방식만큼 유한하다. (5) 같은 물체는 같은 양의 원자로 구성된다(isonomia의 법칙). 이러한 수학적 가정과 에피쿠로스 철학의 유물주의적 공리가 결합하면 우주에서는 어떤 물체라도 생겨날 수 있으며, 어떤 세계에서건 필요한 것은 생겨날 수 있다. 그래서 에피쿠로스의 원자론은 엄격한 결정론을 배격하고 꼭 같은 세계는 존재할 수 없다고 주장한다. 요컨대, 현존하는 세계를 유물주의적으로 설명하기 위해 정교하고 질서정연한 논리가 만들어졌다.[53)]

에피쿠로스 철학의 무엇보다 중요한 의의는 (인간의 생물학적 발전과정과 함께) 인간사회에 대한 설명을 시도했다는 것이다. 에피쿠로스는 인간의 역사를 석기 시대, 목기 시대, 청동기 시대, 철기 시대로 나누고 시대의 순서대로 각 시대마다 언어, 상호 부조의 발달, 불의 도입, 물질적인 교환이 나타났다고 설명한다. 에피쿠로스는 특히 프로메테우스(거인이며 신들의 반역자)가 인간에게 불을 가져다 주었다는 신화적 관점을 부정했다.[54)] 불은 번개 때문에 땅에 떨어진 것이고, 인간이 그것을 보존했거나 마찰의 결과로 생겨났다는 것이 그의 주장이었다. 그러므로 에피쿠로스의 유물주의 철학은 인간의 역사와 관련한 신성한 결정론을 부정한다. 벤자민 패링턴(Benjamin Farrington)의 해석에 따르면 에피쿠로스는 인간의 자유를 강조했고, 미신과 국가 종교에 대항하여 싸웠다 : "에피쿠로스의 특별한 독창성은 역사상 처음으로 인류 전체를 미신으로부터 해방시키는 운동을 조직한 데 있다."[55]

에피쿠로스는 정의를 논하면서도 플라톤의 사상에 바탕을 둔 근본주의적 도덕성을 부정함으로써 신들의 작용을 배격했다. 에피쿠로스는 "만약 객관적 환경이 … 변화하면 지금까지 정의라고 생각해 왔던 것들이 더 이상 쓸모가 없어진다. 시민들의 결합에 도움이 되었기 때문에 정의롭다고 여겨졌던 것들이 후에 가서 쓸모가 없다면 더 이상 정의롭지 않다"[56]고 주장했고, 이 주장은 마르크스에게 큰 영향을 끼쳤다. 달리 말하면 객관적 조건이 변하면 정의의 기준 자체가 바뀐다. 그러므로 도덕성이란 역사적으로 형성되며, 인간의 사회적 실행에 의해 결정된다. 에피쿠로스의 도덕성은 사회적 계약을 바탕으로 한 것이었다. 패링턴에 따르면 "에피쿠로스 학파는 자연주의 철학을 지적 핵심으로 하는 일종의 청교도 집단이었다.[57]

마르크스가 『독일 이데올로기』(*The German Ideology*)에서 지적했듯이 "루크레티우스는 에피쿠로스를 최초로 신들을 타도하고 종교를 유린한 인물이라고 찬양했다. 이 때문에 에피쿠로스는 플루타르크에서 루터에 이르는 모든 교부들로부터 항상 가장 극단적인 무신론 철학자라는 평가를 받아왔으며, 저주의 대상이었다. 같은 이유로 알렉산드리아의 클레멘트도 사도 바울이 철학과 싸우기 위해 무기를 들었을 때 그 철학이란 바로 에피쿠로스 학파의 철학이었다"고 했다.[58] 마르크스 자신도 에피쿠로스를 "운명의 속박"을 타파하고 변화하는 우주를 이해할 수 있는 수단을 제공함으로써 인간을 우주목적론으로부터 해방시킨 "그리스 계몽주의의 위대한 대표"라고 묘사했다. 또한 에피쿠로스의 유물주의 철학이 17-18세기 계몽주의 운동으로 계승되어 휴머니즘을 낳았다고 평가했다. 마르크스는 이렇게 썼다 : "절대적으로 자유로워지기를 바라는 심장 속에 단 한 방울의 피라도 남아서 뛰고 있는 한 철학은 그 적대자들을 향하여 외치기를 멈추지 않을 것이다. '진실로 불경한 자는 군중이 경배하는 신들을 부정하는 자가 아니라 군중이 신들에 대해 믿는 바를 긍정해 주는 자' 라고."[59]

:: 주 ::

1 David Hume, *Enquiries Concerning Human Understanding and Concerning the Principal of Morals*(Oxford : Oxford University Press, 1975), 135-40. Hume의 관점에 관해 보다 상세히 알고자 한다면 이 책의 4장을 보라.

2 Charles Darwin, *The Correspondence of Charles Darwin*(Cambridge : Cambridge University Press, 1994), 9 : 135. 지적 설계론에 대한 Darwin의 비판에 관한 보다 상세한 내용은 6장을 보라.

3 http://www.researchintelligentdesign.org/wiki/Intelligent_Design_Timeline을 보라.

4 Spencer R. Weart, *The Discovery of Global Warming*(Cambridge, Mass. : Harvard University Press, 2003), 3-4.

5 루크레티우스 자신의 작품은 전해지는 것이 적지만 루크레티우스는 우리에게 에피쿠로스 사상의 중요한 부분을 전해주고 있다. 수세기 동안 고전학자들은 루크레티우스의 서사시를 에피쿠로스의 자연철학, 특히 그의 *On Nature*의 내용을 시의 형태로 담아 충실히 전해주고 있다고 평가하였다. 그래서 우리도 루크레티우스의 작품에 나오는 사상과 표현이 에피쿠로스의 그것을 충실히 반영하고 있다고 믿는다.

6 John Tyndall, *Fragments of Science*, vol. 2(New York : D. Appleton and Co., 1896), 143. 마르크스와 엥겔스는 Tyndall이 충실한 유물주의자가 아니라고 비판하기는 했지만 Tyndall의 벨파스트 연설을 잘 알고 있었고 그 요지를 지지했다. 에피쿠로스의 철학에 관한 Tyndall의 주장은 Frederick Lange의 *The History of Materialism*(초판은 1865년에 독일어로 출판됨)을 바탕으로 하고 있다. Tyndall의 벨파스트 연설은 지적 설계론 지지자들의 공격의 표적이었다. 그래서 Dembski는 Tyndall이 "과학은 … 자연의 법칙에 절대적으로 의존할 것을 요구한다"고 말했다고 공격하였다. Dembski, *Intelligent Design : The*

Bridge Between Science and Theology(Downers Grove, Ill. : Inter Varsity Press, 1999), 89를 보라.

7 David Sedley, *Creation and It's Critic in Antiquity*(Berkeley : University of California Press, 2007), 78. 설계론의 주창자는 소크라테스와 동시대 인물인 아폴로니아의 디오게네스라는 것이 일반적인 통설이었다. 디오게네스는 소크라테스와 마찬가지로 레오키푸스의 저서로부터 영향을 받아 원자론을 비판하였다고 알려져 왔다. 그런데 Sedley는 부분적으로 남아 있는 디오게네스의 저작에 대해 의문을 제기하고 소크라테스가 보다 분명하고 철저하게 설계론을 주장했다고 생각한다. Sedley에 의하면 설계론의 창시자는 소크라테스이다 (Ibid., 75–78, 90).

8 Xenophon, *Conversations of Socrates*(London : Penguin Books, 1990), 90–91(*Memorabilia* 1.4.3–1.4.11).

9 Xenophon, *Conversations of Socrates*, 90–92, 192–93(*Memorabilia*, 1.4.3–1.4.11, 4.3.6–4.3.13).

10 Sedley, *Creationism and Its Critics in Antiquity*, 82–83, 86.

11 Plato, *Timaeus and Critias*(London : Penguin Books, 1970), 42, 54, 96 ; Plato, *The Laws*(London : Penguin Books, 1970), 415–20 ; Sedley, *Creationism and Its Critic in Antiquity*, 98–109 ; Benjamin Farrington, *Science and Politics in the Ancient World*(London : George Allen and Unwin, 1939), 131–32 ; Benjamin Farrington, *The Faith of Epicurus*(London : Weidenfeld and Nicolson, 1967), 73.

12 Aristotle, *The Basic Works of Aristotle*(New York : Random house, 1941), 644–45(1.1. 639–50) ; Sedley, *Creationism and Its Critic in Antiquity*, 167–73.

13 Sedley, *Creation and It's Critic in Antiquity*, 210–25.

14 Cicero, *The Nature of the Gods*(London : Penguin, 1972), 159–63(II.87–98).

15 키케로는 아카데미아 학파에 속했다. 그는 로마 원로원에서 부유한 루키우스 칼푸르니우스 피소 카에소니누스(기원전 1세기. 줄리우스 카이사르의 장인이자 고대 로마의 에피쿠로스 학파의 주도 인물)의 정적이었다. 키케로의 반에피쿠로스주의는 피소와 카이사르에 반대하는 정치적 입장에서 나온 것이라는 게 일반적인 분석이다. 루키우스 칼푸르니우스 피소는 헤라클레니움에 있던 파프리 장원의 소유자였고, 이 장원에는 피소의 후원으로 그리스의 에피쿠로스 학파 철학자 필로데무스가 1,200여 권의 장서를 수집한 에피쿠로스 학파 도서관이 있었다. 이 도서관은 서기 79년에 베수비우스 화산이 폭발했을 때 파괴되었다. 18세기에 탄화된 파프리 유적을 발굴했을 때 발견된 책들이 오랜 시간에 정교한 작업을 거쳐 복원되었다. 파프리 유적은 복원된 고대 도서관의 유일한 사례이다. 현대의 다면 분광영상 기술 덕분에 파프리

에서 발견된 두루마리 책들은 펼치지 않고도 그 내용을 읽을 수 있게 되었다. John T. Fitzgerald, Dirk Obbink, Glenn S. Holland(공편), *Philodemus in the New Testament World*(Boston : Brill, 2004), 6–7에 수록된 John T. Fitzgerald의 "Introduction"을 보라.

16 A. A. Long, "Evolution vs. Intelligent Design in Classical Antiquity," http://townsendcenter.berkeley.edu/article2.shtml(2006. 11) ; *From Epicurus to Epictetus*(New York : Oxford University Press, 2006), 155–77.

17 Elizabeth Asmis, *Epicurus's Scientific Method*(Ithaca, N. Y. : Cornell University Press, 1984)와 Philodemus, *On Methods of Inference : A Study of Ancient Empiricism*(Philadelphia : American Philological Association, 1941)을 보라. 에피쿠로스는 당시 천체신앙의 도구로 이용되던 수학적 지식을 비판하고 오감으로 체득한 경험적 지식을 강조하였다. 그는 태양의 크기가 눈에 보이는 그대로라는 기이한 결론을 내렸다. 그가 이런 주장을 한 것은 해와 달을 국가 종교의 대상으로 만들려던 플라톤의 시도에 맞서기 위함이었다. Farrington, *Science and Politics*, 139–41을 보라.

18 Sedley, *Creationism and Its Critics in Antiquity*, 141을 보라.

19 Lucretius, *On the Nature of the Universe*(London : Penguin, 1994), 13(1.149).

20 Epicurus, *The Philosophy of Epicurus*(Easton, Penn. : Northwestern University Press, 1963), 45–50, 234–35에 수록된 George K. Strodach의 "Introduction" ; Epicurus, *The Epicurus Reader*(Indianapolis : Hackett Publishing, 1994), 19–28, 34 ; Asmis, *Epicurus's Scientific Method*, 321–30.

21 Lucretius, *On the Nature of the Universe*(London : Penguin, 1994), 22(1.475–82).

22 Arend Th. Van Leeuwen, *Critique of Heaven*(New York : Charles Scribner's Sons, 1972), 102–7.

23 J. M. Rist, *Epicurus : An Introduction*(Cambridge : Cambridge University Press, 1972), 10–11 ; Fitzgerald(외 편), *Philodemus in the New Testament World*(Boston : Brill, 2004), 221–43에 수록된 Pamela Gordon의 "Remembering the Garden : The Trouble with Women in the School of Epicurus" ; Farrington, *The Faith of Epicurus*, 30 ; A. J. Festugiére, *Epicurus and His Gods*(New York : Russell and Russell, 1955), 29–31.

24 Jean–Paul Sartre, *Literary and Philosophical Essays*(New York : Criterion Books, 1955), 207.

25 Karl Marx와 Frederick Engels, *Collected Works*(New York : International Publishers, 1975), 1 : 51. 마르크스의 "그리스 예술의 신들의 조각상" 비유는 에피쿠로스의 관점을 정확하게 파악한 것이다. 에피쿠로스는 인간의 형태를 한 신들

은 그들이 표상하는 꿈을 통해 인간에게 자연의 신성함과 따라야 할 도덕(과 미학)을 제시하였다. 20세기에 들어와 헤라클레니움에서 파프리 유적이 발굴되어 수많은 새로운 자료들이 나타남에 따라 에피쿠로스 신학에 관한 지식이 크게 확대되었다. 최근 에피쿠로스를 연구하는 일부 학자들은 에피쿠로스는 신들을 단순히 "사고의 구조"로 보았다는 주장을 내놓았다(다른 학자들은 이런 견해를 강하게 비판한다). A. A. Long과 D. N. Sedley, *The Hellenistic Philosophers*, vol. 1(Cambridge : Cambridge University Press, 1987), 145–49와 James A. Flippin의 뛰어난 학위논문 "Epicurus Transformed : Epicurean Religion in Lucretius' Roman Context"(classics, Reed College, 2006. 5)를 보라.

26 Alfred Lord Tennyson, *The Poems Of Tennyson*(Berkeley : University of California Press, 1987), 713.

27 Farrington, *Faith of Epicurus*, 72–3 ; Festugière, *Epicurus and His Gods*, 63–65, 73–89 ; Epicurus, *The Epicurus Reader*, 96 ; Lucretius, *On the Nature of the Universe*(Oxford : Oxford university Press, 1999), 169–71(5.1161–1240) ; Philodemus, *On Piety, Part I*(Oxford : Oxford university Press, 1999), 9–14, 121, 157–59, 282–83, 306에 수록된 Dirk Obbink의 해설. 에피쿠로스는 신에 관한 지식은 순전히 인간의 형상을 한 신들이 등장하는 꿈의 선입견에서 나온 것이라고 하였다. 신들에 관한 정리된 선입견은 고대의 인간들의 꿈에 나온 것 같다. 신에 관한 선입견은 신성한 생명과 인간 행위의 도덕적 이상이란 관념을 인간들에게 제시하였고 신들 자신은 숭배의 대상이 되었다. 그러나 신들은 물질세계에는 영향을 미치지 않았다.

28 Stephen J. Gould, *Rocks of Ages*(New York : Ballantine, 1999).

29 Farrington, *Faith of Epicurus*, 64–65.

30 Howard Jones, *The Epicurean Tradition*(New York : Routledge, 1992), 97.

31 St. Augustine, *City of God*(London : Penguin, 1984), 309(VIII.7.1), 432(XI.4.2) ; Thomas Aquinas, *An Aquinas Reader*(Garden City, N. Y. : Doubleday, 1972), 161, 336–37.

32 Dante, *The Inferno*(New York : Signet, 1982), 96.

33 Plato, *Laws*, 437.

34 A. A. Long, *Hellenistic Philosophy : Stoics, Epicureans, Sceptics*(Berkeley : University of California Press, 1986), 108, 144–52.

35 Norman W. DeWitt, *Epicurus and His Philosophy*(Minneapolis : University of Minnesota Press, 1954), 275.

36 George Wilhelm Frederick Hegel, *Lectures on the History of Philosophy*(Lincoln : University of Nebraska Press, 1965), 2 : 297 ; John Bellamy Foster, *Marx's Ecology*

(New York : Monthly Review Press), 2–9, 39–51.

37 Benjamin Wiker, *Moral Darwinism : How We Became Hedonist*(Downers Grove, Ill. : Inter Varsity Press, 2002), 10–11에 수록된 Dembski의 "서문."

38 Phillip E. Johnson, *The Wedge of Truth : Splitting the Foundations of Naturalism* (Downers Grove, Ill. : Inter Varsity Press, 2000), 99–100.

39 Wiker, *Moral Darwinism*, 27, 149, 314–15 ; Phillip E. Johnson, "The Church of Darwin," *Wall Street Journal*, 1999. 8. 16.

40 Marx and Engels, *Collected Works*, 1 : 70–72.

41 Epicurus, *The Epicurus Reader*, 32.

42 Lucretius, *On the Nature of the Universe*, 149–50(5. 830–831).

43 Thomas S. Hall, *Ideas of Life and Matter : Studies in the History of General Philosophy, 1600 B. C.–1900 A. D.*, vol. I(Chicago : Chicago University Press, 1969), 19–20.

44 Dembski, *No Free Lunch*(New York : Rowman and Littlefield, 2002), 1.

45 Lucretius, *On the Nature of the Universe*, 149(5.790–825).

46 생명의 기원에 대한 과학적 관점의 역사에 관하여는 J. D. Bernal, *The Origins of Life*(London : Weidenfeld and Nicolson, 1967) ; Robert M. Hazen, *Genesis : The Scientific Quest for Life's Origin*(Washington, D. C. : Joseph Henry Press, 2005) ; A. J. Petto와 L. R. Godfrey(공편), *Scientists Confront Intelligent Design and Creationism*(New York : W. W. Norton, 2007), 180–96에 수록된 Antonio Lazcano의 "Creationism and the Origin of Life"를 보라. 지적 설계론 지지자들이 Haldane–Oparin 이론과 그것으로부터 영향을 받은 과학적 접근방법을 단순히 에피쿠로스, 다윈, 엥겔스, 마르크스의 이론으로부터 나온 것이라고 공격한 것은 우연이 아니다. Benjamin Wiker와 Jonathan Witt, *A Meaningful World* (Downers Grove, Ill. : Inter Varsity Press, 2006), 199–210를 보라.

47 John D. Barrow와 Frank J. Tipler, *The Anthropic Cosmological Principle*(Oxford : Oxford university Press, 1986), 34 ; Aristotle, *Basic Works*, 249.

48 Lucretius, *On the Nature of the Universe*, 150–51(5.836–876) ; Michael Ruse, *Darwin and Design*(Cambridge, Mass. : Harvard Univeristy Press, 1999), 25–26.

49 Sedley, *Creationism and Its Critics in Antiquity*, 53 ; Cicero, *The Nature of Gods*, 181(II.141–144).

50 Lucretius, *On the Nature of the Universe*, 116–17(5.820–850).

51 Gordon Campbell, *Lucretius on Creation and Evolution*(Oxford : Oxford university Press, 2003), 8, 261–72 ; Lucretius, *On the Nature of the Universe*, 154–57(5. 1012–1118).

52 chance와 contingency는 우리말로는 둘 다 우연, 우발이지만 생물학에서는 chance는 법칙이 없는 무작위적 우연성을 의미하고 contingency는 논리적 관련성과 법칙이 있는 우연성을 말한다.(역주)

53 Sedley, *Creationism and Its Critics in Antiquity*, 155–66 ; Long과 Sedley, *The Hellenistic Philosophers*, 1 : 37–44.

54 Campbell, *Lucretius on Creation and Evolution*, 264 ; Lucretius, *On the Nature of the Universe*, 130–31(5. 1091–1105).

55 Lucretius, *On the Nature of the Universe*, 152–66(5. 925–1456) ; Farrington, *Science and Politics*, 125–26.

56 Epicurus, *The Epicurus Reader*, 36. 번역문에서는 가독성을 높이기 위해 구두점 표시에 약간 변화를 주었다.

57 Marx와 Engels, *Collected Works*, 5 : 141–42 ; Farrington, *Science and Politics*, 159 ; Campbell, *Lucretius on Creation and Evolution*, 253–54.

58 Marx와 Engels, *Collected Works*, 5 : 141–42 ; Norman W. DeWitt, *St. Paul and Epicurus*(Minneapolis : Minnesota University Press, 1954).

59 Marx와 Engels, *Collected Works*, 1 : 30, 49–53, 73, 5 : 141–42 ; Epicurus, *The Epicurus Reader*, 29.

계몽주의 시대의 유물주의와 자연신학

르네상스 시대에 많은 인문학자들이 고대의 고전들을 찾는 노력을 기울였고, 그 결과 오랫동안 잊혀져 왔던 고전들이 많이 발견되었다. 1417년에 지칠 줄 모르는 필사본 수집가 포기오 브라칠리오니(Poggio Braccilioni)가 루크레티우스의 「데 레룸 나투라」(*De rerum natura*)를 찾아냈다. 이 발견으로 15–16세기에 루크레티우스 시집의 수많은 필사본이 생겨났다. 잇달아 에피쿠로스 철학에 대한 관심이 되살아나 유물주의 철학은 새로운 추진력을 얻었다. 실제로 에피쿠로스의 유물주의를 어떻게 평가하느냐 하는 것이 계몽주의 시대의 학설을 가르는 경계선이 되었다. 피터 게이(Peter Gay)의 주장에 따르면 18세기에 통용되던 "계몽주의"라는 관념 자체도 루크레티우스로부터 상당한 영향을 받은 것이라고 한다. "루크레티우스가 밤을 쫓아내고 어둠을 걷어낸다거나 사고를 분명하게 한다고 한 표현은 과학으로 종교를 정복한다는 의미였다. 그것은 철학자들이 사용하는 비유법과 정확히 일치하는 표현이었다." 볼테르는 자신

의 서가에 여섯 종류의 「데 레룸 나투라」의 번역본을 갖고 있었다.[1]

근대 초기에 에피쿠로스 철학은 가톨릭뿐만 아니라 당시 새롭게 등장하고 있던 개신교로부터도 이단으로 취급받았다. 16세기 초에 마르틴 루터는 에피쿠로스 철학이 유럽에 유포되고 있는 것은 세상의 종말이 가깝다는 증거라고 주장하고 적대적 관계에 있던 이레즈머스를 "더러운 에피쿠로스 학파"에 속한다고 비난했다. 갈릴레오에 대한 재판이 있기 16년 전인 1600년에 조르다노 브루노가 에피쿠로스의 우주무한론을 비롯한 이단을 전파한다는 혐의를 받아 화형에 처해졌다. 브루노의 사상은 신비주의적이고 범신론적인 요소를 갖고 있었지만 그는 물질이 모든 사물의 진정한 핵심이자 근원이라고 주장했다. 토마스 쿤(Thomas Kuhn)에 의하면 브루노가 과학의 발전에 바친 중요한 공헌은 코페르니쿠스적 우주론과 에피쿠로스의 원자론 사이의 "친연성"을 입증함으로써 교회의 교리에 이중으로 도전한 것이라고 한다.[2]

유물주의에 대한 종교적인 공격이 증가하는 데도 불구하고 과학혁명과 계몽주의 철학이 등장했다는 것은 이성적인 사상가들이 이 세계 가운데서 신의 위치에 관한 낡은 세계관에 대해 의문을 품기 시작했다는 것을 의미한다. 17세기에는 프란시스 베이컨, 토마스 홉스, 피에르 가상디가 과학에서의 유물주의적 접근을 촉진시켰다. 자신의 철학적 체계에 에피쿠로스의 관점을 결합시킨 베이컨은 우주목적론을 강하게 비판하면서 자연을 설명할 때에 궁극적 동인에 의존하는 것은 "신에게 바쳐진 처녀가 아무 것도 출산하지 못하는 것처럼 허황된 짓"이라고 주장했다.[3] 마르크스는 베이컨의 철학을 체계화한 홉스의 철학이 자신의 유물주의에 큰 영향을 미쳤다고 언급했다. 홉스의 친구 가상디는 에피쿠로스의 유물주의를 새로운 과학의 시대에 맞게 체계화했다(또한 그는 성공적이지는 못했지만 유물주의와 기독교 교리를 결합시키려는 시도도 했다). 존 로크는 헬레니즘의 인식론과 가상디의 철학을 빌려와 유명한 *tabula rasa*(빈 석판 : 인간의 이성은 선천적인 것이 아니라 후천적 경험에 의해 형성된다)란 개념을 만들어냈다. 데카르트는 이원론적인 세계관을 고안하여 신을 자연과학으로부터 체계적으로 배제함으로써 기계론적인 법칙을 철저하게 흔들어 놓았다. 사회과학 분야에서는 홉스, 잠바티스타 비코(Giambatista Vico), 장-자크 루소 같은 사람들이 에피쿠로스의 사회적 계약의 개념과 인간 사회는 역사적으로 발전한다는 관점을 발전시켰다.[4]

뉴턴과 라이프니츠

영국의 대표적 과학자 로버트 보일(Robert Boyle)과 아이작 뉴턴은 유물주의적 과학과 기독교 신앙이라는 두 세계를 연결시키려고 자신들의 학설에 궁극적 동인을 인용하고 새로운 기계론적 철학과의 조화를 시도했다. 보일은 「원자 철학에 관하여」(Of the Atomical Philosophy)란 제목의 발표하지 않은 논문에서 가상디가 물질입자론을 발전시키는 데 핵심적인 기초로 삼았던 레우키푸스, 데모크리토스, 에피쿠로스의 원자철학을 찬양했다(보일은 이 논문에 "내가 죽은 후 반드시 소각하라"고 표시해 놓았다). 그러나 이 논문에서 에피쿠로스 철학의 반목적론적인 관점은 수용되지 않았다. 보일은 『자연계 물체의 궁극적 동인에 관한 논고』(*Disquisition About the Final Causes of Natural Things*)에서 "에피쿠로스와 그의 추종자들 대부분은 … 물체의 목적(궁극적 동인)을 고려하지 않고 세계는 우연히 만들어졌으며 어떤 목적도 가상하거나 의도되지 않았다고 주장

한다"고 비난했다.[5]

뉴턴은 행성의 운행을 유물주의적 세계관(따라서 과학적)으로 관찰하면서 고대 유물주의를 인용했고, 심지어 『프린키피아』(*Principia*)에서는 루크레티우스의 시구절을 인용하려는 생각까지 했다. 뉴턴이 "에피쿠로스의 철학은 진실이며 오래된 것인데 고대인들이 무신론이라고 잘못 해석했다"는 말을 했다는 기록이 남아 있다. 그럼에도 뉴턴은 과학탐구에 있어서 태양계의 생성원인 같은 아직 과학적인 설명을 할 수 있는 기반이 없어 보이는 분야에서는 "지적인 동인"이란 개념에 의존했다.[6]

18세기의 가장 위대한 과학-신학 논쟁인 뉴턴과 고트프리트 빌헬름 라이프니츠 논쟁의 핵심은 새로운 기계론적 철학의 맥락에서 설계론과 그 의미를 어떻게 해석할 것인가 하는 문제였다[뉴턴은 새뮤얼 클라크(Samuel Clarke)를 내세워 논쟁을 벌였다].[7] 1715년에 라이프니츠는 친구인 웨일즈 공주 캐롤라인에게 뉴턴의 과학과 철학에 대해 의문을 표시하는 편지를 보냈다. 라이프니츠는 뉴턴의 학설, 특히 신은 행성의 궤도를 유지하기 위해 때때로 개입한다는 주장에 대해 여러 가지 철학적인 이견을 제시했다. 라이프니츠에게 있어서 세계란 신에 의해 창조된 완벽한 기계장치였으며, 기계구조의 결함 때문에 세계를 제대로 작동시키기 위해 신성한 개입이 필요하다는 주장은 "신이 만든 기계장치가 완벽하지 않다"는 이단적인 주장과 다름 없었다. 라이프니츠의 사전에 완성된 조화(pre-established harmony)란 철학으로 보자면 신의 의도는 최고의 상태로 완벽하게 구현되어 있어야 했다. 그의 유명한 논문 「새로운 논문의 서문」(Preface to the New Essays, 1703-1705)에서 라이프니츠는 "신과 같이 꿰뚫어 보는 눈을 가진 존재라면 우주 전체의 배열을 가장 미세한 부분에 이르기까지(지금 있는 물체와 과거에 있었던 물체, 그리고 미래에 생겨나게 될 물체) 전부 해독할 수 있을 것이다"라고 말했다.[8] 그러므로 불완전성이란 생각할 수 없다.

이와 대비하여 뉴턴은 『광학론』(*Optiks*)과 다른 논문에서 신에게 몇 가지 임무를 부여했다. 그의 주장에 따르면 신은 허공에 고정된 별들이 다른 별 위로 떨어지지 않게 유지시켜 주고, 태양계가 운행 중에 발생한 비규칙성을 때때로 교정해 주며, 우주가 썰물처럼 빠져나가는 것을 방지해 준다.[9] 라이프니츠는 웨일즈 공주에게 보낸 첫 번째 편지에서 뉴턴과 그 추종자들의 주장대로라면 "전지전능한 신은 시계가 멈추지 않도록 때때로 태엽을 감아주어야 한다. 신은 기계장치가 영원히 작동하도록 만들 만큼 충분한 예지력을 갖지 못한 것처럼 보인다. 이 신사의 주장대로라면 신이 만든 기계장치는 완벽하지 못하기 때문에 시계제조공이 자신의 작품을 수리하듯 신은 때때로 기계의 먼지를 떨어주거나 심지어 수리해 주어야만 한다"고 썼다.[10]

뉴턴주의 과학자이자 신학자였던 새뮤얼 클라크가 뉴턴의 주장을 대변하면서 뉴턴의 코치를 받았음이 분명하다. 논쟁은 양쪽이 각기 다섯 차례의 편지를 주고받으면서 진행되었는데, 이 논쟁은 후에 『라이프니츠-클라크 서신』으로 알려지게 된다. 클라크는 신앙심이 깊은 라이프니츠를 "양의 탈을 쓴 유물주의자"라고 비하했다 : "시계제조공의 도움 없이 영원히 움직이는 시계처럼 세계는 신의 개입 없이 움직이는 위대한 기계장치라는 생각은 유물주의적이며 인과론적인 개념이며, (신은 초우주적인 지성이라는 미명 하에) 섭리와 신의 지배를 세계로부터 배제해 버릴 수 있는 생각이다." 라이프니츠는 에피쿠로스 학파의 우연론을 수용한 세계라면 신은 수동적으로 반응할 수밖에 없고, 그런 신이라면 "이름뿐인 신"이라고 반박했다. 뉴턴은 우연, 원자, 진공을 받아들임으

로써 무지몽매한 유물주의 쪽으로 너무 많이 치우쳤다.[11)]

이 논쟁에서 뉴턴 자신의 입장이 어떤 것인지는 분명치 않다. 클라크가 뉴턴의 코치를 받아 논쟁을 벌였다고 하더라도 그가 뉴턴의 견해를 얼마나 정확하게 반영했는지는 의문이다. 뉴턴은 라이프니츠가 제기한 형이상학적 확신에 가득 찬 신학 논쟁을 피한 채 과학에 몰두했다. 자연계의 현상을 가능한 한 유물주의적-과학적 용어로 설명하려는 뉴턴의 접근방식은 라이프니츠가 주장하는 신으로부터 비롯되는 사전에 완성된 조화로운 설계와는 대비되는 것이었다. 그러나 뉴턴도 설명이 불가능한 경우에는 유물주의적 동인을 거부하고 신의 존재를 빌려와 해석한 경우가 있었다. 그의 신학적 개념은 자연과학과 관련될 때는 주변의 다른 사람과는 달리 자신의 과학적 지식에 의존했다. 그래서 뉴턴은 신을 무대에 등장시키는 것을 망설였다. 『프린키피아』의 「일반주석」(General Scholium) 편에서 밝힌 대로 그가 "이 아름다운 태양과 행성과 혜성의 시스템은 지적이고 강력한 존재의 조언과 통제로부터 비롯될 수밖에 없다"는 점을 믿은 것은 분명하지만, 가능한 한—과학적 가정이 관련되었을 때면—자연의 운행을 설계론을 빌려 설명하는 일을 피하려고 했다. 신은 원천적 발동자(Prime Mover)이지만 자연은 자신의 법칙을 갖고 있었다. 그는 중력의 원인에 대해서 "나는 어떤 가정도 설정하지 않는다"는 유명한 말로 (중력의 힘을 설명하는 데) 신학적 이론을 끌어들이는 것을 거부했다.[12)] 하버드 대학의 유전학자이자 진화생물학자인 리처드 르원틴은 "뉴턴은 신이 상황을 다시 바로 잡기 위해 때때로 개입한다는 가정을 하지 않을 수 없는 상황에서도 마지못해 그렇게 말했다"고 했다.[13)]

그렇다고 해서 뉴턴이 모든 저작에서 과학을 종교보다 앞세웠다거나 종교가 과학에 영향을 주지 않았다고 말하고자 하는 것은 아니다.

그의 전 생애를 통한 연구성과를 보면 신학에 관련된 것이 자연과학 및 수학과 관련된 것과 비슷하거나 약간 많다. 뉴턴이 과학적 탐구를 하면서 아리스토텔레스식의 궁극적 동인을 들어 설명하고 신의 존재를 긍정한 경우는 드물다. 그는 "자연철학의 주요 임무는 가설을 세우지 않고 「파에노메나」(*Phaenomena*)[14]를 논박하는 것이며, 결과로부터 최초의 동인[아리스토텔레스의 궁극적 동인]을 찾아낼 때까지 원인을 추론해내는 것이다. 우리가 찾아내게 될 최초의 동인은 분명히 기계적인 것은 아니다"라고 주장했다.[15] 그러나 뉴턴의 자연과학은 통상적인 창조론 주장과는 상당한 거리가 있었다. 그의 분석은 신성한 존재를 배제하여 과학의 경계를 크게 넓혀놓았고, 지금까지 신이 지배적 위치를 차지해 왔던 영역으로부터 기독교의 신을 제거했으며, 신성한 존재의 역할은 당시까지 이성적인 설명이 되지 않는 부분적인 영역에만 국한시켰다.

여기서 중요한 것은 뉴턴의 신학적 탐구의 내용 자체가 이단적이며, 그런 까닭에 그의 연구논문은 그의 생전에는 출판되지 않았다는 점이다. 뉴턴은 기독교 교리의 핵심인 삼위일체를 반대한 4세기의 이단 아리우스파의 학설을 폭넓게 수용했다. 그는 삼위일체의 교리를 강력하게 부정했다. 아리우스파의 학설은 그리스도의 완전한 신성성을 부정하는 현대의 유니테리언 교파와 유사점이 많다. 뉴턴은 신학을 탐구하면서 종교에 상당한 합리성을 도입했다. 뉴턴 학파의 학자 리처드 웨스트폴(Richard Westfall)은 "뉴턴이 평생 동안 신학적 탐구를 하면서 주력했던 것은 기독교 신앙에서 비합리성을 일소하는 일이었다"고 했다. 이런 관점에서 볼 때 뉴턴의 종교에 대한 접근방법은 현대 과학의 발전과 함께 등장한 "냉철한 철학의 기풍"으로부터 영향을 받았음은 의심의 여지가 없고, 그래서 그는 당대의 지도적인 과학자가 되었다. 무엇보다도 뉴턴 자신이 이성론자였다. 그랬기 때문에 그는 과학탐구에서 신성한 창조자의 역할을 여전히 옹호하면서도 지난 시대의 설계론적 개념은 제거했다.[16)]

스티브 풀러(Steve Fuller), 낸시 피어시(Nancy Pearcey), 찰스 댁스턴(Charles Thaxton) 같은 지적 설계론 옹호자들이 그들의 주장의 근거로서 뉴턴의 학설을 끌어들이려 했던 시도는 예외없이 실패로 끝났다. 풀러는 도버 지역 교육위원에 재판(1장을 보라)의 법정 증언과 자신의 저서 『과학 대 종교?』(*Science vs. Religion?*)를 통해 "뉴턴의 생애를 보건대 성서는 위대한 과학으로 가는 분명한 길을 제시해 주는 것 같다"고 주장했으나, 성서가 과학으로 가는 "분명한 길"임은 물론이고 중력 이론을 포함한 뉴턴의 여러 가지 과학적 발견이 설계론을 그 논리적 기반으로 하고 있다는 어떤 증거도 제시하지 못했다.[17)]

실제로 뉴턴은 동시대의 다른 누구보다도 설계론을 지우는 데 많은 역할을 했다. 피어시와 댁스턴은 『과학의 영혼』(*The Soul of Science*)에서 "뉴턴은 우주의 질서에서 지적 설계의 증거를 찾아냈다"고 주장했다. 그러나 그들은 뒤이어서 뉴턴은 결과로부터 원인을 추론해 가다가 자연스런 설명이 안 되는 부분에서 결국 최초 또는 "궁극적" 동인에 도달했을 뿐이라는 사실을 인정했다. 뉴턴이 이런 과정을 통해 실제로 성취한 것은 설계론을 제거하고 과학을 거대하게 확장시킨 것이며, 그 결과 궁극적 동인은 우리가 눈으로 볼 수 있는 자연과학의 거의 모든 분야에서 사라졌다. 역설적이지만, 뉴턴의 자연과학이 동인과 천체의 운행에 관한 기독교 신학적 관념을 철저하게 파괴했기 때문에 뉴턴을 경건한 기독교인으로 보는 피어시나 댁스턴 같은 창조론 사상가들이 타격을 만회하기 위해 "신과 조화를 이룰 수 있는 길"을 찾지 않을 수 없게 되었다.[18)] 그러나 실제로는 뉴턴의 과학이 "신과의 조화"를 추구했다기보다는 자연의 시스템과 신이 조화를 이루지 않는 지점, 즉 자연주의적 설명이 결함을 보이는 곳에서 신의 가정을 받아들였다고 해야 정확한 표현일 것이다. 그러므로 뉴턴의 자연과학이 신에게 의지하는 면이 있다면 그 신은 "결함의 신"이다. 쿨슨(C. A. Coulson)이 1955년에 출간된 저서 『과학과 기독교 신앙』(*Science and Christian Belief*)에서 말했듯이 "결함의 신"은 과학이 미치지 않는 "전략적 지역을 접수했다." 여기에 덧붙여 쿨슨은 이런 형태의 결함 메우기론은 과학이 발전함에 따라 "결함은 어쩔 수 없이 줄어드는 경향을 보일 것이므로" 유신론자들에게는 별 위안이 되지 않았다고 말했다. 그는 다음과 같이 기술했다 :

> 뉴턴은 중력의 법칙이라는 놀라운 발견을 여러 가지 문제에 가능한 한 광범위하게 적용하고자 했다. 그는 달이 지구의 주위를 돌고 지구가 태양의 둘레를 도는 것은 중력의 법칙과 관련이 있으나 지구가 양극을 축으로 하여 자전하면서 낮과 밤이 생기는 것은 중력의 법칙과 관련이 없을 것이라고 생각했다. 그는 캠브리지 대학 트리니티 칼리지의 학장에게 자신의 생각을 편지로 써 보냈다 : "지구가 하루에 한 번씩 자전하는 것은 중력 때문이 아니라 신성한 손이 힘을 가하기 때문인 것 같습니다." 이것은 논란을 불러일으키는 주장이었다. 지구가 다른 존재의 간섭을 받지 않고 스스로 계기를 마련하여 움직인다는 도식이 생겨났다는 것은 곧바로 "신성한 손"이 필요없게 된다는 것을 의미했다. 달리 말하면 과학이 새로운 영역에 대해 자신의 소유권을 주장한 것이다.[19)]

계몽주의 시대 전체를 통틀어 뉴턴의 연구가 창조자를 배제하고 과학과 유물주의적 해석의 영역을 극적으로 확장시켰다는 것은 의심의 여지가 없다. 클라크(뉴턴)와 라이프니츠 사이의 논쟁은 심대한 의미를 갖는 것이었지만 형식은 과학과 종교 사이의 타협을 모색하는 두 유신론자의 의견충돌이었다. 그러나 한 세기가 지나 유물주의가 폭넓은 기반을 갖추게 되자 유신론적인 해석은 상대적으로 기이한 주장으로 받아들여지게 되었다. 이전에는 신의 힘이 배타적으로 작용한다고 믿었던 행성의 운행이 이제는 거의 대부분 기계론적인 용어로 설명되게 되었다. 18세기에 임마누엘 칸트와 피에르-시몽 라플라스의 성운(星雲) 가설이 등장하자 태양계의 기원을 신성한 힘에서 찾는 논리조차도 배척되는 듯했다. 라플라스는 뉴턴보다 한걸음 더 나아가 태양계의 역학적 안정성을 유지하기 위해 때때로 신이 개입하여 상태를 바로 잡아 주어야 하는 일도 필요없음을 증명해 보였다. 전설적이기는 하나 대체로 허구임이 분명한 얘기지만, 스티븐 굴드에 의하면 "라플라스는 자신의 방대한 저작 『천체의 구조』(*Mécanique céleste*)를 나폴레옹에게 바쳤다고 한다. 이 저작을 숙독한 나폴레옹이 라플라스에게 우주를 만든 신에 대해 한번도 언급하지 않으면서 천상의 일에 관해 어떻게 이처럼 방대한 내용을 쓸 수 있었는지 물었다고 한다. 라플라스는 '폐하, 제게는 그런 가설이 필요없습니다'라고 대답했다고 한다." 믿을 만한 얘기는 아니었음에도 새로운 과학시대의 불신앙을 상징하는 이 에피소드는 끊임없이 사람들의 입에 오르내렸다.[20)]

자연신학 : 레이, 페일리, 맬서스, 찰머스

계몽주의의 이성이 지식의 기초로서 천상의 계시를 심각하게 훼

손했음을 통찰했지만 창조론을 포기하고 물질세계를 과학에 내어주려는 생각이 없었던 많은 신학자들은 자연 속에서 지적 설계의 증거를 찾으려는 자연신학의 전통으로 눈길을 돌렸다. 위대한 경험주의자이자 이신론(理神論)자인 존 로크는 1695년에 『성서에 기록된 기독교 신앙의 온당한 이치』(*The Reasonnableness of Christianity Delivered in the Scriptures*)라는 글에서 "자연의 행위는 모든 부분에서 충분하게 신을 증거한다. 다만 인류가 자신의 이성을 거의 사용하지 않기 때문에 보지 못할 뿐"이라고 했다.[21] 자연의 증거를 통하여—주로 생물학과 관련하여—신의 존재를 증명하려는 주장을 담은 저작들이 17세기 초에 다량으로 출판되었다. 영국에서는 존 레이(John Ray), 새뮤얼 클라크, 윌리엄 페일리, 토마스 로버트 맬서스(Thomas Robert Malthus), 토마스 찰머스(Thomas Chalmers) 같은 "성직자 자연주의자"가 나타났다. 독일에서는 이 방면의 가장 저명한 인물이 헤르만 사무엘 라이마루스(Hermann Samuel Reimarus)였다.

1691년에 출판된 존 레이 목사의 저서 『창조에서 명백하게 드러난 신의 지혜』(*The Wisdom of God Manifested in the Works of Creation*)는 첫 페이지를 에피쿠로스에 대한 비판과 우연론에 대한 공격으로 시작하고 있다. 그는 "에피쿠로스와 데모크리토스의 무신론적 가설"이 창조에서 드러난 신의 지혜를 부정하고 있다고 주장했다. 그는 자연에 대한 연구를 통해 자연세계의 경이와 그것이 계획에 따라 이성적으로 조직되었음을 보여주려고 했다. 자연이 설계되었음은 관찰해 보면 분명하게 드러나며, 그 속에는 신의 지혜가 존재하고 있다. 신이 동물과 식물 속에 불어넣은 생동하는 영혼이 그들의 발전을 인도한다. 이것은 신이 자연 속에서 역할하고 있다는 적극적인 증거이며, 그토록 정교하고 완벽한 세계를 건설한 신의 지혜의 표지이기도 하다. 레이는 자연 속 어느 곳에서나 작용하는 신의 손을 알 수 있다고 주장했다. 공기가 존재하기 때문에 동물은 숨 쉴 수 있고 식물이 자라는 것은 신이 생장의 영혼을 부여했기 때문이다. 레이는 자신의 주장을 입증하기 위해 시계를 비유로 들었다. 시계를 설계한 사람이 있는데 시계보다 더 완벽하게 설계된 자연 속의 생명체를 보면 최고의 설계자가 주변에 있음이 분명하다. 레이가 제시한 자연신학은 거의 2세기 동안이나 자연사 연구를 지배하면서 진화론의 발전을 가로막는 걸림돌이 되었다.[22)]

한 세기 후에, 18세기 말에서 19세기 초 영국의 가장 강력한 자연신학 옹호자인 윌리엄 페일리 부주교가 레이의 설계론을 더욱 발전시켰다. 페일리는 자연신학을 자연계와 인간사회에 연결시켰다. 자연신학은 단순히 자연에 관한 학설이 아니었다. 그것은 도덕세계와 관련된 주장이 되었으며, 그 속에는 경제와 국가가 포함되었다. 1802년에 출간된 저서 『자연신학－자연의 모습에서 찾아낸 신이 존재하는 증거와 신의 행적』(*Natural Theology－or Evidence of the Existence and Attributes of the Deity Collected from the Appearances of Nature*)에서 페일리는 신의 증거는 그의 창조행위에서 분명하게 드러난다고 주장했다. 페일리도 설계론을 증명하기 위해 레이를 따라 시계의 비유를 들었다. 시계는 시계제조공의 솜씨로 만들어진 매우 정교한 기계이며, 각 부품이 함께 작동하여 시간을 알려준다. 그러므로 시계의 정교한 설계를 보고 설계자가 있다는 것을 알 수 있다면 (경이로운 인간의 눈과 같은) 자연의 작동의 완벽함과 복잡한 구조는 위대한 설계자의 작용이 있었다는 분명한 증거이며, 그 솜씨는 시계를 만든 인간의 솜씨와는 비할 바가 아니다. 페일리는 이렇게 말했다 : "설계의 흔적은 너무나 분명하기 때문에 무시하기가 쉽지 않다. 설계에는 설계자가 없을 수 없다. 그 설계자는 어떤 존재임이 분명하다. 그 존재는 신이다."

아이러니하게도 그는 시계를 비유로 들었고, 그의 비유는 시계가 다른 시계를 낳는 수준까지 갔지만 그의 주장은 자연 속에 시간이란 개념을 도입하지 못하고 정태적인 상태에 머묾으로써 본질적으로 진화와 발생의 개념을 배제해 버렸다. 그의 설계론은 그가 보기에 환원 불가능하고 유물주의로는 설명할 수도 없는 자연계의 복잡성에 주목했다. 페일리는 『자연신학』의 어떤 부분에서는 자연 속에서의 설계의 증거를 설명하기 위해 아담 스미스의 "보이지 않는 손"을 빌려오기까지 했는데, 이 경우의 보이지 않는 손이란 신의 손을 의미했다.[23]

『자연신학』에서 드러난 페일리의 보다 발전된 자연신학적 관점과 실용주의는 1785년에 출간된 그의 저서 『도덕적 · 정치적 철학의 원칙(*Principles of Moral and Political Philosophy*)에서 이미 그 싹을 찾아볼 수 있다. 이 저서에서 페일리는 현존하는 사회적 위계질서와 소유관계를 옹호했다. 세계는 현존하는 이익을 유지하기 위한 목적으로 설계되었기 때문에 대중은 누가 토지를 소유하고 있는지에 대해 의문을 제기해서는 안 된다. 현존하는 소유권 제도는 모두의 선을 위해 "하늘이 지정해 준" 것이다. 신은 "최고의 소유자"로서 가난한 자에게도 가장 기초적인 수요에 부응하도록 식량이 공급된다는 전제 하에서 재산을 나누어 주었다.[24] 신의 계획은 공정하고 올바르다. 이 초기 저작이 가난한 자를 돌보아야 한다는 주장을 담고 있기는 하지만 페일리의 자연신학은 결국 사회적 관심사를 부정하게 된다. 페일리는 후기 저작에서 신의 설계는 모든 나라에 "어느 정도의 재난을 야기하기 마련"이라는 주장을 하는데, 이는 맬서스의 영향이 표출된 것이다.[25]

1798년에 출간된 맬서스의 『인구론』(*Essays on the Principle of Population*)에서는 "높은 수준의 창조의 목적"이라는 우주목적론적 관점이 자연과 사회문제에 다같이 적용되고 있다. 당시 32세의 부목사였던 맬서스는 이 저작에서 자연은 창조자의 설계에 의해 생겨난 것이라는 것을 전제로 하여 "자연과 자연의 신을 추론해야 한다"고 주장했다. 그는 "섭리의 자비로운 설계에 따라 신이 결정한 바대로 인구는 식량보다 빨리 증가한다"고 했다. 곤궁은 사회 안에서 "기독교적 미덕"을 각성시키는 데 도움을 준다. 가족을 부양할 수단이 없이 결혼한 가장은 "자연의 법칙, 즉 신의 법칙"을 위반했기 때문에 고난을 겪을 수밖에 없으며, "자연법칙의 거듭된 충고를 받아들이지 않았기 때문에 굶주려야 할" 운명이다. 개인은 "자신의 노동으로 온당하게 손에 넣을 수 있는 만큼을 초과해서는 아무리 적은 양의 식량도 사회에 대해 요구할 권리를 갖고 있지 않다." 사회는 궁핍한 사람을 도와야 할 의무가 없으며, 만약 그렇게 한다면 그것은 "신의 명백한 명령"에 어긋나는 것이다. 맬서스는 『인구론』의 마지막 장 「인구론 요약」(*A Summary View of the Principle of Population*)에서 인구문제에 대한 최종적인 해법을 제시했다. 그는 인구문제의 원칙은 "자비로운 창조자의 관점"과 일치하며, 이 관점이 인간의 행태에 부과한 한계는 인류의 복지를 위해 너무나도 명백하게 이롭기 때문에 "신이 이 위대한 원칙을 인간에게 적용한 방식은 완벽하게 정당하다"고 주장했다.[26] 절대적 존재는 생존방식으로서 인구의 평형상태를 유지하기 위해 통제수단—악덕과 빈곤—을 마련해 둔 것이다.

맬서스가 이러한 일련의 주장을 내놓게 된 바탕은 자연상태에서 인구의 기하학적 증가(2, 4, 8, 16)와 생존수단의 산술적 증가(2, 3, 4, 5) 사이의 모순이었다. 산술적으로 증가하는 식량생산의 지체 자체가 명백하게 신이 설계한 바였다. 맬서스는 다음과 같이 주장했다 :

생명을 유지하는 식량의 결핍은 다른 어떤 결핍보다도 육체적·정신적 수고를 훨씬 더 많이 촉발할 것이다. 절대적 존재는 많은 준비된 노동과 재간이 투입되지 않는 한 토지가 방대한 양의 산물을 산출하지 못하도록 규정해 놓았다. 씨앗과 씨앗으로부터 자라나는 풀이나 나무 사이에는 우리가 이해하고 있는 연관성이 없다. 절대적 존재는 우리가 씨앗이라고 부르는 작은 물질의 도움이 없이도, 심지어 인간의 노동이나 보살핌의 도움 없이도 자신의 피조물이 사용하도록 모든 종류의 풀을 자라나게 할 수 있음이 분명하다. 경작하고 땅을 고르며 씨앗을 뿌리고 곡식을 수확하는 과정은 분명히 신의 창조를 돕는 것이 아니라 생명의 축복을 즐기기 전에 인간으로 하여금 활동하도록 인간의 정신을 이성으로 전환시키기 위해 만들어진 것이다.

토지를 최대한도로 경작하게 함으로써 이런 종류의 끊임없는 감동을 맛보게 하고, 그리하여 인간으로 하여금 섭리의 자비로운 설계를 빛나게 하도록 하기 위해 인구가 식량보다 훨씬 빨리 증가하도록 규정된 것이다.[27)]

그러므로 맬서스 인구론의 핵심 가정인 식량공급의 산술적 증가 법칙은 신의 지적인 설계로 설명이 가능하기 때문에 논리적이거나 실험적인 증명이 필요없다.

무한한 지혜를 가진 신은 식량공급이—빈곤과 그에 수반된 불행을 통해, 그리고 모든 수단이 실패하더라도 궁극적으로는 하늘이 내리는 재앙을 통해—인구의 평형을 유지하도록 세계를 설계했다. 맬서스의 자연신학은 이리하여 계급 지배와 많은 인구의 빈곤을 정당화하는 데 도움을 주었다.[28] 맬서스는 대부분의 활동 기간 동안 동인도 대학(동인도회사의 교육기관)에 고용되어 있었으나 평생 성직자의 신분을 유지하면서 설교했다. 최근에 출간된 그의 네 권의 설교문집은 그의 견해가 성서적 계시와 자연신학을 바탕으로 하고 있음을 보여준다. 그래서 그는 신을 거역하는 죄를 지은 자가 (지상에서는 물론) 내세에서 마주하게 되는 것은 "공포"이며, 이성을 사용하여 자연 속에 있는 신의 작업을 돌본 사람은 제한적이기는 하지만 신의 "궁극적 동인"을 통찰할 수 있는 안목을 갖게 될 것이라고 말했다.[29]

스코틀랜드의 목사 토마스 찰머스는 일찍부터 맬서스를 추종했고, 또한 그의 절친한 친구였다. 찰머스는 영향력 있는 설교자였고, 스코틀랜드 국교의 개혁적인 성직자였으며, 1843년에 스코틀랜드 자유교회로 독립하게 되는 분리파의 지도자였다. 이 교파는 영국에서 가장 조직력이 강한 복음주의 교파가 되었다. 자유교회는 물질세계와의 관계에서 단순히 자연신학에 의존하지 않고 계시록과 성서적 해석을 강조했는데, 역사학자들은 이들의 주장을 "자연의 신학"(theology of nature)이라고 불렀다.[30] 이런 양면적인 접근은 찰머스의 저서에서 분명하게 드러난다. 그는 『브리지워터 논문집』(*Bridgewater Treatises*)이라 불리는 여덟 편으로 구성된 논문집의 첫 번째 편인 「외부 자연을 인간의 도덕적 · 지적 본질에 적용한 데서 드러나는 신의 힘과 지혜와 미덕에 관하여」(*On the Power, Wisdom and Goodness of God as Manifested in the Adaptation of External Nature to the Moral and Intellectual Constitution of Man*, 1894)란 논문을 썼다. (『브리지워터 논문』은 1829년에 사망한 제8대 브리지워터 백작 프란시스 헨리 에저턴(Francis Henry Egerton)의 유산을 재정적 기반으로 유물주의를 공격하기 위해 씌어졌다. 훗날 다윈 진영에서는 빌지워트(bilgewater, 김빠진 맥주) 논문이라고 풍자했다.」[31] 『브리지워터 논문집』은 지적 탐구의 모든 분야에 영향을 끼칠 목적으로 자연신학을 집대성한 19세기의 가장 방대하고 체계적인 저술이었다. 찰머스는 자연신학을 바탕으로 설계론을 주장하는 데 그치지 않고 성서적 계시에 관한 글도 썼다.

자유교회가 설립한 뉴 칼리지 대학에서는 목사들에게 유물주의와 진화론에 맞설 수 있는 이론을 교육했다. 뉴 칼리지의 학장이자 신학교수였던 찰머스는 설계론의 입장에서 유물주의와 진화과학을 공격했다. 그는 정치경제학과 자연신학을 결합하여 경제와 자연 모두에서 신의 손길이 닿았음을 증명하는 정교한 논문을 썼다. 찰머스로서는 "신의 개입"과 신성한 기적은 새로운 종이나 속이 등장할 때마다 반드시 필요한 것이었다.[32]

찰머스는 『브리지워터 논문』의 첫머리에서부터 무신론자와 유물주의자들을 공격했다.

> [무신론자와 유물주의자들은] 오직 물질의 법칙에 기초하여 판단하며 그것이 갖고 있는 결함을 간과한다. 천체가 보여주는 아름다움과 은혜를 중력의 법칙 하나만으로 설명한다면 설계의 동인을 너무나 과소평가하는 것이다 … . 물질이 수많은 유익한 결과들을 생기게 하는 데 도움이 되는 힘을 갖고 있다고 말한다면 가장 강력하고 결코 부정할 수 없는 신의 역할을 무시하는 것이다. 물질에 관해서는 그 힘이 올바른 방향으로 나아가고 유용한 쓰임새가 있도록 그곳에 그렇게 배치되었다고 말하는 것이 훨씬 온당하고 설득력이 있을 것이다. 어떤 물질의 법칙을 수립하기보다는 물질이 유용하게 쓰이도록 그것의 특질을 규정하는 법칙인 지성의 목적과 목표를 깨닫는 것이 훨씬 의미 있는 일이다.[33]

찰머스에게는 자연과 성서의 기록 둘 다가 신에게로 이르는 길이었다. 그는 "진실로 귀납적 추리를 할 수 있는 영혼 때문에 현대 과학이 생겨났고, 그것은 또한 모든 의문을 품는 사람들의 마음 속에 성서적 기독교를 보다 공고하게 세우는 길로 … 의심의 여지없이 인도할 것"이라고 썼다.[34]

지적 설계는 물질의 법칙보다 더 깊이 미쳤다. 찰머스는 교역과 시장이 "사회에 생기를 불어넣어 주는 기계장치의 하나"이며 "사회를 설계하고 태어나게 한 지성의 표지"라고 했다. 그는 또 이기심이 시장을 통해 보편적 선을 촉진시킨다는 아담 스미스의 보이지 않는 손은 "보다 높은 수준의 작용"이 있다는 증거라고 했다. 자유로운 시장은 신으로부터 흘러나온 "자연의 기질"일 뿐만 아니라 또한 신은 인간의 본성에 강한 "소유의 욕구"를 심어놓았다. 그러므로 빈민법(Poor Laws)[35]에서 드러나듯이 인도주의가 가난한 자를 위해 개입한다는 것은 신의 의지에 반하는 것이며, 실패로 끝나게 될 오만이다. "자본은 국가의 환경에 맞추어 가장 유리한 쪽으로 항상 자신을 적응시켜 나가므로 인간의 지혜로부터 나온 경제적 규제는 필요가 없다. 인간의 지혜 이전에 바로 신의 지혜로부터 나온 도덕적 · 정신적 규제가 있기 때문이다." "정의로운 신의 손"의 증거가 있다고 한다면 그것은 다름 아닌 "교역의 메커니즘"에서 찾을 수 있다.[36]

흄의 자연신학 비판

계몽주의 시대에 유물주의와 창조론의 끊임없는 논쟁 가운데서 설계론에 대해 가장 회의적인 관점에서 비판한 사람이 데이비드 흄이었다. 흄의 비판은 그가 죽은 후 1779년에 출판된 논문 「자연주의 종교에 관한 문답」(*Dialogues Concerning Natural Religion*)에 포괄적으로 드러나 있다. 그러나 이 논문보다 앞서 지적 설계론에 대해 근본적인 비판을 제기한 흄의 논문은 『인간 오성에 관한 탐구』(*Enquiry Concerning Human Understanding*, 1748)이다. 이 논문에서 그는 신에 대한 불경죄로 기소되어 아테네 시민들 앞에서 자신을 변호하는 에피쿠로스의 발언을 기록하는 가상적인 형식으로 자연주의 종교에 대한 비판을 제기했다. 흄의 저서에 등장하는 에피쿠로스는 자신을 고발한 사람들이 지성과 설계의 증거를 "자연의 질서"에서 찾으며, 그래서 자신이 주장한 우연이나 신의 인도를 받지 않는 물질의 맹목적인 힘이란 터무니없다고 생각한다고 주장한다. 에피쿠로스는 이 고발에 대해 "종교적 가정", 즉 설계론 주장은 세계에 존재하는 특정한 결과로부터 선행하는 원인을 추론하려 하지만 그러나 주어진 결과를 보고서 이성적인 추론을 할 수 없으며, 주어진 결과를 만들어낼 수밖에 없는 원인 이외의 다른 원인을 찾아낼 수가 없다. 그러므로 자연계에서는 결과에서 거꾸로 원인을 추론해서는 지성과 설계에 확실하게 도달할 수는 없으며, 더욱이 절대적 존재가 동인이라는 개념에도 도달할 수 없다. 흄의 에피쿠로스는 다음과 같은 말로 변론을 마감한다 :

> 우리는 자연의 운행을 두고서 최초로 자연을 작동시켰고 지금도 우주의 질서를 유지시켜 주는 특정한 지성과 동인이 있다고 단정한다. 우리가 수용하는 이 원리는 확실하지도 않고 쓸모도 없다. 우리가 알고 있는 이 동인은 순전히 자연의 운행결과만을 보고서 추론한 것이다. 온당한 이성의 법칙에 비추어 보면 우리는 새로운 추론을 가지고 원인으

로 돌아갈 수도 없고, 보편적이고 경험을 통해 검증된 자연의 운행에 무엇을 추가함으로써 행위와 행동의 새로운 원리를 만들어낼 수도 없다.[37)]

흄의 「자연주의 종교에 관한 문답」은 위에서 소개한 주장을 주로 내세우고 있지만 비유의 역할에까지도 의문을 제기한다. 흄은 「문답」에 등장하는 필로란 인물을 통해 설계론 주장은 단순히 "자연의 유추"에 기초하고 있으며, 하나의 포괄적인 유추의 "단계"에서 다른 하나의 단계로 진행한다고 비판했다. 이런 주장이 채택하고 있는 논리구조는 유추를 동원하여 자연 속에 있는 설계의 몇몇 예증을 추단하는 것이며, 그리하여 특정한 설계를 가지고—모든 설계는 반드시 설계자가 있다는 가정 하에서—그것을 생겨나게 한 절대적 설계자 또는 절대적 지성이 존재한다는 근거로 삼는다. 예를 들면, "세계는 기계장치와 … 유사하다. 그러므로 세계는 기계장치이고, 그러므로 설계로부터 생겨난 것이며", 결과적으로 절대적인 설계자가 있어야 한다는 것이다. 흄은 그러나 세계가 발생했으며, 신에게 의지하지 않고도 질서가 존재한다는 것을 증명할 수 있는 똑같이 칭송할 만한 다른 유추도 있다고 주장한다. 그러므로 「문답」에서 필로는 에피쿠로스의 주장을 예로 들면서 세계가 씨앗, 즉 물체의 움직임으로부터 발생했을 수 있고, 질서가 등장한 것은 물질적 힘이 맹목적으로 상호작용한 결과일 수 있으며 "무한의 힘"이 있을 수 있다고 지적했다. 이런 과정을 거쳐 생명체가 생겨날 수 있었다 :

한 그루의 나무는 그 나무 위에서 자라나는 질서와 생명체를 생성시키지만 정작 질서가 무엇인지는 모른다. 동물도 같은 방식으로 새끼들을 기르고 새들도 같은 방식으로 둥지를 만든다. 이런 종류의 예는 이 세계에서 이성과 고안으로부터 생겨나는 그런 질서보다도 훨씬 더 많이 있다. 동물과 식물에게서 찾아볼 수 있는 이 모든 질서가 궁극적으로 설계에 의한 것이라고 주장하는 것은 논점을 회피하는 것이다. 이런 거창한 주장은 그 질서가 불가분의 관계를 가진 신념에서 나온 것이라고 선험적 추론으로 설명하든지, 아니면 물질 고유의 원초적 법칙에서 나온 것이라고 설명하든지 둘 중의 하나가 아니면 입증되지 않는다.[38)]

흄 자신의 견해를 대변하고 있는 필로는 유물주의와 종교 어느 쪽도 지지하지 않는 회의적인 입장을 보이고 있다. 그러나 흄이 궁극적으로 어느 쪽에 기울고 있는지는 의심의 여지가 없다. 흄의 임종을 지켜본 친구 제임스 보스웰(James Boswell)과 아담 스미스가 자세히 전하는 바에 따르면, 흄은 완강하게 종교를 받아들이기를 거부하고 에피쿠로스의 (루크레티우스와 루치안의 작품을 통해 표현된) 유물주의에서 위안을 찾았다고 한다.[39)]

팡글로스 박사와 자연종교

18세기에 지적 설계론을 가장 신랄하게 풍자한 문학작품이 볼테르의 『깡디드』(*Candide*)이다. 볼테르는 이 작품에서 라이프니츠를 모델로 한 팡글로스 박사라는 인물을 등장시키면서 그에 대해 다음과 같이 풍자하고 있다 :

팡글로스는 형이상학적-신학적-우주철학적 학을 가르쳤다.

그는 확신에 차서 원인 없는 결과는 있을 수 없음을 논증했고, 상상할 수 있는 세계 가운데서 현존하는 세계가 최고의 세계이고, 그의 주인의 시골 영지가 세상에서 가장 아름다운 장원이며, 그의 여주인이 세상에서 가장 고상한 여주인이라고 확신했다.

그는 입버릇처럼 "물체는 그 자신 이외의 다른 것이 될 수가 없다. 모든 것들이 바로 그런 목적으로 만들어졌을 뿐이며, 그러므로 모든 물체는 최고의 목적으로 만들어졌음이 당연하다. 살펴보라. 사람의 코는 안경을 걸치기 위해 만들어졌고, 그래서 우리는 안경을 갖게 된 것이다" 라고 말했다.[40)]

:: 주 ::

1 Peter Gay, *The Enlightenment : An Interpretation*(New York : Alfred A. Knopf, 1966), 1 : 98–107, 356. 볼테르는 이신론(理神論)자로서 다윈으로부터 큰 영향을 받았으나 철저한 유물주의에 대해서는 비판적이었다.

2 Howard Jones, *The Epicurean Tradition*(New York : Routledge, 1989), 142–43, 164–65 ; Thomas Kuhn, *The Copernican Revolution*(Cambridge, Mass. : Harvard University Press, 1985), 199, 235–37 ; John Hedley Brooke, *Science and Religion*(New York : Cambridge University Press, 1991), 74–75 ; Giordano Bruno, *The Ash Wednesday Supper*(Toronto : University of Toronto Press, 1995), 206 ; Frederick Lange, *The History of Materialism*(New York : Humanities Press, 1950), 23–25.

3 Francis Bacon, *Philosophical Works*(New York : Freeport, 1905), 473.

4 Marx와 Engels, *Collected Works*(New York : International Publishers, 1975), 4 : 125–26 ; Neal Wood, "*Tabula Rasa*, Social Environmentalism and the 'English Paradigm'," *Journal of the History of Ideas* 53 : 647–68.

5 Robert Boyle, *Works*(London : A. Millar, 1744), 4 : 515 ; Stuart Gillespie와 Philip Hardie(공편), *The Cambridge Companion to Lucretius*(Cambridge : Cambridge University Press, 2007), 139에 수록된 Monte Johnson과 Catherine Wilson의 "Lucretius and the History of Science."

6 Isaac Newton, *Newton's Philosophy of Nature*(Mineola, N. Y. : Dover, 1953), 41–50, 177 ; Cohen과 Smith(공편), *The Cambridge Companion to Newton*(Cambridge : Cambridge University Press, 2002), 23에 수록된 I Bernard Cohen과 George E. Smith의 "Introduction" ; Johnson과 Wilson, "Lucretius and the History of Science," 141. 뉴턴은 생물학에 있어서 자연신학의 중요성을 강조했다. 그는 "동물의 신체에서 나타나는 통일성"을 설계의 증거로 보았다. 그러나 이런 관점은 그의 주요 과학탐구 영역과는 동떨어진 것이다. Ibid., 64, 177–78.

7 Gottfried Wilhelm Leibniz와 Samuel Clarke, *The Leibniz-Clarke Correspondence, Together with Extracts from Newton's Pricipia and Optics*(Manchester : Manchester University Press, 1956) ; *The Cambridge Companion to Newton*, 455-64에 수록된 Domenico Bertolini Meli의 "Newton and the Leibniz-Clarke Correspondence."

8 Gottfried Wilhelm Leibniz, *Dicourse on Metaphysic and Other Essays*(Indianapolis : Hackett, 1991), 55. Leibniz 저서의 이탤릭체로 표기된 부분은 Virgil, *The Eclogues and the Georgics*(Cambridge : Cambridge University Press, 1944), 313(*Georgics* IV, 393)에서 인용한 것이다.

9 H. G. Alexander의 "Introduction," *Leibniz-Clarke Correspondence*, xvii.

10 Leibniz와 Clarke, *The Leibniz-Clarke Correspondence*, 11-12. Leibniz는 Newton의 "수정하는 신"이란 개념을 비판했다. 지적 설계론 지지자인 Nancy Pearcey와 Charles B. Thaxton은 그들의 저서 *The Soul of Science*(Wheaton, Ill. : Crossway Books, 1994), 91-92에서 Leibniz의 비판을 강력하게 지지했다.

11 Leibniz와 Clarke, *The Leibniz-Clarke Correspondence*, 11-12, 14, 39, 43-45, 96, 172-83. Leibniz는 신은 자신의 창조물을 수정할 필요가 있다고 느낄 경우에만 세계에 개입했다는 것을 부정하지 않음을 분명히 밝혔다. 그러나 그의 사전에 설계된 조화라는 개념은 궁극적 동인을 따르는 완벽한 시계제조라는 개념을 낳았고, 따라서 그가 주장하는 신의 개입은 불필요해 보인다. Frederick Copleston, *A history of Philosophy*(Garden City, N. Y. : Doubleday, 1963), 4 : 313-14를 보라.

12 Newton, *Newton's Philosophy of Nature*, 41-46.

13 Richard Lewontin, "Billions and Billions of Demons," *New York Review of Books* 64/1(1997. 1. 9) : 28-32. 뉴턴의 저작을 보면 그가 자연의 생성과 관련하여 설계자의 개입을 인정하는 부분이 여러 군데 나타난다. 그러나 이런 견해는 체계적인 이론으로 발전시킨 것이 아니라 간략한 추론의 성격을 띠고 있다. 이런 견해는 그의 서신에 등장하고 있으며, 그의 주요한 과학적 연구인 *Principia*와는 대체로 관련이 없다. *Newton's Philosophy of Nature*, 58-67을 보라. 뉴턴은 깊은 신앙심을 갖고 있었으나 물리학자로서 자신의 자연과학을 초자연적 설명과 타협하려 하지 않았고, 최후의 의지처로서 초자연적 설명을 택하였다. 그러므로 그의 과학과 신학은 쉽게 양립할 수 있고 또 쉽게 혼합될 수 있다는 주장은 그의 사상을 완전하게 이해하지 못한 것이다.

14 그리스 시인 아라토스(Aratus : 기원전 315?-240)가 쓴 작품. 주요 내용은 천체(별자리)와 기후에 관한 것이다. 아라토스는 천문학자는 아니었으나 그의 시가 묘사한 천체와 기후는 고대 설계론의 주요 논거가 되었다.(역주)

15 I. Bernard Cohen과 Richard Westfall(공편), *Newton : A Norton Critical Edition* (New York : W. W. Norton, 1995), 357에 수록된 Richard Westfall의 "Newton and Christianity"에서 인용한 뉴턴의 표현.

16 Westfall, "Newton and Christianity," 361-63, 370 ; Cohen과 Smith(공편), *The Cambridge Companion to Newton*, 412-414에 수록된 Scott Mandelbrote의 "Newton and Eighteenth Century Christianity."

17 Steve Fuller, *Science vs. Religion?*(Cambridge : Polity Press, 2007), 34-36, 54-56, 100-2, 163. Kitzmiller vs. 도버 지역 교육위원회 재판부에 제출된 Steve Fuller의 서면 증언 "Rebuttal of Dover Expert Reports" (2005. 5. 13. 제출), 7-8과 *The Times Higher Education Supplement*(2007. 11. 19)에 기고한 그의 글 "Schools for Enlightenment or Epiphany"를 보라. 뉴턴과 지적 설계론의 관계에 관해 그는(아무런 증거도 없이) 뉴턴은 "교만하게도" 자신은 "신의 생각"을 꿰뚫어 보고 있으며, 신의 설계를 이해하고 있다는 생각을 갖고 있었다고 주장한다. 이것이 무엇을 의미하는지는 알 수 없으나 뉴턴이 과학적 발견을 하는 논리적 바탕과는 아무런 관련이 없음은 분명하다. 뉴턴의 시대에 종교는 과학의 발전에 영향을 미치는 외부의 사회적 요인이었음은 누구도 의심하지 않는다. 이에 관해서는 Robert Merton이 오래 전에 그의 저서 *Social Theory and Social Structure*(Glencoe, Ill. : Free Press, 1957)에서 밝혀놓았다. 종교나 성서가 과학으로 가는 "확실한 경로"라는 Fuller의 주장은 전혀 다른 문제이다.

18 Pearcey와 Thaxton, *The Soul of Science*, 89-91.

19 C. A. Coulson, *Science and Christian Belief*(Chapel Hill : University of North Carolina Press, 1955), 20-21.

20 Stephen J. Gould, *Dinosaur in a Haystack*(New York : Harmony Books, 1995), 24-37. 라이프니츠와 뉴턴의 논쟁에서 라이프니츠의 주장을 지지하는 Pearcey와 Thaxton은 역설적이게도 "뉴턴이 지지한 신성한 행위라는 특정한 개념(천체의 궤도를 수정하기 위한 신의 개입)을 Laplace가 부정한 것은 옳은 일이었다. 신은 자신이 창조한 것의 결함을 메우기 위해 행동하지는 않는다"고 주장한다. Pearcey와 Thaxton, *The Soul of Science*, 92를 보라.

21 John Locke, *The Reasonableness of Christianity as Delivered in the Scripture*(Oxford : Oxford University Press, 1999), 143.

22 John Ray, *The Wisdom of God Manifested in the Works of Creation*(London : Benjamin Walford, 1699), 35-39, 41, 49, 53, 81, 116, 257, 425 ; John C. Greene, *The Death of Adam : Evolution and its Impact on Western Thought*(Ames, Iowa : Iowa State University Press, 1959), 1-10.

23 William Paley, *Natural Theology-or Evidence of the Existence and Attributes of the*

Deity Collected from the Appearances of Nature(London : R. Faulder, 1803), 9, 473. 또한 Stephen Jay Gould, *Eight Little Piggies*(New York : W. W. Norton, 1993), 150–51, 139–40을 보라.

24 William Paley, *The Principle of Moral and Political Philosophy*(New York : Harper and Brothers, 1867), 36–38, 44, 99–103, 278.

25 Paley, *Natural Theology*, 539–42. 지적 설계론 지지자 Dembski는 자연신학이 오늘날의 지적 설계론의 선구임을 인정한다. 그러나 Dembski는 Paley가 찬양하는 그런 종류의 자연신학이 제시하는 신이 자연을 고안했다는 증거는 자연주의적 설명에 의해 하나씩 부정되어 왔으므로 설득력을 잃었다고 주장한다. 오늘날 지적 설계론이 제시하는 환원 불가능한 복잡성은 그런 약점이 없고 신학과는 직접적인 연관이 없다고 주장한다. Dembski, *Intelligent Design : The Bridge Between Science and Theology*(Downers Grove, Ill. : Inter Varsity Press, 1999), 70–93을 보라.

26 Thomas Malthus, *An Essay on Principle of Population and a Summary View of the Principle of Population*(Hramondsworth : Penguin, 1970), 201–12, 272 ; Thomas Malthus, *An Essay on Principle of Population ; or A View of its Past and Present Effects on Human Happiness : With an Inquiry into Our Prospect Respecting the Future Removal or Mitigation of the Evils which it Occasions*(Cambridge : Cambridge university press, 1989), 2 : 140–41, 101–5.

27 Thomas Malthus, *An Essay on Principle of Population and a Summary View*, 204–5.

28 John Bellamy Foster, *Marx's Ecology : Materialism and Nature*(New York : Monthly Review Press, 2000), 86–102.

29 Thomas Malthus, *The Unpublished Papers in the Ganto Gakuen University* (Cambridge : Cambridge university press, 2004), 1–24. 자연신학과 성서기록은 신과 인구에 관한 동일한 결론을 보여준다는 Malthus의 주장은 *An Essay on Principle of Population and a Summary View*, 271–72에서도 찾아볼 수 있다.

30 James Secord, *Victorian Sensation*(Chicago : University of Chicago Press, 2000), 276–77.

31 Stephen Jay Gould, *The Structure of Evolutionary Theory*(Cambridge, Mass. : Harvard Univeristy Press, 2002), 117.

32 Secord, *Victorian Sensation*, 279.

33 Thomas Chalmers, *On the Power, Wisdom and Goodness of God as Manifested in the Adaptation of External Nature to the Moral and Intellectual Constitution of Man* (London : William Pickering, 1834), 1 : 17–21.

34 Secord, *Victorian Sensation*, 273.

35 빈민법(Poor Law)은 실시 대상지역과 시행방법에 따라 여러 종류가 있었으나 총체적으로 보아 1601년에 제정되어 1948년에 폐지될 때까지 여러 차례의 개정을 거쳤다. 이 법은 빈민들의 자활보다는 징벌적 교정에 치중하였고, 핵심적인 방법은 빈민들을 집단수용하여 저임 강제노동을 시키는 것이었다. 이 법과 산업혁명이 맞물리면서 발생한 빈민들의 참상은 찰스 디킨스의 소설에 잘 묘사되어 있다.(역주)

36 Chalmers, *On the Power, Wisdom and Goodness of God*, 1 : 22, 252 ; 2 : 7, 34–35 ; Chalmers, *On Political Economy in Connexion with the Moral State and Moral Prospect of Society*(Glasgow : William Collins, 1853), 2 : 338.

37 David Hume, *Enquiries Concerning Human Understanding and Concerning the Principal of Morals*(Oxford : Oxford University Press, 1975), 132–48. Hume의 주 관심사는 에피쿠로스의 연설의 정확성이 아니라 에피쿠로스의 입을 빌려 자신의 견해를 밝히는 것이었다. Hume은 에피쿠로스가 신들의 존재를 완전히 부정하지는 않았다는 사실을 알지 못했던 것 같다.

38 David Hume, *Dialogues Concerning Natural Religion*(Indianapolis : Bobbs–Merrill, 1947), 176–87. Dembski는 이 주장을 Hume의 "에피쿠로스적인 관점"이라고 표현하였다. Dembski, *Intelligent Design*, 286을 보라.

39 James Boswell, "An Account of My Last Interview with David Hume, ESQ, 1777. 3. 3." 이 글은 David Hume, *Dialogues Concerning Natural Religion*, 76–79에 수록되어 있다. Adam Smith, "Letter from Adam Smith, LL.D., to William Strahn, Esq., 1776. 11. 9. 이 글은 Hume, *Dialogues*, 243–248에 수록되어 있다. Gay, *Enlightenment*, 1 : 356.

40 Voltaire, *Candide*(London : Penguin 1947), 20, 136.

마르크스의 천국 비판과 지상 비판

칼 마르크스는 "기독교는 [계몽주의 과학으로 구체화된] 이성과 화해할 수 없다. '세속적인' 이성과 '영적인' 이성은 서로 충돌하기 때문이다"라고 했다.[1] 마르크스는 우주목적론과 설계론의 강력한 비판자였다. 그는 우주목적론이나 설계론은 신의 세속적 지배를 정당화하는 이성적 기반을 자연 속에서 찾으려는 잘못된 시도라고 생각했다. 그는 에피쿠로스로부터 연원하는 지적 설계론에 대한 비판을 지지했으며, 자신의 박사학위 논문에서 에피쿠로스를 "그리스 계몽주의의 가장 위대한 대변인"이라고 불렀다.[2] 그러므로 마르크스는 오늘날의 지적 설계론 옹호자들로부터 다윈과 프로이트 다음의 세 번째 표적으로 꼽히고 있다(설계론자들은 이 세 사람의 지적 죄악의 근원은 에피쿠로스에게서 시작한다고 생각한다).[3]

마르크스에게 있어서 종교에 대한 비판이란 종교가 "일반이론"이자 "백과사전적 준거"가 되어 있는 "전도(顚倒)된 세계"에 대한 보다

차원 높은 비판의 필연적인 출발점이었다. 그는 1844년에 발표한 「헤겔의 법철학 비판 서론」에서 "천국에 대한 비판은 지상에 대한 비판으로 전환되고, 종교에 대한 비판은 법에 대한 비판으로 전환되며, 신학에 대한 비판은 정치에 대한 비판으로 전환된다"고 했다.[4] 종교에 대한 비판이 있었기 때문에 철학과 과학(그리고 정치경제학도 함께)에 대한 비판이 가능해졌다. 이 논문은 한편으로는 마르크스 자신의 사상이 한 단계 발전하는 계기가 되었다.

마르크스는 유대교-루터교-이신론의 분위기가 혼합된 집안에서 자라났다. 외가와 친가 쪽의 할아버지는 둘 다 랍비였고, 17세기 이후로 트리어 지역의 랍비는 대부분이 그의 선조였다. 그러나 당시 프러시아에서는 유대교도는 변호사가 될 수 없었기 때문에 변호사였던 그의 아버지 하인리히는 마르크스가 태어나기 전 해인 1817년에 루터교로 개종했다. 하인리히 마르크스는 독실한 이신론자였으며, 에드가 폰 베스트팔렌(후에 마르크스의 여동생과 결혼한다)의 표현을 빌리자면 "레싱(Gotthold Ephraim Lessing)식의 개신교도"였다. 그는 계몽주의에 호의적이어서 볼테르와 루소의 글을 외웠고, 아들에게는 "전지전능한 신에게 기도하고 뉴턴과 로크, 라이프니츠의 신앙을 따르라"고 가르쳤다. 그러나 마르크스의 어머니 헨리에타의 신앙에 관해서는 알려진 게 별로 없다. 헨리에타는 유대교 신앙에 기울었던 것으로 추측되지만 부모 세대만큼 신앙이 깊지는 않았던 것 같고, 친정 아버지가 세상을 떠나던 1825년이 되어서야(칼 마르크스보다 1년 뒤에) 세례를 받았다. 청소년기의 마르크스는 루트비히 폰 베스트팔렌 남작(후에 마르크스의 장인이 된다)에게 감화를 받아 일찍부터 생시몽(Duc de Saint-Simon)의 공상적 사회주의에 눈을 떴다.

마르크스는 트리어에 있는 프리드리히 빌헬름 김나지움(고등학교)에서 교육받았다. 이 학교는 이전에는 예수회가 운영했었고 학생의 4/5는 가톨릭 신자였다. 그는 열일곱 살이던 1835년에 졸업자격을 얻기 위해 세 편의 논문을 써야 했다. 세 편의 논문 중 하나는 반드시 신앙에 관한 것이어야 했는데, 마르크스는 「요한복음 15장 1–14절에 보이는 신도들과 그리스도의 연합–그 원칙과 본질, 그리고 연합의 절대적 필요성과 결과」라는 논문을 썼다. 이 논문은 역사의 목적으로서 그리스도와의 연합이 필요하다는 루터교회의 삼위일체론적 주장을 담고 있었다. 마르크스는 이 논문의 결론부에서 "그리스도와의 연합은 에피쿠로스 학파가 그들의 보잘것 없는 철학을 통해서는 획득할 수 없는, 더 심오한 철학자들이 가장 깊은 곳에 숨겨진 지식으로부터 찾아내고자 하지만 실패하는 기쁨을 제공한다"고 썼다. 마르크스가 청소년기에 그리스도와 에피쿠로스 및 다른 철학자들의 대립관계에 주목했다는 사실은 그가 일찍부터 에피쿠로스의 유물주의와 설계론 비판에 관심을 갖고 있었음을 말해준다. 이러한 그의 관심은 결국 6년 후에 에피쿠로스에 관한 박사학위 논문으로 발전하게 되는데, 이때는 김나지움 시절에 갖고 있었던 관점을 버리고 설계론에 대한 비판을 수용했다. 마르크스가 종교에 관한 (김나지움 졸업) 논문을 썼을 때는 청년 헤겔 학파의 종교 비판의 시발점이 되었던 다비드 슈트라우스(David Strauss)의 『예수의 생애』(*Life of Jesus*)가 출간된 해였다(또한 독일에 철도가 처음 부설된 해이기도 하다).[5]

현존하는 마르크스의 저술 가운데서 김나지움 졸업 논문 다음에 씌어진 것은 1837년 11월에 베를린에서 그의 아버지에게 써보낸 유명한 편지이다. 이 편지에서는 헤겔의 철학을 완전히 흡수했으면서도 부분적으로는 헤겔 철학의 관념주의적 요소에 대해 저항감을 가진 마르크스가 헤겔 철학의 "기괴하고 근엄한 멜로디"와 싸우고 있는 모습이 드러나고 있다. 그는 "이전에는 신들이 지상에 거주했다고 한다면 이제는 [헤겔에게 있어서는] 신들이 지상의 중심이 된 것입니다"라고 썼다. 여기서 "현실 그 자체에 담겨 있는 인식"을 추구하는 철학이 등장한다. 헤겔 철학이 그의 사상을 완전히 지배하고 있었음에도 불구하고 마르크스는 헤겔 철학으로부터 "적들의 무기 가운데로 넘겨진 것" 같고, 자신이 "증오"하는 "사상적 우상을 만들어낸 것" 같은 느낌을 갖고 있었다. 그러면서도 이 무렵 그는 헤겔 철학과 종교 비판에 관한 토론을 지칠 줄 모르고 벌이던 청년 헤겔주의자들의 "박사들의 클럽"에 가입했다.[6]

헤겔 철학과 싸움을 벌이는 가운데 마르크스는 "긍정적인 연구"를 하기 위해 프란시스 베이컨과 독일의 자연신학자 헤르만 사무엘 라이마루스의 저작들을 찾게 된다. 베이컨이 마르크스의 사상에 장기적인 영향을 끼쳤음은 의심할 수가 없다. 마르크스는 베이컨을 고대의 원자론자 데모크리토스와 에피쿠로스에 상응하는 현대의 유물주의자로 보았다.[7] 1830년대와 1840년대에 걸쳐 다윈과 마르크스 두 사람은 서로 수년간의 시간 차이를 두고 자연의 생성 원인을 궁극적 동인에서 찾는 것은 "신에게 바쳐진 처녀가 아무 것도 출산하지 못하는 것처럼 허황된 짓"이라는 (고대 유물주의자들의 영향을 받은) 베이컨의 반우주목적론적 관점을 받아들였다.[8] 마르크스의 『철학의 역사』(*History of Philosophy*)는 베이컨의 궁극적 동인(예컨대 벌은 자신을 보호하기 위해 침을 "제공받았다"는 관념)에 대한 비판을 논증한 헤겔로부터 강한 영향을 받았음이 분명하다. 헤겔은 베이컨의 지적 설계에 대한 비판을 소개하면서 그를 "에피쿠로스 철학에서 만날 수 있는 [미신을 전면적으로 부정한] 바로 그 장점을 가진" 학설을 현대에 제시한 인물이라고 평했다.[9] 자연에 대한 해석을 둘러싸고 천 년을 끌어온 유물주의와 관념주의 사이의 논쟁, 과학과 우주목적론 사이의 논쟁은 이렇게 베이컨을 통해 마르크스의 초기 사상에 영향을 끼쳤고, 그의 헤겔 연구를 통해 강화되었다. 엥겔스의 표현을 빌리자면 18세기 계몽주의 시대의 유물주의는 "기독교적 신이 아니라 자연을 인간이 대면하는 절대자로서 자리 잡게 했다." 이러한 유물주의는 우주목적론적 주장에 기초한 기독교 신앙과 관념주의적 설계론을 부정하는 데서 나왔다. 엥겔스는 다음과 같이 적절하게 표현했다(이 책의 들어가는 말에서 이미 인용했다) :

> 신이 세계를 창조했는가? 세계는 영원히 존재해 왔는가? 이 질문에 대한 철학자들의 답변은 크게 보아 두 진영으로 나뉜다. 자연보다 영혼이 우월하다고 믿고 결국 이런 저런 형태의 세계 창조론을 믿는 사람들—이들 가운데서 헤겔의 창조론은 기독교의 창조론 보다 더 복잡하고 실현불가능하다—은 관념주의 진영을 이루었다. 자연이 우월하다고 믿는 사람들은 여러 유형의 유물주의 진영에 속한다. 관념주의와 유물주의라는 두 가지 주장의 차이점은 바로 이것이다.[10)]

마르크스의 1837년의 베이컨 연구에서 유물주의와 관념주의의 대립관계가 주요 의제가 되었던 것은 그가 이해에 라이마루스의 저작들을 읽었기 때문임이 분명하다. 마르스크가 살던 시대에는 헤르만 사무엘 라이마루스의 (사후에 출판된) 논문 「볼펜뷔텔 유고(遺稿)」(*Wolfenbüttel Fragments*)가 널리 읽히고 있었다[이 논문은 1774-1778에 출간되었으며, 「신을 이성적으로 경배하는 사람들을 위한 변명」(*Schutzschrift für die vernünftigen Verehrer Gottes*)이란 논문의 일부이다]. 그리스도와 관련된 성서 기록의 정확성에 대해 의문을 제기하고 그리스도의 신성성(神聖性)을 부인하는 이성주의적·이신론적 비판을 담은 유고는 한 세기 뒤에 나온 다비드 슈트라우스의 『예수의 생애』가 그랬듯이 독일에서 열광적인 찬사를 받았다(라이마루스는 그리스도를 "세속적 구원자"라고 불렀다).[11] 라이마루스는 생전에 논리학자—이 부분이 마르크스에게 중요한 영향을 끼쳤다—로 잘 알려져 있었고, 자연신학과 동물의 본능에 관한 두 저서[1754년에 간행된 『자연주의 종교의 핵심적 진실을 변호하는 아홉 편의 논문 : 루크레티우스, 뷔퐁(*Buffon*), 모페르튀(*Maupertuis*), 루소, 라 메트리(*La Mettrie*)와 고대 및 현대의 에피쿠로스 추종자들에 대한 고찰, 그리고 그들의 교조에 대한 비판』과 1760년에 간행된 『동물의 본능』]로 명성을 얻었다.[12]

라이마루스는 영국의 자연주의 신학자 존 레이의 추종자였으며, 일찍이 1725년에 레이의 유물주의 비판을 찬양하는 논문을 썼다. 『자연주의 종교의 핵심적 진실』(*Principal Truths of Natural Religion*)에는 레이의 영향이 분명하게 드러나고 있다. 그는 레이가 사용한 탁상시계의 비유를 회중시계의 비유로 바꾸었는데, 이는 윌리엄 페일리가 『자연주의 신학』(1802)에서 사용한 유명한 회중시계의 비유보다 반세기가 앞선 것이었다. 라이마루스는 다음과 같이 썼다 :

> 시계를 모르는 호텐토트 족이 회중시계의 내부—태엽, 쇠줄, 톱니바퀴 등 모든 부품과 그 배열—를 들여다 보았다고 가정해 보자. 나아가 시계제조공이 그에게 회중시계의 제작법을 가르쳐 주었다고 가정해 보자. 단언컨대, 회중시계의 용도에 익숙하지 않다면 호텐토트 족은 회중시계가 무엇인지 모를 것이다. 근본적으로 그는 그것이 무엇인지 모른다. 회중시계의 설계와 전체 구조에 대해 무지하기 때문이다. 회중시계를 만든 장인의 마음 속에 그 용도가 미리 구상되어 있지 않았더라면

의미 있는 기계장치로서의 시계는 결코 만들어지지 않았을 것이고, 그런 식으로 배열되거나 구성되지도 않았을 것이다.

라이마루스가 이 비유를 든 것은 시계가 사람의 생각에 의해 그 용도대로 설계되었듯이 생명 없는 세계라고 하는 기계장치 전체가 하나의 목적, 즉 생명 있는 존재에 의해 사용되도록 설계되었다는 주장을 하기 위해서였다.[13]

『자연주의 종교의 핵심적 진실』의 핵심 공격대상은 지적 설계론을 비판한 고대 에피쿠로스 학파와 이 학파의 현대의 대변인들이었다. 그래서 그는 에피쿠로스의 "맹목적인 우연"을 반박하고 신의 "지혜와 설계"를 주장했다. 라이마루스의 주장에 따르면, 에피쿠로스 철학의 최고의 죄악은 "신을 인테르문디아로 추방"함으로써 신과 세계의 관계를 단절시킨 것이었다. 이 저작을 구성하는 아홉 편의 "논문" 가운데 처음 다섯 편에서 라이마루스는 에피쿠로스의 주장을 반박하는 데 주력했고, 나머지 네 편에서는 현대의 에피쿠로스 추종자들(뷔퐁, 모페르튀, 루소, 라 메트리)을 반박했다. 생명은 땅으로부터 무의식적으로 생성되었다는 주장에 대해 그는 에피쿠로스의 관점을 직접적으로 반박했다 : "인간과 동물이 땅으로부터 생겨났다는 주장은 자연스럽게 설명될 수가 없다 … . 땅은 우리 모두의 어머니라고 불릴 자격이 없다."[14]

라이마루스는 다섯 번째 논문에서 동물의 선천적 본능에 대해서 논하고 이것을 경험에 의해 획득되는 인간의 지식과 구분함으로써 자신이 궁극적 동인의 "보편적 증명"이라고 이름붙인 논리를 명확하게 발전시켰다. 그는 동물의 선천적 본능 속에서 드러나는 합리성은 물질적 원인에서 생겨난 것이 아니라 신으로부터 직접 받은 것이라고 주장한다.

그는 벌을 예로 들면서 "자연의 어떤 부분도 이것만큼 고도의 방향성이 존재함을 분명하게 보여주는 것은 없다. 벌은 가장 규칙적이고 정확한 크기로 6각형의 벌집을 만들 뿐만 아니라, 그 과정에서 가장 탁월한 기하학과 미분학을 보여준다"고 말한다. 인류는 "수천 년 동안의 시간을 들여 힘을 합해 기술을 발전시켜 오늘날과 같은 수준에 이르렀다. 그러나 완성도를 놓고 말한다면 인간의 기술은 동물이 태어나자마자 보여주는 수준에도 미치지 못한다." 라이마루스는 이것을 "동물은 그들의 기술을 우월한 지성으로부터 부여받았음이 진실"이라고 주장할 수 있는 충분한 증거라고 했다. 에피쿠로스가 일관되게 발전시킨 "무로부터는 아무 것도 생길 수 없다"는 명제에 빗대어 라이마루스는 "무로부터는 아무 것도 고안하거나 구상할 수 없다"고 주장했다. 그러므로 동물의 선천적 본능은 "창조자의 탁월한 지혜"로부터 나온 것이라고 하지 않을 수 없다.[15)]

『동물의 본능』을 발표하고 나서 6년 후에 라이마루스는 『자연주의 종교의 핵심적 진실』의 "다섯 번째 논문"에서 담았던 주장을 보다 일반적인 동물심리학으로 확대했다. 라이마루스는 자연주의 신학의 관점을 유지하면서 그것을 과학적 형식을 갖춘 이론으로 발전시켰다. 줄리언 제인스(Julian Jaynes)와 윌리엄 우드워드(william Woodward)는 『행태과학 역사 저널』(*Journal of the History of Behavioral Sciences*)에 발표한 글에서 "한 단계 성숙한 라이마루스는 신 또는 경험이 심어준 영적인 지식으로 동물 행태에 대해 설명하던 데서 나아가 본능이라고 하는 선천적 신체기능을 찾아냈다." 그 결과 그는 심리학에서 "본능이라는 개념의 창시자"가 되었다.[16)]

심리학계에서 20세기 이전에는 별로 지지를 받지 못하던 라이마루스의 본능 이론은 마르크스에게는 큰 충격을 주었다. 마르크스는 인간과 동물을 구분할 때 라이마루스 본능 이론의 심리학적 요소를 자주 인용했다. 부분적으로 라이마루스에게서 영감을 받은 마르크스는 인간 노동의 독창성을 설명하기 위해 자연 속의 구조물로서의 벌집의 비유를 활용했다. "거미가 거미줄을 치는 행태는 인간의 베틀 작업과 유사하고 벌이 벌집을 짓는 행태는 인간의 건축가들을 부끄럽게 한다. 그러나 인간의 가장 나쁜 건축이라 할지라도 벌의 가장 좋은 건축보다 우월한 까닭은 건축가가 집을 지을 때는 마음 속에 구상을 미리 하지만 벌이 밀랍으로 벌집을 지을 때는 그렇지 않다는 것이다." 스스로 인정했듯이 마르크스는 라이마루스의 자연주의 신학과 에피쿠로스 유물주의 비판을 면밀히 연구했고, 이것은 처음부터 마르크스 연구의 중심주제였다.[17] 그러나 마르크스는 라이마루스의 자연주의 신학에 대해 강한 저항감을 갖고 있었다. 그는 "식물은 동물의 먹이가 되기 위해 존재하고 동물은 인간의 먹이가 되기 위해 존재한다고 믿는 초기의 우주목적론자들"이란 비하적인 표현을 했다.[18]

마르크스는 라이마루스의 『자연주의 종교의 핵심적 진실』이 담고 있는 자연주의 신학과 라이프니츠가 말한 "상상할 수 있는 세계들 가운데서 현존하는 세계가 가장 좋은 세계라는 철학"보다는 뉴턴의 이신론(理神論)을 선호했다. 17세기의 유명한 논쟁이었던 새뮤얼 클라크(뉴턴의 대리인)와 라이프니츠의 논쟁에 관해서도 마르크스는 분명하게 클라크-뉴턴의 과학적 원칙의 고수를 지지했다. 그는 영혼을 지배하는 "보편적 지배자로서" "우주의 영혼"인 신이라는 주장을 부정한 뉴턴의 (라이프니츠-클라크 서신에 인용된) 『프린키피아』를 읽고 나서 "브라보, 뉴턴!" 이라고 썼다. 뉴턴의 입장은 과학과 종교의 영역 분리에 대해 부분적으

로(자연계에서) 찬성하는 것이었다.[19)]

이러한 유물주의와 창조론에 대한 관심은 마르크스의 박사학위 논문으로 발전해 갔다. 그의 박사학위 논문 「데모크리토스와 에피쿠로스의 자연철학의 차이」는 1841년에 완성되어 심사를 통과했다. 그러나 마르크스는 에피쿠로스 철학에 관한 7권의 연구 노트를 완성한 1839년부터 이미 학위논문 작성 작업을 시작했다. 학위논문에는 "플루타르크의 에피쿠로스 신학 반박에 대한 비판"이란 부록이 붙어 있는데, 지금까지 남아 있는 것은 논문의 몇몇 장(章)과 부록에 대한 주뿐이다. (현존하는 마르크스의 학위논문은 전반부의 마지막 2개 장이 사라졌고 사라진 제4장은 그 주만 남아 있다.)

마르크스의 학위논문은 그 제목과는 달리 데모크리토스의 철학에 대해서는 상대적으로 적게 언급하고 있는데, 데모크리토스의 철학은 에피쿠로스를 분석하기 위한 출발점의 역할만 하고 있다. 철학자 폴 샤퍼(Paul Schafer)는 "학위논문의 실질적 핵심, 즉 원자론 또는 유물주의는 에피쿠로스적이며 그 분석방법, 즉 이 핵심 사상을 철저히 이해하기 위해 활용된 변증법적 방식은 헤겔적이다. 그 결과 마르크스 철학의 창세기를 분명하게 보여주는 매력적인 혼혈아가 태어났다"고 평했다. 유물주의와 관념주의의 투쟁이 그의 사고를 지배하고 있었던 것이다. 마르크스는 에피쿠로스의 유물주의, 그의 "변증법적 원자론"(이는 샤퍼의 표현이다), 그의 우주목적론과 결정론에 대한 비판, 그리고 무엇보다도 그의 자유의 철학을 열렬하게 찬양했다. 마르크스로 하여금 에피쿠로스에게 끌리게 한 것은 에피쿠로스의 다음과 같은 말이었을 것이다 : "대중이 믿고 있는 바와 같은 신이 아니라 우연을 받아들여야 할 것이다 … . 궁핍 속에 사는 것은 불행이지만 그것이 불가피한 것은 아니다. 모든 방면에서 자유로 가는 쉬운 지름길이 열려 있다 … . 궁핍 자체를 정복하는 것은 허용되어 있다."[20]

엥겔스는 훗날 이렇게 썼다 : "그리스 고전 철학은 그 마지막 형태에서—특히 에피쿠로스 학파에게 있어서—무신론적 유물주의로 나아갔지만 그리스 통속 철학은 유일신과 인간 영혼의 불멸성을 주장하는 교조로 나아갔다."[21] 마르크스는 전 생애 동안 자연과학과 종교 간의 논쟁을 두고서 에피쿠로스가 겪었던 것과 같은 투쟁과 딜레마를 겪으면서 에피쿠로스가 창시한 유물주의와 경험주의적 전통에 도달했다. 신학자 아렌드 반 르우벤(Arend van Leeuwen)은 마르크스의 학위논문을 두고서 "어떤 의미에서는 에피쿠로스는 마르크스의 분신이다. 에피쿠로스의 이름이 언급될 때마다 우리는 그리스 철학이란 거울에 자신의 문제를 비추고 있는 마르크스를 떠올리지 않을 수 없다"고 했다.[22]

유물주의의 핵심에는 세계의 합리성은 신으로부터 나온 것이라는 관념에 대한 비판이 자리잡고 있었다. 그래서 에피쿠로스에 관한 마르크스의 학위논문은 유물주의 변증법과 종교 비판을 담고 있었다. 학위논문의 출판용 원고 서문에서 마르크스는 에피쿠로스를 프로메테우스에 비유하면서(둘 다 인간에게 빛을 가져다 주었다) 이렇게 썼다 : "프로메테우스의 '한마디로 말해 나는 신들의 무리를 증오한다' (아에스퀼로스의 『묶인 프로메테우스』)는 고백은 그것[철학] 자신의 고백이며, 인간의 자의식에 최고의 신성성을 부여하기를 거부하는 천국과 지상의 모든 신들을 향해 던지는 경구(警句)이다. 그 밖에 다른 의미는 없다."

마르크스는 학위논문 부록의 결론부에서 이렇게 썼다 : "에피쿠로스의 신학에 대한 플루타르크의 반박을 비판하기 위해 부록을 붙인 까닭은 그 반박이 독립되어 있는 것이 아니라 신학적 지성과 철학의 관계를 극명하게 보여주는 어떤 주장을 대변하고 있기 때문이다." 종교적 도덕과 창조론을 내세워 에피쿠로스를 반박함으로써 플루타르크는 "철학을 종교의 법정으로 끌어낸" 것이다. 마르크스는 이성의 영역에서는 자연신학을 하는 "신학적 지성"이 아니라, 자연을 이성적으로 탐구하는 철학이 정당한 왕이라는 말로 흄의 주장을 분명하게 지지했다.[23)]

플루타르크(46-120AD)는 델파이 신전에서 아폴로 신을 섬기는 두 사제 가운데 상급 사제였으며, "초기 기독교 시대의 종교적 플라톤주의의 대변인"이었다.[24)] 그는 에피쿠로스가 신에 대해 갖지 않아서는 안 될 두려움을 제거했다고 강렬하게 비판했다. 인간을 신에게 묶어두는 것은 무엇보다도 내세에 대한 공포였다. 마르크스가 말했듯이 플루타르크는 "사람들의 민감한 의식에 지하세계에 대한 공포감을 불어넣고 … 두려움, 특히 내면의 두려움은 소멸될 수 없으며 인간은 동물과 같은 운명을 타고났다"고 주장하는 교리의 대변자였다. 이와 함께 플루타르크는 자비로운 섭리(가장 가혹한 행위일지라도)는 신이 존재한다는 증거라는 주장을 발전시켰다. 플루타르크로서는 에피쿠로스는 신들을 아무런 해도 끼치지 않고 어떤 이득도 주지 않는 "히르카니아[카스피 해]의 물고기" 같이 멀리 떨어진 존재로 변모시켰으므로 가혹한 형벌을 받아 마땅한 인물이었다.[25)]

마르크스의 학위논문의 본문과 부록 두 곳에 다 등장하고 있는 플루타르크에 대한 비판은 마르크스의 종교에 대한 비판, 특히 창조론에 대한 비판을 이해하는 데 매우 중요하다. 플루타르크는 마리우스의 전기를 쓰면서 기원전 101년에 베르첼리 근방에서 벌어진 로마인들과 게르만 킴브리(Cimbri) 부족 간의 전쟁에 관해 기록했다. 마르크스는 이 전쟁을 "전지전능한 신들에 대한 두려움을 바탕으로 하는 종교적 도덕이 어떻게 인간성을 극도로 파괴할 수 있는지를 보여주는 역사적 증거"라고 표현했다.

> 그는 킴브리 족의 참혹한 패배를 묘사한 후 시체가 너무 많아 마실리아(Massilia, 그리스의 식민지이자 도시국가. 지금의 마르세이유) 사람들은 그것들을 과수원의 거름으로 사용할 수 있었다고 기록했다. 그리고 비가 왔고, 그해에는 포도주와 과일의 수확이 매우 풍성했다. 그 부족의 비극적인 멸망을 보고 우리의 고명한 역사가는 어떤 생각을 했을까? 플루타르크는 위대하고 고상한 사람들이 모두 죽어서 야만스런 마실리아 사람들의 풍성한 과일 수확을 위해 썩어간 것은 신의 도덕적 행위라고 생각했다. 이리하여 사람들이 거름덩어리로 변모하는 것조차도 (종교적) 도덕의 자비로운 계시를 보여주는 바람직한 사례가 되었다![26]

플루타르크에게 있어서는 패배한 킴브리 족의 썩은 시체 위에서 거둔 풍성한 포도주와 과일의 수확 그 자체가 신성한 섭리에서 비롯된 자연의 이성을 주장할 수 있는 증거였다. 플루타르크의 신은 마르크스에게는 "타락한 신"이었고, 플루타르크는 바로 "대중의 지옥"의 대변자였다.

마르크스는 학위논문의 부록에서 플루타르크를 논박하면서 "신이 존재한다는 증거들"을 부정했다. 현실에 있어서 그것은 신이 존재한다는 증거가 아니라 오히려 "핵심적인 인간의 자의식이 존재한다는 증거"였다. 그래서 그는 "이성의 나라는 신을 위한 것이지만 그곳에서 신은 더 이상 존재하지 않는다"고 주장했다. 그곳은 인간의 배타적인 영역이기 때문이다. 플루타르크를 반박하면서 마르크스는 프랑스의 유물주의자이자 에피쿠로스 추종자인 돌바흐(d'Hollbach) 남작이 쓴 『자연의 구조』(*Système de la Nature*)를 인용했다 : "자연보다 우월한 존재, 그 앞에서 이성은 침묵해야 하고, 그로부터 행복을 얻기 위해 인간은 모든 것을 희생해야 하는 존재가 있다고 사람들을 설득하는 것보다 더 위험한 짓은 없다."

마르크스는 학위논문의 부록에서 셸링과 헤겔의 신학적 관점도 공격했다. 셸링은 후기의 저작에서 신은 "우리의 인지의 진정한 기반"이라고 결론지음으로써 초기에 갖고 있었던 인간의 자유란 개념을 포기했다는 평가를 내렸다. 헤겔은 이전의 모든 신학적 주장을 "뒤집어서" 신의 존재를 전통적인 기독교 신학에서 말하는 모습과 정반대되는 모습으로 바꾸어 놓았다는 비난을 받았다. 이전에는 자연에서 일어나는 우발적 사건과 기적은 신이 존재한다는 증거로 받아들여졌다. 그러나 이제는 헤겔이 자연신학을 들고 나와 같은 증거를 가지고 정반대의 주장을 하려 한다. "우발성이란 존재하지 않기 때문에 신 또는 절대자가 존재한다." 달리 말하면, 신의 증거는 자연 속의 우발적 사건이나 기적에서 찾을 수 있는 것이 아니라 신성한 필연적 증거 속에서 찾을 수 있게 된 것이다.

이러한 (창조론을 포함하여) 신의 존재에 관한 추정적 증거에 대해 마르크스는 간단하게 "이성의 결핍이 신의 존재이다"라고 주장했다. 반대로 말하면, 물질세계에 있어서 자의식의 역사적 발전이 인간의 존재를 이성적으로 증명하게 된다. "의식의 형태, 스스로 존재하는 존재, 자연의 형태를 분명하게 밝힌 사람이 바로 에피쿠로스이다. 자연이 지각적인 이성으로부터 완전히 자유롭게 인식될 때, [즉 외부로부터 가해지는 신의 이성으로부터 자유로울 때] 비로소 자연은 온전하게 이성의 소유물이 된다."[27]

여기서 마르크스는 경건한 어투로 자신의 저서 『논리학』은 "세계와 인간을 창조하기 이전의 영원한 실체였던 있는 그대로의 신의 모습을 설명한 것에 불과하다"[28]고 주장한 헤겔과 결별한다. 마르크스와 엥겔스는 『성 가족』(*The Holy Family*)에서 "전체 헤겔 철학의 심장부에는 영혼과 물질, 신과 세계 사이의 안티테제라는 기독교-독일적 도그마의 공론적인 주장이 자리잡고 있다"고 썼다. 마르크스는 나아가 『헤겔의 법철학 비판』에서 헤겔의 『논리학』을 "거룩한 집"(*Santa Casa*)이라고 명명했는데, 반 르우벤이 지적한 대로 이 명칭은 로마 가톨릭의 마드리드 종교재판소가 감옥과 고문실을 "미화"하기 위해 붙인 이름이었다.[29]

마르크스가 종교와 헤겔의 철학적 관념주의를 비판한 것은 그에 앞서 루트비히 포이에르바흐가 헤겔 철학체계를 비판한 데서 영향을 받아 발전한 것에 지나지 않는다고 알려져 왔다. 그런데 1844년에 출간된 『헤겔의 법철학 비판』에서 분명하게 드러나 있는 마르크스의 "신학적 지성"에 대한 비판은 그가 학위논문을 제출하던 1841년—바로 이해에 포이에르바흐의 『기독교의 본질』(*Essence of Christianity*)이 출간되었다—초에 이미 완성되어 있었다.[30] 뿐만 아니라 마르크스의 사상에 보다 직접적인 영향을 주게 되는 포이에르바흐의 『철학의 개혁에 관한 임시 테제』(*Preliminary Theses on the Reform of Philosophy*)는 1842년 이전에는 출간되지 않았다. 그러므로 마르크스의 종교에 대한 비판은 독립적으로, 그리고 마르크스의 관점을 강화시켜 준 포이에르바흐의 비판과 동시에 발전된 것이라고 해야 맞는 얘기일 것이다.[31]

그럼에도 불구하고 포이에르바흐가 헤겔의 관념적 철학을 부정한 것은 마르크스에게 강한 영향을 끼쳤다. 포이에르바흐로서는 관념철학의 가장 발전된 형태인 헤겔 철학은 인간 이성이 유물론적으로 결합되어 있는 감각적 세계의 존재를 배제하는 것을 의미했다. 헤겔 철학은 확대되어 신학이 아니라 철학의 이름으로 인간을 종교적으로 자연으로부터 소외시켰으며, 헤겔은 세계를 “관념으로부터 실체로” 도착(倒錯)된 형태로 바꾸어 놓았다. 포이에르바흐는 반대로 “모든 과학은 **자연**에 근거를 두어야 한다”고 주장했다. 하나의 주의(主義)는 자연적인 근거를 갖지 못하는 한 **가설**에 머문다. 이것은 자유의 주의에 있어서 특히 그러하다. 오직 새로운 [유물주의] 철학만이 지금까지 **반-가설**이자 **초자연적** **가설**이었던 자유를 **자연화**할 수 있을 것이다.[32)]

1844년 파리에서 『독-불 연보』(*Deutsch-Französische Jahrbücher*)에 발표되었던 마르크스의 『헤겔의 법철학 비판』은 “마르크스주의 종교 비판의 마그나 카르타”라는 평을 들어왔다.[33)] 여기서 마르크스는 다음과 같이 주장했다 :

> 사람이 종교를 만드는 것이지 종교가 사람을 만드는 것이 아니다. 종교는 사실상 자신(自身)을 극복하지 못했거나 다시 자신을 상실한 사람들의 자의식과 자존심이다. 그러나 인간은 세계 밖에 숨어 있는 추상적인 존재가 아니다. 인간은 세계의 사람, 국가의 인간, 사회의 인간이다. 이 국가와 이 사회가 세계에 대한 도착된 의식(意識)인 종교를 만들어내는데, 그 까닭은 세계가 도착되어 있기 때문이다 … . [종교는] 인간 실재의 환상 속의 실현이다. 왜냐하면 인간 실재는 어떠한 진정한 실체도 얻지 못했기 때문이다. 종교와의 투쟁은 그러므로 정신적인 향기를 종교로 표출하는 저 세계와의 투쟁이다.
>
> 종교적인 수난은 바로 현실세계의 수난의 표현이며, 현실세계의 수난에 대한 저항이다. 종교는 억압받는 자들의 탄식, 무자비한 세계의

심장, 영혼이 없는 세계의 영혼이다. 그것은 대중의 아편이다.

여기서 마르크스는 "현실세계의 고난의 표현으로서"의 종교, 억압받는 자들을 위한 위안으로서의 종교에 대해 진정한 동정을 나타내고 있다. 억압받는 자들은 부자들이나 접근할 수 있는 다른 위안의 수단, 예컨대 아편에는 접근할 방법을 갖고 있지 않다. 그리고 그들은 종교가 환상적인 현현(顯現)이 되는 도착된 세계에 저항하는 방법을 알지 못한다. 김나지움 졸업논문 「신앙심 깊은 자들과 그리스도의 연합」으로 돌아가 보면 "대중의 행복의 허상인 종교를 폐지하는 것이 그들의 현실적[물질적] 행복이다." "그러므로 천국에 대한 비판은 지상에 대한 비판으로 전환된다."[34)]

지상세계 비판

마르크스의 종교 비판은 언제나 세계에 대한 인도주의적·유물주의적·과학적 이해와 맞물려 있었다. 종교적 소외에 대한 비판은 다음과 같은 두 가지 변증법적 주장을 통해 인간세계의 소외를 비판하는 방향으로 발전했다 : (1) 종교가 인간세계를 소외시키고 따라서 인간의 자유를 전도시킨 것에 대한 에피쿠로스와 포이에르바흐의 비판으로부터 도출된 종교 비판, 그리고 신학에서 확대된—헤겔의 경우에서 보듯—관념주의 철학에 대한 비판, (2) 지상세계(즉 물질적-역사적 실체)를 비판하는 전제(前提)적 가정이 아닌 공론적 추상으로서 순전히 명상적인 유물주의/휴머니즘에 대한 비판.

그러므로 무신론은 포이에르바흐의 명상적 영역에 머물러 있는 한 충분하고도 진정한 의미를 갖지 못하며, 다만 인도주의적 철학으로 발전하는 첫 걸음에 지나지 않는다. 마르크스는 하나의 이념으로서의 무신론은 "대부분이 추상적 개념"이라고 주장했다. 그것은 "신의 부정을 통해 인간의 존재를 주장하는" 것이었다. 그러므로 그것은 "이론적인" 휴머니즘에 지나지 않았다.[35]

유물주의자로서 마르크스는 신과 종교라는 추상적 개념에 관심을 기울이지 않았다. 또한 그는 초자연적인 신의 존재를 부정하는 증거를 찾으려 시도하지 않았다. 그런 시도는 실제적이고 경험적인 세계를 초월한 것이며, 이성적 추론과 관찰 그리고 과학적 탐구를 통하여 답을 찾거나 주장할 수 있는 것도 아니었다. 그 대신 그는 모든 범위에서 현실세계를 이해하기 위해 역사적 유물주의라는 과학적 방법론에 몰두하여 실질적인 무신론을 만들어냈다. 실질적인 신의 부정과 인간의 긍정, 그리고 과학은 혁명적인 사회변화, 인간의 발전을 추구하는 세계의 건설(인간 역량의 성장과 확대), 그리고 자유를 위한 적극적인 운동을 요구했다.

그러므로 마르크스의 종교 비판은 초자연적인 신의 존재(또는 신의 부정)를 탐구하고자 하는 것이 아니라 물질세계, 인간세계, 과학과 이성의 세계를 긍정하기 위함이었다. 이 과정에서 "종교"는 "매개자를 통한 인간에 대한 우회적인 인식"이 될 수밖에 없었다.[36] 그러므로 토마스 딘(Thomas Dean)이 그의 저서 『탈유신론적 사고』(*Post-Theistic Thinking*)에서 다음과 같이 말한 것은 적절하다고 할 수 있다 :

> 반대 명제들은 같은 류에 속한다는 아리스토텔레스와 헤겔의 견해를 따른 마르크스는 무신론을 종교에 대한 이데올로기적 반대 명제로 보았다. 그러므로 마르크스의 무신론은 종교적 사고방식과 철저하게 결

별하지 않았다. 무신론은 인간에 대해 긍정적이며 세속적인 철학의 이론적 기반이라기보다는 유신론의 마지막 단계이자 신에 대한 부정적 인식인 것처럼 보인다. 그의 무신론에서 신을 들어내고 그 자리에 대등하게 격상되거나 신격화된 인간이란 개념을 대체시킴으로써 신을 부정하고 싶은 욕구가 생기는 것은 필연적이라 할 수 있다. "긍정적인 휴머니즘, 휴머니즘 그 자체로부터 긍정적으로 발생한 휴머니즘으로 나아가기 위해서는 2차적인 초월행위, 무신론을 매개로 한 휴머니즘의 초월이 있어야만 했다. 이것은 불가결한 전제조건이다. 마르크스의 무신론과 그의 세속적 형이상학의 기반은 그러므로 신의 존재에 대한 철학적 비판이나 명상적인 부정이 아니다. 그것은 신학 그 자체만큼이나 신학적인 특성을 가진 이데올로기적 토대라고 할 수 있다. 오히려 그것은 중개자가 없이 홀로 서 있는, 독립적으로 형성된 휴머니즘이라고 해야 할 것이다.[37]

종교를 "실제의 행복을 불가능하게 만드는 환상의 행복"이라고 보는 마르크스의 변증법적 주장은 종교 그 자체 안에서 인간의 소외를 인식하는 것이 가능함을 의미했다. 그래서 그는 종교를 "무자비한 세계의 심장"이라고 할 수 있었을 뿐만 아니라, "결국 우리는 어린이를 존경하도록 가르쳤기 때문에 기독교를 용납할 수 있다"는 표현도 할 수 있었다.[38] 이와 비교할 때 마르크스가 『포이에르바흐 테제』(*Theses on Feuerbach*)에서 말했듯이 전통적인 종교와 맞서 "대등하고 독립적인 영역을 구름 속의 세계에서 차지하려는" 미숙한 무신론은 상대적으로 제시할 만한 것이 별로 없었다. 그러므로 종교 비판은 추상적 무신론이나 명상적 유물주의를 뛰어넘어 "혁명적 실제 행동"에 뿌리를 둔 무신론으로 발전

할 때 비로소 사회적인 의미를 갖게 된다.[39]

마르크스의 초기 종교 비판과 명상적 철학 비판은 후기의 이데올로기 비판, 특히 부르주아 사회의 이데올로기 비판의 바탕이 되었다. 그러므로 이데올로기는 종교의 소외에서 특징적으로 나타나는 관념과 물질세계의 전도(顚倒)의 보다 일반적인 표현이다. 마르크스의 초기의 "신학적 지성"에 대한 비판은 마르크스와 엥겔스가 함께 저술한 『독일 이데올로기』(*German Ideology*)에서 다시 그 모습을 드러낸다. "지배적인 이념은 지배적인 물질적 관계의 관념적 표현, 이념으로 구체화된 지배적인 물질적 관계일 따름이다."[40]

마르크스는 프로테스탄트 종교개혁(특히 독일에서의 루터주의)이란 새롭게 대두하는 부르주아 사회의 종교적 외피라는 비유를 자주 사용했다. 그래서 그는 보편적인 약탈의 세계가 존재한다는 것은 신의 설계의 증거라는 마틴 루터의 주장을 냉소적으로 지적했다. 루터의 표현을 빌리자면 "신은 기사와 강도들을 상인들의 부정직을 처벌하는 악마로 사용한다." 루터의 주장에 의하면 이런 방식으로 "비기독교적인 약탈과 강도행위"가 도처에서 일어나고 있는 것은 "신의 마지막 말씀"이 마침내 이루어지고 있음을 가리키는 것으로 볼 수 있다. 그러므로 루터는—마르크스가 독자들이 분명하게 이해하기를 바랐던 바이지만—신의 합리성은 홉스가 표현한 부르주아 사회의 "만인의 만인에 대한 투쟁"에서도 나타난다고 보았다.

마르크스는 『자본론』에서 화폐와 상품, 그리고 자본을 부르주아 사회의 신으로 보았고, 이윤과 지대(地貸), 그리고 이자를 부르주아 사회의 "삼위일체"로 보았다. 마르크스는 "노동생산물이 내포하고 있는 물신숭배"를 "인간 두뇌의 산물이 스스로 생명을 갖고 독자적인 존재로 등장하는" "신비한 종교의 세계"로 비유했다.[41] 마르크스 사상 가운데서 종교 비판과 자본 비판은 그러므로 영원히 짝을 이룬다.

또한 마르크스가 보다 직접적으로 종교(설계론을 포함하여)와 대립했던 까닭은 종교가 도덕과 과학의 영역을 침범하고 있기 때문이었다. 도덕은 근본주의적 또는 상대주의적 기준으로 평가되어야 하는 것이 아니며, 도덕적 환경은 인간사회의 물질적 필요에 따라 진화하기 때문에 철저히 역사주의적인 기준에서 평가되어야 한다. 이런 관점의 연원은 에피쿠로스에게로 거슬러 올라간다. 사회를 위한 최종적이며 신성한 도덕적 질서란 없다. 그러므로 마르크스는 "신비한 경향, 섭리적 목표 … 섭리" 등의 모든 개념을 공격했다. 그는 종교적인 궁극적 동인으로부터 유래된 모든 근본주의적 도덕을 부정하고 인간은 "자신의 드라마에서 배우이며 작가"라고 주장했다.[42]

편협한 종교적 도덕과 그것이 정치경제학의 발전에 미치는 영향을 비판했던 마르크스는 『자본론』에서 "인구이론가들의 대부분은 프로테스탄트 성직자들이다 … . 월리스 목사, 타운센드 목사, 맬서스 목사와 그의 제자들, 토마스 찰머스 부목사 … 그 밖의 수많은 아류의 목사들은 열거할 필요도 없다. '인구의 법칙이 [정치경제에]' 들어오면서 프로테스탄트 목사들의 시대가 도래했다"고 말했다.[43] 이런 사상가들의 오류는 그들이 통치계급의 질서를 옹호하기 위한 수단의 하나로서 과학의 법칙을 떠나 자연신학과 종교적 도덕을 가지고 정치경제의 과학에 개입했다는 데 있었다. 젊은 시절의 엥겔스는 1844년에 "맬서스의 이론은 영혼과 자연 사이의 모순에 관한 종교적 도그마의 표현이며, 결국 영혼도 자연도 다 망쳤다"고 썼다.[44] 마르크스가 『정치경제학 비판 개요』(*Grundrisse der Kritile der Politischen Oekonomie*)에서 지적한 바와 같이 조셉 타운센드(Joseph Townsend) 목사는 1786년에 발표한 『빈민법 논고』(*Dissertation on the Poor Laws*)에서 두려움이 기독교 신앙의 동기이듯이 굶주림은 부르주아의 근면함의 동기라고 했다(이 두 가지는 자연법과 신의 설계의 근원적인 증거이다). 타운센드는 "굶주림은 평화롭고 조용하며 피할 수 없는 압박일 뿐만 아니라 근면과 노동의 가장 자연스러운 동기이며, 최고의 분발을 유도한다"고 썼다.[45)]

마르크스가 보기에 맬서스는 그에 앞선 타운센드와 마찬가지로 "성직자의 광신"의 오류를 범했다.[46)] 맬서스는 자신의 주장을 과학의 형식을 빌려 내놓기는 했지만 결국은 궁극적 동인으로서 신에게 호소했고, 빈민법 폐지를 정당화하는 근거로서 신의 뜻과 기독교 윤리를 찬양했다. 맬서스와 그의 자연신학에 대한 노동계급의 광범위한 분노를 정치적 급진주의자 윌리엄 코빗(William Cobbett)이 가장 잘 표현했다. 코빗은 원론적으로는 마르크스와 같은 취지에서 맬서스에 대해 이렇게 말했다 : "나는 평생 동안 싫은 사람을 많이 만났지만 당신처럼 싫은 사람은 없었습니다 … . 어떤 말을 끌어오더라도 당신을 적절하게 표현할 수 없습니다. 그런 사람을 단 한마디로 표현하라고 한다면 그냥 목사라고 부를 수밖에 없습니다. 이 말 속에는 다른 의미와 함께 시정 장사꾼의 앞잡이란 뜻도 포함되어 있습니다."[47)]

마르크스는 맬서스의 이론을 반박했지만 아담 스미스의 주장은 옹호했다. 신학자이며 정치경제학자였던 토마스 찰머스는 스미스가 흄—그는 에피쿠로스의 유물주의로부터 영향을 받았다—의 학설을 추종하여 기독교적 관점을 부정했고, 스미스의 비생산적 노동이란 개념 속에는 신을 섬기는 성직자들에 대한 비난의 뜻이 담겨 있다고 주장했다. 그러나 마르크스는 스미스의 경제학에는 과학적 특징이 있다고 평가했다. 정치경제학 관련 저술에서 마르크스는 찰머스가 "기독교 성직자의 솜씨"를 마음껏 발휘하여 종교와 신을 직접적으로 과학에 개입시켰다고 비판했다. "성직자적 요소는 이론적인 면에서 뿐만 아니라 실질적인 면에서도 분명하다. 기득권 교회의 구성원의 한 사람인 이 인물은 교회의 '빵과 생선' 의 기적을 이용하여 교회를 옹호할 뿐만 아니라 교회와 흥망을 같이할 전체 제도를 옹호하고 있다."[48)]

우주목적론의 사망

자연에 대한 유물주의적 이해와 역사에 대한 유물주의적 이해는 마르크스에게 있어서 현대 과학의 불가결의 바탕이었다. 인간의 역사와 자연의 역사는 궁극적으로 하나의 역사적 구조를 구성한다. 그래서 그는 신성한 존재에 의한 설계라는 모든 개념에 맞서 일관되게 진화론적 관점을 발전시켰다. 그는 생명은 일종의 자연발생에 의해 이 세계에 생겨났다고 주장했다. 또한 그는 엥겔스와 함께 1846년에 출간한 『독일 이데올로기』를 통해 생명체는 우주목적론적 관점으로는 이해될 수 없고, "동물과 식물들의 치열한 경쟁"과 관련되어 있으며, 그러한 경쟁과정에서 종(種)과 자연의 관계는 물질적 원인에서 비롯된 것이라고 주장했다. 그는 일찍부터 역사지질학에서 나온 심원한 시간(deep time)이란 개념을 받아들였다.[49)]

마르크스가 다윈의 진화론을 찬양했다는 것은 잘 알려진 얘기다. 그는 『종의 기원』을 읽고 몇 달 동안 다른 얘기는 전혀 하지 않았다고 한다. 다윈의 저서가 출간된 직후 이를 읽은 마르크스는 페르디난트 라살

레(Ferdinand Lassalle)에게 다음과 같은 편지를 썼다고 한다 : "처음으로 '우주목적론'에 치명적인 일격을 가하고 그 합리적인 의미가 경험론적으로 밝혀진 곳은 바로 이 책에서입니다."[50] 그가 비판했던 다윈의 유일한 약점은 다윈이 자연선택론을 발전시키면서 기독교 도덕, 자연신학, 부의 불평등과 계급의 분화를 정당화하는 부르주아의 논리를 신봉하는 맬서스주의의 교의로부터 영감을 받음으로써 맬서스의 사회적 위신을 높여주었다는 것이었다. 그래서 마르크스와 엥겔스는 늘 다윈주의를 맬서스주의 또는 사회적 다윈주의로부터 분리시키려고 노력하는 한편 인간의 자유를 확대시키기 위해 유물주의/휴머니스트 과학을 고수했다.

계급관계를 정당시하는 맬서스의 추상적 인구법칙을 반박하는 수단으로서 마르크스는 여러 분야에 걸쳐 인구와 사회의 발전에 관해 과학적인 이해를 높이기 위해 점차로 인류학이란 새로운 학문에 몰두했다. 다윈이 자연선택의 결과이자 일종의 "자연적 기술"인 종(種)에서 발전한 생명체에 주목했듯이 마르크스는 인간이 사용하는 도구는 신체기관의 확장이자 사회적 진화의 산물이라고 파악했다. 인간의 도구의 진화가 인간사회의 진화를 밝힐 수 있는 수단이라면 둘은 "똑같이 주목받아야 하지 않을까? 비코가 말한 대로 인간의 역사는 인간이 만들 수 있지만 자연의 역사는 인간이 만들 수 없기 때문에 인간의 역사는 자연의 역사와는 다르다고 한다면 도구 진화의 역사와 사회 진화의 역사는 쉽게 합쳐질 수 있지 않을까?"[51]

다윈이 자연선택을 기반으로 한 진화론을 내놓은 바로 그 시점에 성서적 세계관에 또 하나의, 그리고 결코 진화론에 못지않은 타격을 주는 일이 발생했다는 것은 중요한 의미를 갖는다. 다윈의 『종의 기원』이 출간된 1859년은 "문화인류학에서 혁명이 일어난 해"로도 기록된다.[52]

네안데르탈인의 유골이 발견된 것은 1856년이었지만 자연과학자들이 그것이 정확하게 무엇인지 알아내기까지는 시간이 걸렸다. 1859년에 영국 남서부의 토퀘이 근처 브릭스햄 동굴에서 선사 시대의 인간 유골이 발견된 것은 인간이 아주 오래 전부터 땅 위에 존재했다는 결정적인 과학적 증거였다.[53] 이 발견으로 인간의 시간대는 기록된 역사보다 훨씬 전까지 확대되었고, 이는 인간은 길어봐야 수천 년 동안 존재해 왔다는 성서를 기반으로 한 관점과는 상충되는 것이었다. 일순간에 과학자들은 성서를 기반으로 하는 인문학자들이 주장하는 이 땅의 역사보다 더 오랜 시간 동안 인간이 진화해 왔다는 증거와 마주치게 되었다. 존 루복(John Lubbock)과 토마스 헉슬리(Thomas Huxley) 같은 생물학자와 지질학자가 다윈과 협력하여 부분적으로는 당시 발굴되고 있던 선사 시대의 기록을 근거로 인간의 진화라는 문제를 탐구하기 시작했다.

루복은 에피쿠로스/루크레티우스가 구분한 석기, 청동기, 철기 시대를 기초로 하여 연구했다. 한편, 루이스 헨리 모건(Lewis Henry Morgan)이 인류학의 선구적 저작인 『고대사회』(*Ancient Society*)를 발표했다. 이 저작의 주요 내용은 이로퀴(Iroquois) 인디언 부족을 연구한 것이며, 모건이 독자적으로 루크레티우스의 관점을 기초로 하여 진화론을 발전시킨 것이었다.[54] 1867년에 『자본론』 제1권을 발표한 후 마르크스는 남은 생애 동안 많은 시간을 광범위한 문화인류학 연구에 투입했고, 그 결과는 『문화인류학 연구 노트』(*Ethnological Notebooks*, 1880–1882)로 남아 있다. 마르크스는 이제 진정한 선사 시대의 인류학을 연구할 수 있는 기반이 마련되었다고 생각했다. 그는 인간의 생산관계와 가족관계의 발전과정 전체를 연구하고자 했고, 이런 점에서 그의 연구방법은 모건의 그것을 기반으로 한 것이었다. 이리하여 과학의 영역이 종교의 영역을 밀어내고 확대되었다.

마르크스는 성인이 된 이후로 대부분의 시간을 계급기반의 생산 형태로서의 자본의 체제를 비판하는 연구에 바쳤지만, 이것은 그의 종교 비판 과정에서 나온 근본적으로 유물주의/휴머니스트 세계관의 한 부분으로 봐야 한다. 흄과 마찬가지로 마르크스는 루크레티우스뿐만 아니라 그보다 뒤에 활동한 (에피쿠로스 학파) 풍자작가 루키아누스(Lucianus, 120-80 AD)와 그의 작품 『신들의 대화』(*Dialogue of Gods*)를 즐겨 언급했다. 마르크스는 루키아누스의 작품 때문에 신들은 두 번째 죽음을 맞았다고 했다. 흄이 최후의 침상에서 루크레티우스와 루키아누스를 언급한 것과 똑같이 엥겔스가 전하는 얘기에 의하면 마르크스의 죽음에 대한 반응은 에피쿠로스를 인용한 것이었다 : "죽음은 죽는 사람에게 불행이 아니라 살아남은 자들에게 불행이다."

마르크스는 에피쿠로스가 "세계는 환상에서 깨어나야 하며, 특히 신에 대한 두려움으로부터 자유로워져야 한다. 세계는 나의 친구이다"고 말했음을 강조했다. 루크레티우스는 "물체는 신들의 도움 없이 생겨났다"고 썼다. 마르크스는 여기에 더하여 인간 본성의 발전과 새로운 빈곤의 형성 등 모든 인간 역사는 신의 도움으로 생겨난 것이 아니라 자연의 자기매개적인 존재인 인간에 의해 만들어졌다고 했다.[55)]

:: 주 ::

1 Marx와 Engels, *Collected Works*(New York : International Publishers, 1975), 1 : 190, 493–96. 마르크스는 영적인 이성은 "불합리하기 때문에 진실이다"라는 말을 남긴 초기 교부 테르툴리아누스에 의해 "고전적으로 표현되었다"고 언급했다.

2 Marx와 Engels, *Collected Works*, 1 : 73.

3 Center for Renewal of Science and Culture, Discovery Institute, *The Wedge Strategy* [*Document*], 1999, http://www.antievolution.org/features/wedge.html ; Benjamin Wiker와 Jonathan Witt, *A Meaningful World*(Downers Grove, Ill. : Intervarsity Press, 2006), 15–16, 60.

4 Karl Marx, *Early Writings*(London : Penguin 1974), 243–45.

5 David McLellan, *Karl Marx*(New York : Harper and Row, 1973), 1–16 ; Arend Th. van Leeuwen, *Critique of Heaven*(New York : Charles Scribner's Sons, 1972), 40–43, 78 ; Marx와 Engels, *Collected Works*, 1 : 636–39 ; Sidney Hook, *From Hegel to Marx*(Ann Arbor : University of Michigan Press, 1962), 81.

6 Marx와 Engels, *Collected Works*, 1 : 10–21.

7 Marx와 Engels, *Collected Works*, 4 : 126–28 ; Arend Th. van Leeuwen, *Critique of Earth*(New York : Charles Scribner's Sons, 1974), 14–16.

8 Francis Bacon, *Philosophical Works*(New York : Freeport, 1905), 473 ; Marx와 Engels, *Collected Works*, 1 : 201 ; Charles Darwin, *Charles Darwin's Notebooks, 1836–1844*(Ithaca, N. Y. : Cornell University Press, 1987), 637.

9 George Wilhelm Frederick Hegel, *Lectures on the History of Philosophy*(Lincoln : University of Nebraska Press, 1995), 3 : 184–87.

10 Marx와 Engels, *Collected Works*, 3 : 419 ; Frederic Engels, *Ludwig Feuerbach and the Outcome of German Classical Philosophy*(New York : International Publishers,

1941), 17, 21.

11 Herman Samuel Reimarus, *Reimarus : Fragments*(Chico, California : Scholars Press, 1970), 1에 수록된 Charles Talbert의 "Introduction" ; Julian Jaynes와 William Woodward, "In the Shadow of the Enlightenment : I. Reimarus Against the Epicureans," *Journal of the History of the Behavioral Science* 10/1 (1974. 1) : 5–6.

12 1760년에 출간된 Reimarus의 *Drives of Animals*의 독일어 제명은 *Allgemeine Betrachtungen über die Triebe der Thierem hauptsächlich über ihre Kunstriebe, zur Erkenntnis des Zusammenhanges zwischen dem Schöpfer und uns selbst*이다.

13 Herman Samuel Reimarus, *The Principal Truth of natural Religion Defended and Illustrated, in the Nine Dissertations : Wherein the Objections of Lucretius, Buffon, Maupertuis, Rousseau, La Mettrie, and Other Ancient and Modern Followers of Epicurus are Considered, and their Doctrines Refuted*(London : B. Law, 1766), 117–120, 152, 220.

14 Ibid., 76, 84, 242.

15 Ibid., 156–57, 229–34, 250–51.

16 Julian Jaynes와 William Woodward, "In the Shadow of the Enlightenment : I. Reimarus Against the Epicureans," 4 ; Julian Jaynes와 William Woodward, "In the Shadow of the Enlightenment : II. Reimarus and His Theory of Drives," *Journal of the History of the Behavioral Science*, 10/2 (1974. 4) 154.

17 Karl Marx, *Capital*(London : Penguin, 1976), 1 : 283–84 ; Marx, *Early Writings*, 328, 29 ; van Leeuwen, *Critique of Earth*, 20, 53. Reimarus가 청년 헤겔 학파 사이에서 영향력을 갖고 있었다는 사실은 Reimarus의 *Apology*에 관한 주요 연구저작을 쓴 Strauss에게서 분명하게 드러난다. Strauss는 "모든 단정적인 종교는 예외 없이 속임수의 산물"이라고 주장했다. Reimus, *Reimarus : Fragments*, 46에 수록된 David Strauss의 "Herman Samuel Reimarus and His Apology."

18 Marx와 Engels, *Collected Works*, 4 : 79.

19 Marx와 Engels, *Ex Libris*(Berlin : Dietz Verlag, 1967), 127 ; Gottfried Wilhelm Leibniz와 Samuel Clarke, *The Leibniz–Clarke Correspondence*(Manchester : Manchester University Press, 1956), 166 ; Marx와 Engels, *Collected Works*, 1 : 190을 보라.

20 Paul M. Schafer(편), *The First Writings of Karl Marx*(Brooklyn, N. Y. : Ig Publishing, 2006), 45에 수록된 Paul M. Schafer의 "Inrtoduction" ; Marx와 Engels, *Collected Works*, 1 : 43. 마르크스와 에피쿠로스의 관계에 관한 일반적인 논의는 Foster, *Marx's Ecology*(New York : Monthly Review Press, 2000), 32–65를 보라.

21 Marx와 Engels, *Marx and Engels on Religion*(New York : Schocken Books, 1964), 197에 수록된 Engels의 "Bruno Bauer and Early Christianity."

22 Van Leeuwen, *Critique of Heaven*, 74.

23 Marx와 Engels, *Collected Works*, 1 : 29-31.

24 Van Leeuwen, *Critique of Heaven*, 77.

25 Marx와 Engels, *Collected Works*, 1 : 51, 74-75, 91, 448, 508-9.

26 Marx와 Engels, *Collected Works*, 1 : 84.

27 Marx와 Engels, *Collected Works*, 1 : 102-5, 446-448, 509.

28 Hook, *From Hegel to Marx*, 17에 인용.

29 Marx와 Engels, *Collected Works*, 4 : 85 ; Van Leeuwen, *Critique of Heaven*, 195.

30 Ernst Bloch는 "포이에르바흐의 에피쿠로스에 관한 첫 번째와 열한 번째 테제는 이미 '초기적인 형태로' 마르크스의 학위 논문에서 제시되어 있다"고 주장한다. Bloch, *Karl Marx*(New York : Herder and Herder, 1971), 156을 보라.

31 포이에르바흐가 *History of Modern Philosophy*에서 에피쿠로스를 부활시킨 Gassendi의 업적에 관해 자세히 언급하고 있고, 이것이 마르크스가 학위논문을 쓰는 데 영향을 주었음을 감안하면 마르크스와 포이에르바흐의 관계는 보다 복잡하다. Marx와 Engels, *Collected Works*, 1 : 194를 보라.

32 Ludwig Feuerbach, *The Fiery Brook*(Garden City, N. Y. : Doubleday, 1972), 161, 172, 198 ; Foster, *Marx's Ecology*, 68-71.

33 Van Leeuwen, *Critique of Heaven*, 12.

34 Karl Marx, *Early Writings*, 243-45.

35 Karl Marx, *Early Writings*, 357.

36 Karl Marx, *Early Writings*, 218.

37 Thomas Dean, *Post-Theistic Thinking : The Marxist-Christian Dialogue in Radical Perspective*(Philadelphia : Temple University Press, 1975), 69.

38 Institute of Marxism-Leninism, *Reminiscence of Marx and Engels*(Moscow : Foreign Language Publishing House, n.d.), 253에 수록된 Eleanor Marx의 "Karl Marx : A Few Stray Notes"에 인용됨.

39 Karl Marx, *Early Writings*, 421-23.

40 Marx와 Engels, *Collected Works*, 5 : 59.

41 Karl Marx, *Capital*(London : Penguin, 1981), 3 : 448-49, 953-56과 1 : 165.

42 Cornel West, *The Ethical Dimension of Marxist Thought*(New York : Monthly Review Press, 1991) ; Marx와 Engels, *Collected Works*, 6 : 170, 173 ; Epicurus, *The Epicurus Reader*(Indianapolis : Hackett Publishing, 1994), 35.

43 Karl Marx, *Capital*, 1 : 766-77, 800.

44 Marx와 Engels, *Collected Works*, 3 : 439.

45 Marx, *Grundrisse*(London : Penguin, 1973), 845에 인용된 Townsend의 말.

46 Marx, *Grundrisse*, 605.

47 Kenneth Smith, *The Malthusian Controversy*(London : Routledge and Kegan Paul, 1951)에 인용된 Cobbett의 말.

48 Karl Marx, *Theories of Surplus Value*(Moscow : Progress Publishers, 1971), pt. 1, 209–300 ; pt. 3, 56–57.

49 Foster, *Marx's Ecology*, 117–26과 Marx와 Engels, *Collected Works*, 5 : 471–73을 보라.

50 Institute of Marxism–Leninism, *Reminiscence of Marx and Engels*, 106에 수록된 Karl Liebknecht의 "Reminiscence of Marx" ; Marx와 Engels, *Collected Works*, 41 : 232, 246–47.

51 Karl Marx, *Capital*, 1 : 461, 493 ; Darwin, *The Origin of Species*(London : Penguin, 1968), 187–88.

52 Thomas R. Trautmann, *Lewis Henry Morgan and the Invention of Kinship*(Berkeley : California University Press, 1987), 35, 2000 ; Foster, *Marx's Ecology*, 212–21.

53 Melford Spiro(편), *Context and Meaning in Cultural Anthropology*(New York : Free Press, 1965), 373–402에 수록된 Jacob W. Gruber의 "Brixham Cave and the Antiquity of Man." 19세기에 발견된 선사 시대의 인간 유골(네안데르 계곡에서 발굴된 것을 포함하여)은 처음에는 과학적인 증거로 인정받지 못하였다. 지질학에서 요구하는 장시간의 정교한 발굴과정을 거치지 않았고 발굴과정이 너무 조잡하여 과학자들은 출토지층의 지질학적 증거를 찾기가 어려웠다. 그런데 Brixham의 발굴은 런던 지질학회의 감독하에 진행되었고, 따라서 인간이 "아득한 고대부터" 존재했다는 최초의 증거로 인정받을 수 있었다.

54 Trautmann, *Lewis Henry Morgan*, 32, 172–73.

55 Marx와 Engels, *Collected Works*, 5 : 141–42, 3 : 179 ; Foster, *Marx's Ecology*, 51–62 ; Phillip S. Foner(편), *Karl Marx Remembered*(San Francisco, Synthesis Publications, 1983), 26에 수록된 Engels의 "Letter to Friedrich Adolf Sorge," 1883. 3. 15. ; István Mészáros, *Marx's Theory of Alienation*(London : Merlin Press, 1971), 162–89.

다윈주의의 기원

찰스 다윈은 그의 『자서전』에서 다음과 같이 썼다 : "이전에는 명백한 것처럼 보였던 페일리가 제시한 낡은 자연설계론은 자연선택론이 발견된 이후로는 설득력을 잃었다. 예컨대, 인간이 문짝의 경첩을 만들었듯이 쌍각류 조개의 정교한 껍데기 이음매도 지적인 존재에 의해 만들어졌다는 주장을 계속할 수는 없다. 바람이 부는 과정 속에 설계가 없는 것과 마찬가지로 생명체의 변이와 자연선택의 작동은 설계에 의한 것이 아니다. 자연 속의 모든 것은 확립된 법칙의 결과이다."[1] 종의 생성과 소멸에 관한 다윈의 이론은 자연을 엄격한 유물주의적 관념으로 해석함으로써 종교적·우주목적론과 인류기원론을 퇴출시켰다. 그는 세계의 모든 장관(壯觀)은 그것 자체로 설명되는 것이라고 주장했다. 그는 궁극적 동인에 뿌리를 둔 자연에 관한 어떠한 관념도 "신에게 바쳐진 처녀가 아무 것도 출산하지 못하는 것처럼 허황된 짓"이라는 베이컨의 관점을 받아들였다.[2] 그 결과 오늘날의 지적 설계론 옹호자들은 다윈과 그의 과학을 공격한다.

모든 종은—인간을 포함하여—신성한 존재가 직접 만든 것이 아니라 자연법칙과 역사적 우연에 의해 생겨난 산물이라고 주장하는 다윈의 진화론은 설계론과 당시 빅토리아 왕조 사회의 지배적 가치에 대한 정면 도전이었다. 그는 인간과 동물은 신체, 정신, 정서 면에서 연속성을 갖고 있으며, 모든 생명체는 공통된 물질적·진화론적 법칙 안에 통합된다고 주장했다. 그는 땅과 그 위의 모든 생명을 신이 인간을 위해 만들었다는 관념을 타도했다.

다윈은 "세계는 끊임없이 움직여 새로운 형태의 생명과 정신이 발생한다는 보다 큰 통찰력을 가지고 자연과 인간의 본성에 관한 자신의 관점을 완성시켜 나갔다. 이것은 유물주의이며, 다윈도 그것을 알고 있었다. 이런 유물주의는 자연을 속속들이 인간화함과 동시에 인간을 자연화한다."[3] 설계론에 대한 비판은 고대에까지 거슬러 올라가지만 다윈이 유물주의적 진화론을 정교하게 발전시킨 것은 독창적이라 할 수 있으며, 그의 생명에 대한 유물주의적 설명은 본질적으로 지적인 혁명이었다.

진화론자의 등장

다윈은 유니테리언 교파이면서 계몽주의 사상을 받아들인 자유로운 사상가의 집안에서 태어났다. 그의 할아버지 이레즈머스 다윈(Erasmus Darwin)은 생명체는 끊임없이 변형한다는 진화론적 주장을 담은 『동물생리학』(*Zoonomia*)이라는 책을 썼다. 이성을 믿었던 이레즈머스 다윈

은 지구가 태양의 주위를 회전하기 위해서는 신의 섭리가 있어야 한다는 주장을 부정했다.[4]

찰스 다윈은 성장과 교육의 초기 단계부터 설계론과 유물주의의 중요한 모순에 노출되어 있었다. 그는 자라면서 인간의 진화를 주장하는 유물주의자들과 그것을 반박하는 사람들 사이의 논쟁을 목격했다. 가족들은 그를 의학을 공부하도록 1825년에 에든버러로 보냈다. 그러나 의학 공부에 흥미를 잃은 그는 자연사와 철학을 공부하기 시작했다. 그는 플리니언 소사이어티란 학생 과학 클럽에 가입했는데, 이 클럽은 자연과학 연구, 자연 속에서 종의 수집, 학술논문의 발표를 장려하는 분위기가 강했다. 클럽의 한 회합에서 윌리엄 브라운(William A. F. Browne)—그의 권유로 찰스 다윈은 클럽에 가입했다—이 찰스 벨(Charles Bell)이 쓴 『표현의 철학과 해부』(*Anatomy and Philosophy of Expression*)를 비판하는 발표를 했다. 벨은 브리지워터 논문의 제4편 『손, 설계를 확인해 주는 그 메커니즘과 중요한 기능』(*The Hands, Its Mechanism and Vital Endowments as Evidencing Design*)을 쓴 저자로 명성을 얻은 인물이었다. 『표현의 철학과 해부』에서 벨은 인간의 안면근육이 인간의 독특한 정서를 표현하도록 신에 의해 설계되었다는 주장을 펼쳤다. 브라운은 이러한 자연신학적 주장을 반박하기 위해 생명은 신체기관이 형성되면서 생겨난 결과에 지나지 않는다는 주장을 담은 논문을 발표했다. 그는 "개인의 감각과 의식을 두고 말하자면 정신이란 물질이다"라고 주장했다. 이 논문은 클럽 회원들에게 충격을 주었고, 그의 주장은 즉석에서 반박을 받았다. 브라운은 이 일이 있은 후부터 보다 안전한 비철학적인 주제만 연구했다.[5]

에든버러에서 다윈의 지도 교수는 의사이자 해면(海綿) 전문가인 로버트 에드워드 그랜트(Robert Edward Grant)였다. 그랜트는 유물론자이면서 이신론자였는데, 이레즈머스 다윈, 에티엔느 조프로이 생-힐레어(Etienne Geoffroy Saint-Hilaire), 장-밥티스트 라마르크(Jean-Baptist Lamrck)의 생명은 생성 · 소멸한다는 주장에 동조하는 인물이었다. 라마르크는 현대적 의미에서의 생물학이란 용어를 처음 사용한 사람이었고, 후천적으로 습득된 특징이 유전된다는 학설을 내놓아 진화론을 한층 더 발전시킨 사람이었다. 그랜트는 다윈에게 라마르크의 저서 『무척추동물의 기관』(*System of Invertebrate Animals*)을 읽도록 권유했다. 그랜트와 다윈은 종종 장시간 산책을 하면서 종의 표본들을 모았다. 산책을 하는 동안 그랜트는 어떤 식물과 동물이 같은 종인지 토론하는 진화론적인 아이디어를 제시했다.[6)]

의사가 되는 데 흥미를 잃은 다윈은 아버지의 지시에 따라 신의 뜻이 무엇인지 알아보고 시골 교회에서 목사가 될 교육을 받기 위해 캠브리지 대학 크라이스트 칼리지로 옮겼다. 다윈은 성직자가 되면 그가 좋아하는 자연사 연구를 계속할 수 있으리라는 생각에서 아버지의 조처에 순응했다. 그는 여기서 딱정벌레를 채집하고 라마르크를 연구했으며, 지리학자 아담 세지윅(Adam Sedgwick), 철학자이자 과학자이며 신학자인 윌리엄 휴얼(William Whewell, 브리지워터 논문의 제3편 『자연신학과 관련한 천문학과 물리학』(*Astronomy and General Physics Considered with Reference to Natural Theology*)의 저자]에게서 조언을 받았다. 다윈은 윌리엄 페일리의 저서들—『기독교의 증거』(*Evidences of Christianity*), 『도덕과 정치철학의 법칙』(*Principles of Moral and Political Philosophy*), 『자연신학』(*Natural Theology*)—을 정독하면서 자연신학에 깊이를 더해갔다. 이런 연구는 그에게 "큰 기쁨"을 주었고, "당시에는 페일리의 이론에 문제를 느끼지 않았다." 오히려 그는 "장황한 이론에 매력을 느끼고 확신을 가졌기 때문에" 페일리의 저서를 "높게 평가"했다.[7] 자연신학은 캠브리지 대학의 과학교육 과정의 핵심이었다.

페일리는 동물의 환경적응 사례를 분류하여—일부는 진실한 사례였으나 일부는 억지였다—이것을 근거로 지적이고 자비로운 설계자의 고안이 있다는 증거라고 제시하면서 고안을 이해하면 인간은 신의 존재와 작용과 지혜를 발견할 수 있다고 주장했다. 딱따구리에게 긴 부리가 주어진 것은 그루터기를 파게 하기 위한 것이고, 유대류(有袋類) 동물에게 주머니가 주어진 것은 새끼들을 키우라고 설계한 때문이다. 새들이 추위를 피해 옮겨가는 데서 볼 수 있듯이 신은 심지어 선행 적응의 능력까지 주었다. 식물과 동물의 모든 적응은 완벽하다고 할 수밖에 없다.[8]

종의 변형론과 유물주의가 주장되고 있기는 했지만 아직은 과학의 초입에 머물러 있었고, 다윈은 여러 가지 과학적 논쟁에 노출되어 있었다. 어쨌든 다윈 주변에는 설계론을 지지하는 교수와 선배들이 많았을 뿐만 아니라 종의 변형론에 대해서 개방적인 입장을 가진 사람도 많았다. 다윈은 출발점에서부터 자연계의 복잡성을 이해하기 위해 노력했다. 비글(Beagle) 호를 타고 5년 동안(1831-1836)의 세계일주 항해를 시작할 때 다윈은 아직도 설계론을 믿는 자연신학자였지만 그것에 의문을 제기하는 쪽의 주장에도 귀를 기울일 줄 아는 자유로운 사상가였다. 그는 도덕에 관한 문제가 나오면 "내게는 답변할 만한 권위가 없다"며 성경을 인용하는 편이었다. 훗날 그는 이때의 항해가 "내 생애에 가장 중요한 사건이었고 나의 인생 행로를 결정한" 것이었다고 회고했다. 이 모험은 그를 급격히 변모시켰고, 궁극적으로 우리의 자연계의 대한 이해도 바꾸어 놓았다.[9]

다윈은 항해 중에 "기착하는 모든 곳의 지질을 연구"했고, "모든 종류의 동물" 표본을 수집하고 관찰했다. 그는 남미의 식물을 세밀히 관찰했고, 오래 전에 멸종된 포유류의 화석과 알려지지 않는 포유류의 화석을 발견했다. 그가 발견한 화석 가운데는 현존하는 종의 것도 있었다. 다윈은 멸종의 원인은 무엇인지, 현존하는 종과 멸종된 종이 왜 함께 발견되는지 알아내기 위해 깊이 연구했다.[10)]

비글 호가 갈라파고스 제도에 기착했을 때 다윈은 방대한 관찰 노트를 작성했고, 영국의 전문가들에게 연구재료로 제공하기 위해 종의 표본들을 수집했다. 그는 거북의 종이 섬마다 다르고 앵무새도 마찬가지라는 사실을 알게 되었다. 다윈은 당시에는 외관상 명백히 상이한 여러 종의 새들이 사실은 모두가 하나의 피리새류라는 사실을 알아채지 못했다. 그는 영국에 돌아온 후에야 이 사실을 알게 되었고, 이것은 그가 진화론에 대해 확신을 갖는 결정적인 계기가 되었다. 여하튼 그는 여러 섬들의 종들 간의 관계와 남미대륙의 대응하는 사례들에 대해 깊이 생각했다. 다윈은 어떤 섬의 종은 다른 섬의 유사한 종의 변형인 경우가 많음을 깨달았다. 당시 자연주의자들 사이에는 창조된 시점 이후로 종이 퍼져나가면서 약간의 적응이 일어난 결과 이런 현상이 생겼다는 해석이 일반적으로 받아들여지고 있었다. 그러나 다윈은 "종의 변형은 어느 정도까지 일어날 수 있는지?", 원형으로부터의 분기가 충분하게 일어난다면 "종의 안정성이란 법칙은 붕괴되지 않겠는가?" 하는 의문을 갖게 되었다.[11)]

항해하는 동안 다윈은 찰스 라이얼(Charles Lyell)의 세 권으로 된 논문집 『지질학의 법칙』(*Principles of Geology*, 1830–1833)을 주의 깊게 연구했으며, 이 저서의 방대한 이론구조에 매료되었다. 라이얼의 저서는 당시까지 씌어진 것 중에서 가장 유명한 과학 교과서 중 하나였다. 라이얼은 그의 저서에서 방법론적으로나 실질 내용 면으로도 지질학에 변혁을 불러일으킨 지질균일설(Uniformitarianism)—현재 관측되고 있는 과정, 예컨대 침식과정 같은 것이 부단히 균일하게 일어나면 지금까지 알려진 모든 지질형태가 생겨난다는 이론—을 제시했다. 라이얼의 주장은 지질균일설 하나에만 집중했기 때문에 그것으로 설명할 수 없는 지질현상이 많다는 단점이 있기는 했지만 그의 학설은 지질학의 발전에 심대한 영향을 미쳤고, 다윈에게도 단순 반복되는 자연의 과정이 지질학적 시간에서는 거대한 변화를 낳는다는 것을 깨닫게 해주었다.[12)]

항해가 끝날 무렵 다윈의 "자연에 대한 사랑이 교회에 대한 사랑을 빼앗아 가고 있었다." 런던으로 돌아온 후 그는 과학계의 일원이 되었고, 라이얼과 로버트 오엔(Robert Owen), 존 굴드(John Gould), 조셉 달턴 후커(Joseph Dalton Hooker) 등과 교류하면서 과학논문을 발표하고 저술도 준비했다. 그가 수집한 화석과 종의 표본들은 과학계의 전문가들이 분류했다. 오엔은 다윈이 발견한 알려지지 않은 화석은 현재 남미에 서식하는 포유류의 먼 친척이라는 결론을 내렸다. 또한 갈라파고스 제도의 새들은 모두가 여러 섬에 상이하게 적응한 피리새류임을 확인해 주었으며, 더 나아가 각기 다른 섬에서 가져온 앵무새, 설치류, 거북의 표본을 오랫동안 검토한 결과 유사하지만 분명히 다른 종이라는 것을 확인했다.

이런 연구결과를 종합하고 화석을 시기별로 배열해 보고 다윈은 1837년 3월에 종의 변형을 확신하게 되었지만 그것을 가능케 한 메커니즘이 무엇인지는 알아내지 못했다.[13)] 이 메커니즘을 알아내기 위해 다윈은 종들 사이의 관계에 대해 결정적인 의문을 품게 된 계기였던 항해 때에 작성한 **붉은 연구 노트**를 다시 펼쳐보았다. 그는 또한 기관의 변형을 해석하고 인간과 동물들이 어떻게 "하나의 공통된 조상"을 공유하게 되었는지를[14)] 설명하기 위해 종의 변형에 관한 연구 노트(**연구 노트** *B*)를 쓰기 시작했다.

유물주의적 진화론을 다듬어 가는 일은 더디고 힘든 작업이었다. 다윈은 변화의 메커니즘을 밝히고 그것이 어떻게 작동하는지 풍부하고 자세한 증거를 제기하고 싶었다. 『자서전』에서 다윈은 "종이 점진적으로 변화하는 것은 … 분명했다. 이 주제가 내 머리 속을 떠나지 않았다. 그런데 모든 종류의 생명체들이 그토록 완벽하게 고유의 생명 습성으로 적응한 무수한 사례의 원인을 설명해 줄 수 있는 것은 주변 환경의 작용도 아니고 생명체(특히 식물의 경우에) 자신의 의지도 아니라는 사실 또한 그만큼이나 분명했다."[15] 다윈이 반박할 수 없는 완벽한 이론을 제시하기로 결심한 까닭은 당시로서는 사회 전반적인 분위기는 물론이고 지도적인 과학자들도 유물주의적 학설을 이단시했기 때문이기도 했다.

다윈은 자신의 이론을 수립해 가면서 연구 노트에서 유물주의적인 흔적을 다른 사람이 눈치채지 못하게 지워나갔다. 그는 의사이자 유물주의자인 윌리엄 로렌스(William Lawrence)가 1819년에 생명체는 무생물에게 적용되는 것보다 높은 수준의 자연법칙에 적응해 왔다는 주장을 내놓았다가 어떤 일을 겪었는지 잘 알고 있었다. 로렌스는 의과대학 교수직을 사퇴하고 자신의 학술적 주장을 철회하도록 강요받았다. 논란이 되었던 그의 저서 『생리학, 동물학 그리고 인간의 자연사 강의』(*Lectures on Physiology, Zoology, and the Natural History of Man*)는 대법원으로부터 불온서적으로 판정받아 판권을 박탈당했다. 다윈은 로렌스의 저서를 한 권 갖고 있었고, 종의 변형에 관한 연구 노트에서 이를 참조했다.[16] 로렌스는 뇌와는 독립된 정신적 특성의 존재를 부정하고 생명의 바탕은 물질조직과 신체기관이라고 주장했다. 이 때문에 그는 선동적이며 부도덕하다는 판결을 받았다.

그럼에도 불구하고 다윈은 이렇게 지적 설계론에 대한 비판을 다듬어 나갔다. 예를 들자면, 자연신학자 윌리엄 휴얼은 하루의 길이는 인간이 필요로 하는 수면시간의 양에 맞게 조정되었으며, 이처럼 전체 우주가 인간의 필요에 맞게 조정되었다고 주장했다. 다윈은 종의 변형이란 개념을 가다듬어 가면서 성직자들의 이런 인간 중심의 관념을 비웃었다. 그는 연구 노트에 "오만한 생각!! 만약 모든 인간이 죽는다면 원숭이가 인간이 될 것이고 인간은 천사가 될 것이다"라고 적어놓았다. 이렇게 다윈은 인간 중심이 아닌 진화론을 발전시켜 가고 있었다. 그는 생명체는 가계도로 나타낼 수 있으며, "한 동물이 다른 동물보다 우월하다고 말하는 것은 불합리하다"고 생각했다. 또한 그는 어떤 기준을 적용하느냐에 따라서 가장 우월한 동물은 여러 가지가 될 수 있다고 생각했다. 그는 계통적 메커니즘을 찾아내려고 노력했고, 그 과정에서 라마르크의 단방향 변화론을 배척했다.[17]

유물주의적 진화론

1838년 가을에 자연선택론을 구상하고 있던 다윈은 맬서스의 『인구론』을 읽고 그 속에 암시되어 있는 생존경쟁의 주장을 발견하고 충격을 받았다. 다윈은 다음과 같이 적어놓았다.

> 동물과 식물의 습성을 오랫동안 관찰한 결과에서 나온 어디에서나 생존경쟁이 진행되고 있다는 견해는 쉽게 납득할 수 있다. 이 암시는 나에게 이러한 환경에서는 적응한 변종은 생존할 수 있고 적응하지 못

한 변종은 소멸된다는 사실을 한 순간에 깨우쳐 주었다. 결과는 새로운 종의 생성일 것이다. 마침내 나는 발전시킬 가치가 있는 이론을 찾아냈다. 그러나 나는 편견에 빠지지 않기 위해 당분간은 이 이론에 관해 아주 간략한 스케치도 하지 않기로 마음먹었다.[18)]

다윈은 설계론을 비판하며 자신의 진화론을 다듬어 가는 과정에서 맬서스의 통찰력을 만나게 되었다. 1838년에 다윈은 신학과 자연사를 통합하려는 존 맥클록(John Macculloch)의 저서 『자연계의 사실과 법칙에서 나타나는 신의 속성에 대한 설명과 증거 : 자연종교와 계시종교의 기반으로서』(*Proofs and Illustrations of the Attributes of God from the Facts and Laws of Physical Universe, Being the Foundation of Natural and Revealed Religion*, 1837)를 주목했다. 다윈은 이 책을 읽고서 연구 노트에 "섭리적인 설계"를 비판하는 자신의 관점을 정리해 놓았다. 맥클록의 저서에는 표준적인 설계론들이 나열되어 있었다. 예컨대, 낙타는 그가 사는 환경에 맞는 위와 다리를 갖도록 설계되었으며, 처음부터 완벽한 전체로서 창조되었다고 했다.[19)]

다윈의 연구 노트는 이런 이론들에 대한 통렬한 비판이 점점 강화되고 있음을 보여준다. 그는 설계론에는 자연계의 변화와 불완전성을 설명할 수 없는 허점이 있으며, 따라서 신의 창조가 최적에 미치지 못함을 반영하는 것이라고 적어놓았다. 그는 설계론은 "고갈되어 버렸다"고 표현했다. 특정한 동식물이 "신성한 존재의 의지대로" 창조되었다는 관념은 "설명이 아니며, 자연의 법칙이라고 할 수도 없고" "전혀 쓸모없는 것"이다. 그는 『브리지워터 논문』은 모두가 궁극적 동인에 뿌리를 두고 있다고 비판했다. 베이컨의 궁극적 동인에 대한 비판을 인용하여 그는 "이것은 아이를 낳지 못하는 처녀와 같다"고 썼다.[20)]

다윈은 종의 변형을 주제로 하여 서너 권의 연구 노트를 채웠다. 그의 유물주의적 입장은 갈수록 분명해졌다. 연구 노트 M권과 N권에서 그는 도덕이란 신이 부여하는 것이 아니라 문화의 상대적 산물이라는 주제를 발전시켰으며, 여기서 그는 선과 악이란 개념은 영혼의 선존재(先存在)에 의해 결정된다는 플라톤의 관념에 도전했다. 그는 1838년에 원숭이의 행동을 관찰하고서 인간과 동물은 보편적인 특성을 공유한다는 확신을 갖게 되었다. 그는 심지어 "신의 사랑"은 "생명체의 의지"라고 적어놓고 독백처럼 "나는 유물론자다!"라고 덧붙였다.[21] 앞으로 세상에 나오게 될 그의 주요 저작들의 기초가 여기서 마련되었다.

1838년의 위대한 통찰을 바탕으로 다윈은 자신의 이론을 가다듬어 나갔다. 한동안 그는 "돌연변이"—계통상의 갑작스럽고 돌출적인 변화—가 진화를 압도할 것이란 생각을 품고 있었으나 곧 이런 관점을 버렸다. 그 대신 그는 진화는 느리고 평탄하며 점진적인 방식으로 진행된다는 결론을 내렸는데, 이는 라이얼의 지질균일설을 연상케 하는 것이었다. 시골로 옮겨가기 직전인 1842년에 그는 마침내 35쪽짜리의 계통 이론 「스케치」를 완성했다(이 논문은 출판할 의도에서 작성한 것이 아니었고, 논문의 주제는 맬서스의 생존경쟁론을 바탕으로 자연선택의 개요를 정리한 것이었다).

1844년 1월 11일에 다윈은 자신의 연구방향에 대한 지지를 얻기 위해 후커에게 다음과 같이 털어놓았다 :

> 나는 (처음 연구를 시작할 때의 견해와는 반대로) 종은 불변이 아니라는 확신을 갖게 되었네(이건 마치 살인을 고백하는 것 같네). "개량의 경향"이라든지 "동물의 완만한 의지에 의한 적응" 따위의 라마르크의

넌센스를 믿을 생각은 없지만 내가 이끌려 간 결론은 그의 결론과 크게 다르지 않네. 물론 그가 말한 변화와 내가 말하는 변화의 의미는 크게 다르지만. 종이 여러 가지 방향으로 훌륭하게 적응해 가는 단순한 방식을 찾아낸 것 같네(아직은 가정이지만).[22]

후커는 다윈의 연구방향을 지지해 주었고, 다윈은 「스케치」를 230쪽의 「논문」으로 발전시켰다. 그러나 그는 여전히 자신의 이론을 공개할 생각은 하지 않았다. 어쨌든 다윈은 아내 엠마에게 자신의 발견이 묻히지 않도록 그가 죽은 후에 「논문」을 출판하라고 부탁해 두었다.

다윈은 존경받는 과학자였다. 그의 친구 가운데는 성직자도 있었고 과학자도 있었다. 그는 자신의 이론을 발표하는 데 따르는 위험을 생각하고 망설였다. 다윈이 논문을 완성한 직후에 『창조의 자연사적 흔적』(*Vestiges of the Natural History of Creation*)이란 책이 익명으로 출간되었다[후에 작자가 로버트 챔버스(Robert Chambers)란 게 밝혀졌다]. 이 책은 생명체와 우주는 자연법에 따라 창조되었으며, 모든 생명체는 상호 연계되어 있다는 주장을 담고 있었다. 『창조의 자연사적 흔적』은 종의 변형을 지지하고 있었지만 다윈의 연구만큼 지적으로 높은 수준도 아니었고 확고한 과학적 근거도 부족했다. 다윈은 이 책에 인용되어 있는 지질학적·동물학적 증거들이 적절하지 못하다고 생각했다. 그러나 다윈은 이 책을 읽으면서 처음에는 저자가 자신보다 먼저 같은 발견을 하지 않았을까 염려했으나 이내 자신의 이론이 더 뛰어나고 훨씬 깊이 연구된 것이라는 확신을 갖게 되었다. 『창조의 자연사적 흔적』은 영국 사회를 흔들어 놓았다. 이 책은 판을 거듭하여 출간되었고, 그때마다 실수를 정리하고 주장을 가다듬어 갔다. 다윈의 대학 시절 은사이자 진지한 자연신학자인 세지윅 교수가 이 책이 주장하는 자연발생론을 공격하면서 종의 변형이 아니라 신의 창조적인 힘이 작동했기 때문이라고 주장했다.[23]

『창조의 자연사적 흔적』을 둘러싼 논란을 지켜보면서 다윈은 자신의 이론이 어떤 공격도 견뎌낼 수 있다는 확신을 갖게 되었다. 그는 자신의 연구에서 아직도 해결되지 않은 몇 가지 문제가 있음도 알고 있었다. 그가 해결하지 못한 한 가지 과제는 "같은 계통에서 나온 생명체가 여러 가지 특징으로 변화하는 경향"이 있는데 이를 어떻게 설명하느냐 하는 것이었다. 그러나 그는 "주류를 이루는 형상의 변형된 후손들은 매우 다양한 장소에서 자연의 경제법칙에 따라 적응하는 경향이 있음"을 알아냈다.[24]

1856년에 라이얼은 다윈의 견해에 대해 회의적이면서도 그의 이론을 개략적으로 정리한 논문 초고를 작성하도록 격려해 주었다. 완벽한 답변을 제시할 생각으로 다윈은 『자연선택』(*Natural Selection*)이라는 제목의 원고를 쓰기 시작했는데, 애초에 구상했던 분량은 훗날 『종의 기원』(*On the Origins of Species*)으로 발표된 것보다 두세 배 가량이었다. 그는 원고의 일부를 토마스 헨리 헉슬리, 후커, 존 루복에게 돌려보게 하였으며, 1857년에 그는 논문 요약본을 작성하여 하버드 대학의 식물학자 아사 그레이(Asa Gray)에게 보냈다.[25]

지나치게 세심했던 다윈은 자신의 진화론을 입증하기 위한 사례와 구체적 증거를 축적하는 데 20년이란 시간을 소비했다. 그러나 이런 오랜 지체는 마침내 끝을 보게 되었다. 유물주의적 진화론을 발표하려던 사람은 다윈 한 사람만이 아니었다. 남미의 아마존 지역(1848-1852)과 말레이 군도(1854-1862)로 탐험 여행을 다녀온 박물학자 알프레드 러셀 월리스(Alfred Russel Wallace)는 이미 종의 변형을 믿고 있었다. 그는 동양으로 여행을 다니는 동안인 1855년에 「새로운 종의 이입을 규정한 법칙에 관하여」(On the Law Which Has Regulated the Introduction of New Species)라는 논문을 *Annals*지에 발표했다. 다윈의 연구가 선수를 빼앗길까 염려한 라이얼이 다윈에게 이 논문의 내용을 알려주고 다윈 자신의 논문을 빨리 발표하여 먼저 학계의 인정을 받으라고 독촉했다. 다윈은 1857년 5월 1일에 월리스에게 편지를 보내 그들 두 사람이 종의 변화에 관해 매우 유사한 관점을 갖고 있음을 알렸다.[26] 다윈과 월리스는 종의 기원에 관한 과학적 관점에 혁명을 일으키고 있었다. 다윈은 이미 그 메커니즘을 알고 있었지만 빅토리아 시대의 사회를 확신시키기 위해 방대한 증거들을 축적하고 있었고, 한편 월리스는 종의 변형을 확신하고 있었지만 그 메커니즘을 알아내기 위해 노력하고 있는 중이었다.

1858년에 월리스는 준비하고 있던 논문을 다윈에게 보냈다[「원래의 형태로부터 영원히 분리되는 이종(異種)의 경향에 관하여–종의 불변적인 특성을 입증하는 이종의 불안정성」]. 이 논문에서 월리스는 분기(分岐)와 생존경쟁을 바탕으로 한 진화론을 제시했다. 다윈은 월리스도 같은 유물주의적 메커니즘에 주목하고 있음을 알게 되었다. 그는 다른 사람의 업적을 가로채는 것으로 비쳐지는 것을 원치 않았지만 자신의 획기적인 발견이 평가받지 못하는 것도 원치 않았다. 그는 이 문제를 라이얼과 후커에게 상의했고, 두 사람은 단순히 월리스의 주장을 지지한다면 모든 공로는 월리스에게 돌아갈 것이라는 조언을 해주었다. 라이얼과 후커는 다윈이 "1844년에 작성한 230쪽 논문의 요약본"(다윈이 1857년에 자연선택론의 개요를 정리하여 아사 그레이에게 보낸 편지)을 검토해 준 적이 있었고, 월리스의 1858년 논문은 그해 1월 1일에 열린 린네학회 회의에서 회람된 후 그해 8월에 간행된 런던 『린네학회보』에 실렸다.[27] 그래서 다윈과 월리스는 자연선택의 공동 발견자이면서 각자가 독자적인 연구를 통해 같은 결론에 이르렀다는 인정을 받게 되었다.

이 무렵 다윈은 자연선택론의 전모를 일반 독자들에게 알리기 위해 『자연선택론』 요약본을 집필하는 데 몰두하고 있었다. 『자연선택 방식을 통한 종의 기원론, 또는 생존경쟁에서 살아남은 종의 보존』(*On the Origin of Species by Means of Natural Selection, or the Preservation of Favoured Races in the Struggle for Life*)은 1859년 11월에 출간되었다. 다윈은 이 책이 성공할 수 있었던 이유는 원래 집필하고 있던 『자연선택론』보다 짧았기 때문이라고 언급했다.[28] 『종의 기원』이 발표되고 나서 자연에 관한 논법으로서 우주목적론의 지배적인 지위와 그것이 갖고 있던 계급적이고 종교적인 기반은 붕괴되기 시작했다. 과학사상 가장 심대한 의미를 갖는 발견을 하고 나서 20년이란 세월이 지난 후 다윈은 이제 마침내 자연선택에 기초한 엄격하게 유물주의적인 진화론을 제시하게 되었다. 그는 결국 자연신학을 타도했다. 자연에 대한 관점으로서 유물주의가 목적론을 꺾고 승리했으며, 자연신학자들이 그들의 입장을 합리화하기 위해 제시한 모든 "신성한 고안들"이란 비신학적이고 자연주의적인 렌즈를 통해 고찰할 때 비로소 더 잘 이해될 수 있다는 점이 분명해졌다.[29]

『종의 기원』에서 다윈은 두 가지 중요한 업적을 이루었다. 첫째, 진화의 현상을 보여주는 광대한 증거들—종은 같은 조상에서 나와 시간을 거듭하면서 변화한다—을 20년 동안이나 축적해 왔다는 것이다. 종의 변화라는 개념은 새로운 것이 아니었지만 광대한 증거를 통해 그것을 증명하려는 시도는 이전에는 없었다. 다윈이 진화의 사례를 제시한 것은 너무나 강한 설득력을 갖고 있었기 때문에 과학계에서는 초기에 일부 저항은 있었지만 대부분이 빠르게 이 주장을 수용했다. 다윈의 두 번째 중요한 업적은 무엇이 종의 변화를 유발시키는지(자연선택)를 설명했다는 점이었다. 이것은 그의 저술에서 가장 도전적인 부분이었으며, 20세기에 와서도 논쟁의 대상이 되었고, 유전학과 생물지질학, 고생물학이 발전한 20세기 중반에 와서는 다윈의 주장이 옳다는 것이 입증되었다.

다윈은 개체들 사이에 변종을 유발시키는 자연선택이 종의 변화가 생겨나는 메커니즘이라고 주장했는데, 이는 이전의 종의 변화 이론들과 차별되는 것이었다. 그는 생물체는 생존할 수 있는 것보다 많은 후손을 생산하는 경향이 있다고 설명했다. 개체는 그 특성에 있어서 서로 다르며, 이런 특성은 최소한 부분적으로 유전된다(다윈은 유전의 법칙에 대해 알지 못했고, 그것은 유전학이 등장하고 나서야 밝혀졌다). 생존경쟁을 통해 선천적인 특성 때문에 환경에 가장 잘 적응한 것들이 생존과 재생산 성공률이 보다 높고 그들의 유리한 특성을 후손들에게 물려준다. 우수한 특성이 후손에게 누적되면 변이가 나타나고, 종의 진화가 오랜 시간 반복되면 계통상의 극적인 형질전환이 생겨난다. 다윈은 자연선택에 관해 놀라운 비유를 들어 표현했다 : “자연의 모습은 항복곡면(yielding surface)으로 비유할 수 있다. 수만 개의 쐐기들이 함께 묶여 끊임없는 힘에 의해 안으로 밀려들어 간다. 그러다가 하나의 쐐기가 넘어지면 다른 것이 더 큰 힘으로 밀쳐낸다.”[30]

『종의 기원』에서 다윈은 진화라는 단어를 의도적으로 회피했는데, 당시에는 이 단어는 우주목적론이라든가 점진적인 발생이란 개념과 연관되어 있었기 때문이다. 실제로 그는 초판본 마지막 구절에서 오직 한 차례 진화라는 표현을 썼다 : “생명에 관한 이러한 관점은 위대한 것이다 … . 우리 지구가 중력이라는 불변의 법칙에 따라서 회전하듯이 아주 간단한 것에서 시작하여 끊임없이 가장 아름답고 가장 경이로운 형상이 진화되어 왔으며, 그 과정은 지금도 진행 중이다."

일관된 유물주의자였던 다윈은 이와 같이 진화는 항상 보다 높은 형상으로 나아간다는 주장을 피했다(그는 『창조의 자연사적 흔적』의 여백에다 "보다 높다거나 보다 낮다는 표현을 쓰지 말 것"이라고 적어놓았다). 그러나 그는 독자들에게 확신을 심어주기 위해 책의 마지막(끝에서 두 번째 단락) 부분에서 자신이 세운 원칙을 깨고 이렇게 주장했다 : "자연선택이 모든 우수한 개체에 의해서 작동되고 또한 그 결과로 우수한 개체가 나타나듯이 형질의, 그리고 정신적인 선천적 특성은 완벽을 향해 나아가는 경향을 가질 것이다."[31)]

다윈의 독창성은 모든 궁극적 동인을 배제하고 자연선택이 어떻게 생명체의 환경적응을 유도하는지 설명해 주었다는 데 있다. 환경적 조건이 지역마다 다르고 그에 따라 어떤 생명체가 가장 잘 생존하게 될지는 시간에 따라 다르다. 종에 있어서는 생존하도록 예정된 생래적인 우등/열등성은 없다. 이 점에 있어서 다윈은 엄격한 유물주의적 자연관을 제시하여 자연과학의 영역을 자연계 전체로 확대했다.

다윈과 지적 설계

다윈 자신의 설명으로는 그에게 가장 큰 영향을 끼친 책은 존 허셜의 『자연철학 연구 시론』(*A Preliminary Discourse on the Study of Natural Philosophy*, 1831)이었다. 허셜은 당시 영국의 대표적 과학자 중 한 사람이었고 천문학, 지리학, 과학적 방법론으로 명성을 얻은 인물이었다. 『자연철학 연구 시론』은 관찰(경험)과 이론의 상호작용의 본보기를 제시한 책이었다. 그는 자연을 지배하는 법칙들이 있지만 이 법칙들은 정의하기가 어려우며, 이 법칙들을 이해하는 것이 자연철학의 궁극적 목적이라고 했다. 이런 주장에서 연구자들은 유일한 해석으로 축약된 자연의 근본적인 진실을 발견할 수 있었다. 『종의 기원』에서 다윈은 허셜의 과학적 방법론과 주장을 충실하게 따랐다. 다윈은 책의 서두에서 "우리의 위대한 철학자 중의 한 분이 수수께끼 중의 수수께끼라고 지칭한 종의 기원에 대해 약간의 빛을 비추어 보고자 한다"고 언급했다. "수수께끼 중의 수수께끼"를 말한 위대한 철학자는 허셜이었다.[32)]

그런데 『종의 기원』은 생명계에 대해 알려진 것들에 대해 의문을 제기하고 불변의 종은 없으며 자연적 원인이 만들어낸 생명의 연속이 있다고 주장했다. 여기서 다윈은 자연선택을 기초로 한 진화론을 제시하면서 그에게 가장 큰 영향을 끼쳤던 저명한 과학자의 주장을 포함한 기성의 관념을 공격했다. 다윈은 허셜에게 존경의 표시로 『종의 기원』 한 부를 증정했다. 책을 보낸 후 다윈은 허셜이 "자연선택은 뒤죽박죽의 법칙"이라고 평했다는 얘기를 전해들었다.[33)]

허셜은 공개적으로 자연선택을 폄하한 자신의 저서 『지구의 자연지리학』(*Physical Geography of the Globe*) 1861년판을 다윈에게 보냈다. 이 책의 각주에서 허셜은 다윈의 이론은 변종이 모든 방향으로, 심지어 종이 역동적인 환경에 적응하는 데 직접적인 도움이 되지 않는 방향으로도 발생한다는 주장을 하고 있다고 지적했다. 다윈의 이론에 의하면 그런 변종은 "창조자의 예지력에 대한 어떤 시사도 하지 않는다." 이 점에 대해 허셜은 다음과 같이 신랄하게 비판했다:

과거와 현재의 생명계에 대한 불합리하고 우연적인 변종에 관한 법칙과 자연선택론을 본질적으로 더 이상 충분한 설명이라고 받아들일 수 없다. 오히려 라푸타[34] 섬 사람들의 작문을 셰익스피어의 작품이나 『프린키피아』에 비유하는 게 더 낫다. 어느 경우이든 목적을 가진 지성이 항상 변화의 단계를 조종 — 단계의 회수와 종류를 제한 — 하기 위해, 그리고 변화가 일정한 방향으로 진행되도록 하기 위해 지속적으로 활동해야 한다. 그러나 우리가 보는 한 그의 법칙에는 형식이 없고, 형식이 없는 법칙이 결과를 낳으리라고 생각할 수는 없다.

다윈의 이론에 대해 비판적이면서도—진화론적인 변화는 "지적인 방향"을 필요로 하며, 인간이 사용하도록 특정한 조건을 갖추어야 한다고 주장했다—허셜은 의아스럽게도 마지막에 가서는 이렇게 언급했다 : "이 수수께끼 같은 주제에 관한 다윈 씨의 관점에 대해 우리는 전혀 부인할 입장에 있지 않다."[35]

『자연지리학』을 보내주었고 또 책 속에서 자연선택을 언급해 준 데 대한 감사의 표시로 허셜에게 보낸 1861년 5월 23일자 편지에서 다윈은 "지적인 설계"라는 개념에 대해 문제를 제기했는데, 이 용어가 현대적인 의미로 사용된 것은 이때가 처음이다 :

선생님이 제기하신 지적인 설계는 저를 말할 수 없이 당혹스럽게 했습니다. 그리고 이 주제와 관련하여 저와 많은 편지를 주고받았던 아사 그레이 교수와 진지하게 토론해 보았습니다 … . 이 우주의 모든 생명체와 인간을 볼 때 모든 것이 지적으로 설계되었다고 믿지 않을 수 없습니다. 그러나 개별적인 생명체에게서 그런 증거를 찾을 수 없습니다. 저는 신이 비둘기 꼬리의 깃털을 사람이 그런 변종을 골라 깃털 모자를 만드는 데 쓰이도록 하겠다는 고도로 특정한 목적을 가지고 설계했다고 믿을 준비가 되어 있지 않습니다. 자연상태에 있는 동물의 신체 구조의 변이가 설계되었다고 볼 수는 없으며, 동물 자신에게 유용한 변이는 보존되고 쓸모없거나 해가 되는 변이는 소멸됩니다.[36]

다윈은 자연선택론은 "지적인 지시"나 "고도의 힘"의 도움을 필요로 하지 않는다고 강조했다. 또한 1861년 8월 1일에 라이얼에게 보낸 편지에서도 "섭리적인 배치라는 고도의 법칙"을 언제나 찾아볼 수 있다는 허셜의 주장과 변이에는 신성한 인도가 내재되어 있다는 아사 그레이의 주장에 대해 비판적인 견해를 토로했다:

> 천문학자들은 혜성과 행성의 진행방향이 신의 지시라고 하지는 않는다. 각 변이가 섭리에 의해 배열된 것이라는 견해는 자연선택을 완전히 불필요한 이론이며 새로운 종의 등장은 과학의 영역 밖에서 일어나는 일로 보는 것 같다 … . 허셜의 주장대로라면 언제나 고도의 섭리법칙이 있고, 산들의 높낮이도 신의 지시 때문에 그렇게 되었다는 말이 된다. 나는 허셜과 아사 그레이의 그런 견해는 그들이 콩트가 말하는 과학의 신학적 단계 — 지식발전의 3단계 중 제1단계 — 에 머물러 있음을 보여주는 것에 불과하다고 생각하지 않을 수 없다.[37]

다윈은 자신의 유물주의적 이론이 자연은 인간사에 대해 전혀 무관심하다는 사실을 바탕으로 하고 있음을 분명히 인식하고 있었다. 자연은 신이 존재한다는 증거라는 관념에 대해 회의적이었던 다윈은 1860년 5월 22일에 아사 그레이에게 보낸 편지에서 다음과 같이 썼다:

> 문제에 대한 신학적 관점을 보노라면 언제나 고통을 느낍니다. 나는 당혹스럽습니다. 나는 무신론적으로 쓸 의도를 갖고 있지는 않습니다. 그렇다고 다른 사람들처럼 단순하게 설계의 증거와 그것이 우리들의 주위에서 베푸는 은혜에 대해 쓰고 싶지 않다는 것도 인정합니다. 내가 보기에 세상에는 너무나 많은 불행이 있는 것 같습니다. 은혜롭고 전지전능한 신이 이크누모니데이(Ichneumonidae) 파리가 풀쐐기의 몸을 파먹고 살게 하려는 특별한 의도를 가지고 그것을 창조했다거나 고양이는 쥐를 가지고 놀도록 창조되었다고 나 자신을 설득하기가 어렵습니다. 사람의 눈도 특별하게 설계되었다는 믿음을 가질 필요가 없을 것 같습니다. 오히려 나는 이 경이로운 세계, 특히 인간의 본성에 대해 만족할 수 없으며, 모든 것은 잔인한 힘의 결과라는 결론을 내리지 않을 수 없습니다. 나는 모든 것이 설계된 법칙의 결과이며, 좋든 나쁘든 그 세세한 내용은 우리가 우연이라고 부르는 것이 만들어내도록 남겨두는 게 좋겠다는 생각입니다.[38]

다윈은 모든 생명체를 포함한 자연계가 지적 설계에 의해 생겨났다는 이론에 대해 줄곧 반대하는 입장을 유지했다. 1861년 7월 11일에 줄리아 웨지우드(Julia Wedgwood)에게 보낸 편지에서 그는 설계론에 동의하지 않는 자신의 입장을 분명하게 밝혔다 : "내 마음은 세계를 있는 것으로 보고자 하지 설계된 것으로 보고자 하지 않습니다. 그러나 대부분은 설계, 즉 지적 능력이 있는 존재가 창조했다고 생각합니다. 나는 이 주제를 생각하면 할수록 설계의 증거는 찾을 수가 없습니다. 아사 그레이와 그 밖의 몇몇 사람들은 모든 변종, 아니면 최소한 우리에게 유익한 변종(아사 그레이는 이것을 바다 위에 떨어지지 않고 땅 위에 떨어져 토양을 비옥하게 하는 빗방울에 비유합니다)은 섭리에 의한 설계의 결과라고 봅니다."[39)]

인간의 계통

『종의 기원』을 발표하고 나서 다윈은 실제적인 후속 작업을 진행하면서 한편으로는 진화론의 방법론을 발전시켜 나갔다.[40)] 라이얼과 그레이는 변종은 "순전한 우연"이 아니라 섭리의 영향을 받은 것이라고 반박했다. 다윈의 『사육으로부터 나타나는 동물과 식물의 변이』(*The Variation of Animals and Plants under Domestication*, 1868)는 양육자가 변종집단의 특성을 의도적으로 선택하여 배양하는 과정을 상세하게 보여줌으로써 이런 반박을 잠재우려는 목적에서 씌어졌다. 그는 양육자가 선택한 특성은 지금 그대로의 목적으로 예정된 것이 아니라고 주장했다 : "변종은 인간을 포함한 세상의 모든 동물들이 자연선택을 통하여 가장 완벽하게 적응한 것이다. 그것이 의도한 대로 특별하게 유도되었다는 믿음에서는 이성의 그림자도 찾아볼 수가 없다."[41)]

식물을 대상으로 한 다윈의 연구도 유물주의적 진화론의 확장이자 설계론에 대한 비판이었다. 설계론 지지자들은 자연 속의 풍부한 아름다움은 바로 인간이 즐기게 하기 위해서라고 했다. 다윈은 이런 견해를 반대하고 설계론 지지자들을 "측면에서 공격"하기 위해 『곤충에 의해 수정되는 영국과 외국 난초의 여러 가지 고안에 관하여』(*On the Contrivances by which British and Foreign Orchid Fertilized by Insects*)라는 방대한 저서의 원고를 쓰기 시작했다. 그는 자연선택이 식물의 형태학적·생리학적 특성을 설명할 수 있다고 주장했다. 예컨대, 난초의 화려한 꽃판과 꽃술은 곤충들과의 상호작용을 통해 "재생산하기 위한 적응"이라고 주장했다.[42)]

『인류의 유래와 성 선택』(*The Descent of Man in Relation to Sex*, 1871)에서 다윈은 처음으로 인간의 기원에 관한 핵심적인 문제 제기를 했다. 1859년 『종의 기원』이 출간되었을 무렵에 성서적 세계관에 대한 도전이 일어나고 있었는데, 이는 이미 5장에서 언급한 바와 같이 "인류학의 혁명"이라고 불리었다.[43)] 1859년에 영국 남서부 토퀘이 근처의 브릭스햄 동굴에서 선사 시대의 인간 유골이 발견되어 까마득한 옛날부터 인간이 지상에 존재했다는 설득력 있는 증거를 처음으로 제공해 주었다(이보다 먼저 네안데르탈인의 유골이 뒤셀도르프 부근에서 발견되기는 했지만). 인간의 시간대는 기록된 역사를 훨씬 넘어 확대되었고, 인간은 기껏해야 수천 년 전부터 존재해 왔다는 당시까지는 신성불가침의 성서적 세계관을 무너뜨렸다. 인간은 백만 년 이상의 시간 동안 진화해 왔다는 증거가 나타난 것이다. 루복, 헉슬리 같은 생물학자와 지질학자가 다윈과 긴밀하게 협력하여 부분적으로는 속속 발견되고 있던 선사 시대의 기록을 바탕으로 인간 진화의 문제를 연구하기 시작했다.[44)] 이런 연구 덕분에 사회는 보다 긴 인류학적 시간이란 개념에 눈을 뜨기 시작했고, 물질조건의 변화에 뿌리를 둔 인간 역사의 보편적인 이론들이 제시되었다.[45)]

다윈도 자신의 자연선택론을 들고 이 논쟁에 참여했다. 일부의 사람들이 『종의 기원』이 주장하는 바와 종교적 관점을 접목시키려 했는데, 『인류의 유래와 성 선택』이 그런 시도를 거부하고 유물주의적 관점을 분명히 했다. 다윈은 인간의 기원을 설명하는 데 있어서 연구의 토대로써 신의 손에 호소하지 않고 유물주의적 접근방법을 제안했다. 그는 "흔히 지식보다는 무지가 확신을 낳는다. 많이 아는 사람이 아니라 조금 아는 사람이 이런 저런 문제는 과학으로는 해결될 수 없다는 적극적인 주장을 펼친다"고 말했다. 그는 인간과 동물은 진화과정을 거슬러 올라가면 공통의 계통으로 통합되며, 동일한 유물주의적 힘이 모든 생명체의 역사적 발전에 영향을 끼쳤다고 주장했다. 또한 그는 세상으로부터 신의 손을 배제하고 사회, 도덕, 종교의 자연주의적 · 유물주의적 기원을 주장했다. 그의 성적 선택론—자연선택과는 약간의 차이가 있다—은 부분적으로는 설계론에 대한 비판이었다. 예컨대, 당시의 설계론자들은 공작새의 꼬리는 "아름다움 그 자체가 목적이며, 자연적인 설명이 불가능한 신의 미적 감각의 표현"으로 인식하고 있었다. 다윈은 일일이 사례를 들어가며 아름다움의 진화론적 발생과 발전은 동물의 성적 표현을 기초로 한 엄격한 유물주의적 과정인 성적 선택의 결과라는 설명을 시도했다.[46]

다윈의 관점으로는 모든 살아 있는 생명체는 일련의 공통된 물질적 관계와 진화법칙으로 통합되어 있었다. 『인간과 동물의 감정표현에 대하여』(*The Expression of the Emotions in Man and Animals*, 1872)에서 다윈은 인간을 동물과 구분하는 전통적인 인간 중심의 해석을 배척했다. 그는 신이 인간을 위해 땅과 그 위의 모든 피조물을 창조했다는 관념을 파괴했다. 진화론의 일부로서 그는 종의 연속성을 보여주어 "인간은 신성하게 구분되어 창조된 종"이 아니라는 사실을 밝히려 했다.[47]

이 연구는 다윈이 플리니안 소사이어티에서 브라운이 벨의 『표현의 철학과 해부』(*Anatomy and Philosophy of Expression*)를 과감하게 비판하는 것을 목격하고 연구 노트에 동물의 표현에 관해 기록했던 시절로 되돌아가는 일이었다. 벨은 창조주가 인간의 감정을 표현하도록 안면근육을 특별하게 설계했으며, 나머지 동물계에서는 그런 흔적이 보이지 않는다고 주장했다. 다윈은 『감정표현에 대하여』 전편을 통해 인간과 동물의 감성과 지성은 연속성을 갖고 있다는 것을 보여줌으로써 벨의 설계론을 반박했다. 인간의 감정과 근육은 독특한 게 아니다. 오히려 그것은 진화의 결과이다. 뿐만 아니라 인간의 "표현은 선천적이며 진화의 산물이다."[48] 여기서 다윈은 모든 종은 공통의 선조로부터 내려온 것이라는 자신의 이론을 확장하고 인간은 자연선택의 예외라고 주장하는 설계론을 배척했다.

다윈과 종교

1881년 9월 28일 다윈은 한 무리의 자유로운 사상가들을 집으로 초대했다. 에드워드 에이블링(Edward Aveling, 그는 훗날 마르크스의 딸 엘레노어의 결혼하지 않는 남편이 된다)과 독일의 지도적인 과학적 유물주의자 루드비히 뷔히너(Ludwig Büchner)가 이 모임에 참석했다. 이어서 벌어진 토론에서 다윈은 자신은 40세 되던 해에 기독교 신앙과 완전히 결별했지만 신에 관한 논쟁이라면 마다하지 않는다고 밝혔다. 다윈에게 있어서 종교문제는 전 생애를 통해 공개적이건 비공개적이건 중요한 논제였다. 그는 자신의 이론을 수정하고 아울러 과학의 사회적 역할에 관한 자신의 입장을 변경하려는 생각도 해보았다. 그러나 다윈 자신의 회고에 따르면 결국 과학에 전념한 것이 그가 자랑스러워 한 부분이었다.

다윈은 물질세계와 불변의 자연법칙을 탐구하면서 구약성서와 기타 성스러운 책들이 제시하는 "거짓된 세상의 역사"는 믿을 수 없다는 것을 깨달았다. 그는 신성한 계시를 부인하고 기적을 믿는 것은 비이성적이라고 비판했다. 『자서전』에서 그는 "신성한 계시로서의 기독교를 점차로 믿지 않게 되었다"고 했다. 그는 "성서의 기록은 증거가 부족하며, 결국 "아주 천천히, 그러나 마침내 완벽하게 불신이 나에게 찾아왔다. 불신이 다가오는 속도는 매우 완만했기 때문에 나는 아무런 갈등을 느끼지 않았고, 이후로는 나의 결론이 옳다는 데 대해서 한 순간도 의문을 품어본 적이 없었다"고 말했다. 또한 그는 불신자는 영원한 형벌을 받는다는 것은 "가증스러운 교리"라고 말했다.[49] 다윈은 신에 대한 종교적 합리화에 대항하여 유물주의적 진화론을 내세우면서 "지적인 최초의 동인으로서의 존재"를 부인했으며, "깊은 내면의 확신과 느낌"을 통한 경험을 바탕으로 "지적인 신의 존재"를 를 확인할 수 있다는 주장을 부정했다.

> 유일한 신의 존재에 대한 내면적 확신은 … 그러므로 무엇이 진실로 존재하는지에 대한 증거로서는 그런 확신과 느낌은 아무런 가치가 없다. 이전에 나의 내면을 열광케 하던 장엄한 광경에 대한 믿음, 신과 긴밀하게 연결되어 있다는 믿음은 (이런 광경의 발생원인을 설명하기가 어려우며) 음악이 불러일으키는 유사한 장중하고 모호한 느낌과 다를 바가 없으며, 그것이 결코 신의 존재를 입증하는 설명으로 발전될 수는 없다.[50]

『인류의 유래와 성 선택』에서 다윈은 종교는 인간사회의 진화론적 발전단계의 한 부분이라고 설명했다. 그는 "인간이 전지전능한 신에 대한 고결한 믿음을 선천적으로 부여받았다는 증거가 없으므로" 종교는 본유(本有)적인 것이 아니라고 주장했다. 그는 어떤 문화에서는 신(들)

이란 개념이 존재하지 않는다는 사실을 소개했다.[51] 그는 신에 대한 믿음은 문화의 산물이라고 주장했다 :

> 이른바 신에 대한 본능적 믿음이란 것을 많은 사람들이 신의 존재를 주장하는 데 이용해 왔다고 생각한다. 그러나 이것은 성급한 주장이며, 이 주장을 믿는다면 인간보다는 약간 강한 힘을 가진 수많은 잔인하고 악의적인 영혼의 존재도 믿지 않을 수 없다. 왜냐하면 이런 영혼들에 대한 믿음이 자비로운 신에 대한 믿음보다 훨씬 더 일반적이기 때문이다. 보편적이고 자비로운 우주의 창조자란 개념은 문화가 오랜 시간을 두고 향상되어 온 끝에 비로소 인간의 마음 속에 자리잡게 된 것이다.[52]

다윈은 세계에 대해 유물주의적 · 과학적 접근방법을 고수해 왔지만 종교에 대한 직접적인 공격은 피해왔다. 이런 면에서 다윈은 에이블링 같은 동시대의 급진적 과학운동가들과는 크게 달랐다. 해부학 강사였던 에이블링은 영국의 “기독교적 위선과 시민자유의 억압”을 비난한 인물이었다. 에이블링은 호전적 무신론자인 찰스 브래드로(Charles Bradlaugh)가 선거에서 당선되고도 하원의석을 거부당하자 앞장서서 이에 항의하는 운동을 벌렸다. 1880년에 에이블링은 자신의 저서 『학생들을 위한 다윈』(*The Student's Darwin*)을 다윈에게 헌정하겠다고 제의했으나 다윈은 이를 거절했다.

> 나는 사상의 자유가 모든 분야에서 보장되어야 한다고 믿지만 (맞는지 틀린지는 모르겠으나) 기독교와 유신론에 대한 직접적인 공격이

대중에게 별로 영향을 미치지 못할 것이라고 생각합니다. 그리고 점진적인 과학의 발전이 사람들의 마음 속에 빛을 비출 때 사상의 자유가 확대될 것이라고 믿습니다. 그러므로 언제나 나의 목표는 종교에 관한 글을 쓰는 일을 피하고 과학연구에만 몰두하는 것이었습니다. 여하튼 내가 어떤 형태로든 직접적으로 종교를 공격하는 일을 돕는다면 내 가족들이 고통을 받게 될까봐 피해야 한다는 잘못된 생각을 했는지도 모르겠습니다.[53)]

다윈은 과학의 영역을 확대하기 위해 과학적 연구에 의존했고, 세계에 대한 조심스럽고 상세한 연구를 통해 자연에 대한 이해가 향상될 것이란 희망을 갖고 있었다.

다윈주의 혁명

자연선택 또는 변이의 상속이란 방식을 통해 진화한다는 유물주의적 해석은 방대한 데이터를 기초로 한 정교한 이론이었고, 이 이론은 발표된 이후로 과학자들에게 지속적으로 영감을 주었다. 그런 점에서 "다윈주의 혁명"이라고 불러도 과장은 아니다. 유전학자 시어도시어스 도브잔스키(Theodosius Dobzhansky)가 확언했듯이 "진화론에 비추어 보지 않으면 생물학의 어떤 분야도 설득력을 갖지 못한다."[54)] 진화[또는 원형(原形)진화] 사상은 물론 다윈에게서 비롯된 것은 아니다. 그러나 다윈주의의 자연선택론은 질적으로 획기적인 도약이었으며, 진화론은 다윈 때부터 실질적으로 발전하기 시작했다.[55)] 다윈주의는 역동적인 세계를 이

성적인 의문을 갖고 접근하면서 있는 그대로의 세계를 해석하려 함으로써 자연에 대한 우리의 이해를 혁명적으로 바꾸어 놓았다. 이리하여 신은 자연계로부터 축출되었다. 다윈이 쌓은 기초 위에서 생물과학이 성립되기 시작했다.

그러므로 "다윈 이후로(어떤 사람은 2천 년 이전인 엠페도클레스와 에피쿠로스 이후부터라고 주장할지 모르지만) [진화론에] 의미 있는 연구 성과가 더해지지 않았다"는 지적 설계론 지지자 뎀스키의 주장은 순전히 무지의 소치일 따름이다.[56] 마찬가지로 와이커는 "다윈 주장의 모든 기초는 에피쿠로스와 루크레티우스에게서 나온 것이며 … 다윈은 에피쿠로스의 유물주의를 추종하여 종의 특성을 배제했으며, 자연선택론은 또한 루크레티우스의 작품에 나오는 얘기를 확대한 것에 불과하다"고 주장한다.[57] 지적 설계론 지지자들의 이런 전략은 다윈의 진화론의 구조 전체가 이미 고대에 에피쿠로스가 만들어 놓았던 것이며, 다윈의 공적이라고 한다면 신뢰하기 어려운 증거들을 보탠 것뿐이라는 주장을 하기 위함이다. 이런 견해는 터무니없는 것이다. 고대 그리스의 유물주의자들이 천재성을 발휘하지 않은 것은 아니지만 일관된 자연선택론을 제시하고 그것을 뒷받침하는 증거까지 제시한 사람은 다윈이 처음이다.

20세기의 저명한 진화론자인 에른스트 마이어(Ernst Mayr)는 생물학 사상의 역사에 관한 방대한 저서를 통해 에피쿠로스 학파가 여러 가지 중요한 통찰력을 보여준 것은 사실이나 자연선택의 발견과 발전된 진화론을 그들의 공적으로 돌리는 것은 잘못된 해석이라고 주장했다. 나아가 당시의 과학사상의 수준에 비추어 본다면 다윈이 변화를 진화론적 메커니즘으로 해석한 것은 혁명적인 업적이었다. "종은 불변이며 본질적이란 생각은 폭풍우를 만나 무너져야 할 요새였다. 이 요새가 붕괴되자 무너진 둑으로 홍수가 밀어닥치듯 진화론적 사고가 몰려들어 왔다."[58] 다윈이 제공한 획기적인 이론은 이전의 모든 이론을 무너뜨렸고 우주목적론적 세계관의 조종(弔鐘)을 울렸다.

:: 주 ::

1 Charles Darwin, *The Autobiography of Charles Darwin, 1809–1882*(New York : W. W. Norton, 2005), 73.

2 Francis Bacon, *Philosophical Works*(New York : Freeport, 1905), 473 ; Charles Darwin, *Notebooks, 1836–1844*(Ithaca, N. Y. : Cornell University Press, 1987), 637.

3 David Kohn(편), *The Darwinian Heritage*(Priceton, N. J. : Princeton University Press, 1985), 301에 수록된 John R. Durant, "The Ascent of Nature in Darwin's Descent of Man."

4 Adrian Desmond와 James Moore, *Darwin : The Life of a Tormented Evolutionist* (New York : W. W. Norton, 1994).

5 Janet Browne, *Charles Darwin : Voyaging*(Priceton, N. J. : Princeton University Press, 1995), 72–8 ; Janet Browne, Adrian Desmond와 James Moore, *Charles Darwin* (Oxford : Oxford University Press, 2007).

6 Desmond와 Moore, *Darwin*, 33–40 ; Browne, *Charles Darwin : Voyaging*, 76–8.

7 Darwin, *The Autobiography*, 50–1 ; Browne, *Charles Darwin : Voyaging*.

8 William Paley, *Natural Theology—or Evidence of the Existence and Attributes of the Deity Collected from the Appearances of Nature*(London : R. Faulder, 1803) ; Gavin de Beer, *Charles Darwin : Evolution by natural Selection*(Garden City, N. Y. : Doubleday, 1964), 14–18.

9 Darwin, *The Autobiography*, 64, 71.

10 Ibid., 65–9 ; Charles Darwin, *The Voyage of the Beagle*(New York : P. F. Collier and Son, 1937).

11 Desmond와 Moore, *Darwin*, 186 ; Darwin, *The Voyage*, 376–405 ; Nora Barlow, "Darwin's Ornithological Notes," *Bulletin of the British Museum (Natural History), Historical Series* 2/7 (1963) : 201–78.

12 Richard York와 Brett Clark, "Natural History and the Nature of History," *Monthly Review* 57/7(2005) : 21–29.

13 Frank J. Sulloway, "Darwin's Conversion : The Beagle Voyage and Its Aftermath," *Journal of History of Biology* 15/3(1982) : 325–396.

14 Browne, Desmond와 Moore, *Charles Darwin*, 26–40 ; Brown, *Charles Darwin : Voyaging*, 362–3 ; Charles Darwin, *Charles Darwin's Notebooks, 1836–1844 : Geology, Transmutaion of Species, Metaphysical Enquiries*(Ithaca, N. Y. : Cornell University Press, 1987), Notebook B. 229.

15 Darwin, *The Autobiography*, 98.

16 Howard E. Bruber, *Darwin on Man*(Chicago : University of Chicago Press, 1981), 204–5.

17 Charles Darwin, *Charles Darwin's Notebooks*, Notebook D, 347, Notebook B, 189, 213 ; Desmond와 Moore, *Darwin*, 213–4.

18 Darwin, *The Autobiography*, 98–9.

19 John Macculloch, *Proofs and Illustrations of the Attributes of God*(London : J. Duncan, 1837). 맥클록이 모든 형태의 생명은 정신과 이성에 있어서(본능을 포함하여) 동일하다는 주장을 내놓았음을 유의해야 한다.

20 Charles Darwin, *Charles Darwin's Notebooks*, 633–35, 637.

21 Ibid., Notebook M, 532, 551, Notebook C, 291.

22 Charles Darwin, *The Life and Letters of Charles Darwin*, Francis Darwin(편) (New York : D. Appleton and Company, 1896), 1 : 384.

23 Desmond와 Moore, *Darwin*, 320–23 ; Secord, *Victorian Sensation : The Extraordinary Publication, Reception, and Secret Authorship of Vestiges of the Natural History of Creation*(Chicago : University of Chicago Press, 2008).

24 Darwin, *The Autobiography*, 99.

25 Browne, Desmond와 Moore, *Charles Darwin*, 50–62 ; Gould, *Ever Since Darwin*, 21, 27.

26 James Marchant, *Alfred Russel Wallace : Letters and Reminiscence*(New York : Harper and Brothers, 1916), 107–8 ; Andrew Berry와 Janet Browne, "The Other Beetle–Hunter," *Nature* 453 : 1188–1190.

27 Ross A. Slotten, *The heretic in Darwin's Court : The Life of Alfred Russel Wallace*(New York : Columbia University Press, 2004), 151–56 ; Brett Clark과 Richard York, "The Restoration of Nature and Biogeography : An Introduction to Alfred Russel Wallace's 'Epping Forest,'" *Organization and Environment* 20/1(2007) : 213–24.

28 Darwin, *The Autobiography*, 101–2.

29 Loren Eiseley, *Darwin's Century*(New York : Anchor Books, 1958) ; Gould, *Ever Since Darwin* ; Charles Darwin, *The Origin of Species*(Harmondsworth, England : Penguin Books, 1968).

30 Darwin, *Origin of Species*, 119.

31 Ibid., 459–60 ; Darwin, *The Origin of Species*, 33에 수록된 J. W. Burrow의 "Introduction."

32 Darwin, *The Autobiography*, 57–8 ; John Herschel, *A Preliminary Discourse on The Study of Natural Philosophy*(New York : Johnson Reprint Corp., 1966) ; Darwin, *The Origin of Species*, 65.

33 Janet Browne, *Charles Darwin : The Power of Place*(Princeton, N. J. : Princeton University Press, 2002), 107.

34 Laputa 섬–걸리버 여행기에 나오는 날아다니는 섬. 이 섬의 주민들은 수학, 천문학 음악에 뛰어난 재능을 갖고 있으면서도 이를 실생활에 활용하지 못한다.(역주)

35 John Herschel, *Physical Geography of the Globe*(Edinburgh : Adam and Charles Black, 1861), 12 ; Jonathan Hodge와 Gregory Radick(공편), *The Cambridge Companion to Darwin*(Cambridge : Cambridge University Press, 2003), 168–91에 수록된 David L. Hull의 "Darwin's Science and Victorian Philosophy of Science."

36 Charles Darwin, *The Correspondence of Charles Darwin*(Cambridge : Cambridge University Press, 1994), 9 : 135.

37 Ibid., 9 : 225–27.

38 Darwin, *Life and Letters*, 2 : 105.

39 Charles Darwin, *The Correspondence of Charles Darwin*, 9 : 200–201.

40 Gould, "Worm for a Century, And All Seasons," *Hens' Teeth and Horse's Toes*(New York : W. W. Norton, 1983).

41 Charles Darwin, *The Variation of Animals and Plants under Domestication*(London : D. Appleton and Company, 1920), 2 : 415.

42 Charles Darwin, *The Correspondence of Charles Darwin*(Cambridge : Cambridge University Press, 2001), 10 : 331 ; Charles Darwin, *The Works of Charles Darwin : The Various Contrivances by which Orchids are Fertilised by Insects*(New York : New York University Press, 1988), vol. 17 ; Desmond, Moore와 Brown, *Charles Darwin*, 91, 96.

43 Thomas R. Trautmann, *Lewis Henry Morgan and the Invention of Kinship*(Berkeley : California University Press, 1987), 35, 220.

44 Charles Lyell은 비교적 늦은 1868년이 되어서야 소극적으로 진화론을 받아들였는데, 그것도 제한된 범위 내에서만 받아들였다. 그는 *The Geological Evidence of the Antiquity of Man*(Philadelphia : G. W. Childs, 1863)에서 진화론을 명백하게 지지하지 않았고, 이는 다윈을 실망시켰다. 진화론을 받아들인 후에도 그는 신이 진화의 단계를 미리 예정해 두었다(원숭이에서 사람으로)는 입장을 견지했다.

45 Trautmann, *Lewis Henry Morgan*, 32, 172–73.

46 Charles Darwin, *The Descent of Man, and the Selection in Relation to Sex*(Princeton, N. J. : Princeton University Press, 1981), 1 : 3 ; John Tyler Bonner와 Robert M. May, "Introduction," ibid., xi ; Desmond, Moore와 Browne, *Charles Darwin*, 83–84.

47 Charles Darwin, *The Expression of Emotions in Man and Animals*(Oxford : Oxford University Press, 1998) ; Paul Ekman, "Introdution to the Third Edition," ibid., xxv.

48 Charles Bell, *Anatomy and Philosophy of Expression as Connected with the Fine Arts*(London : Murray, 1844), 3rd ed. ; Charlea Darwin, *The Expression of the Emotions* ; Ekman, "Introduction to the Third Edition," xxxiv.

49 Darwin, *The Autobiography*, 71–72 ; Desmond와 Moore, *Charles Darwin*, 656–57.

50 Darwin, *The Autobiography*, 75–76.

51 Darwin, *The Descent of Man*, 1 : 65.

52 Ibid., 2 : 395.

53 Desmond와 Moore, *Charles Darwin*, 643–45. Edward B. Aveling은 이때 Eleanor Marx의 연인이었다. 다윈이 1880년에 그에게 보낸 편지는 마르크스의 가족문서 속에 섞여 있어서 다윈이 칼 마르크스에게 보낸 편지로 오인되었고, 그래서 마르크스가 *Capital*을 다윈에게 헌정하겠다는 제안을 했다는 얘기가 전해져 왔다. 다윈이 편지에서 언급한 책은 사실은 Aveling의 *The Student's Darwin*(London : Freethought Publishing Company, 1881)이었다. Margaret A. Fay, "Marx and Darwin : A Literary Detective Story," 31/10(1980) : 40–47을 보라.

54 John Brockman(편), *Science Versus the Intelligent Design Movement*(New York : Vintage, 2006), 11에 수록된 Jeffrey A. Coyne의 "Intelligent Design : The Faith That Dare Not Speak Its Name"에 인용됨.

55 Elizabeth Culotta와 Elizabeth Pennisi, "Breakthrough of the Year : Evolution in Action," *Science* 310(2005) : 1878–79 ; Stephen J. Gould, *The Structure of Evo-*

lutionary Theory(Cambridge, Mass. : Belknap Press of Harvard University Press, 2002).

56 William A. Dembski, *The Design Revolution*(Downers Grove, Ill. : InterVarsity Press, 2004), 270.

57 Benjamin Wiker, *Moral Darwinism*(Downers Grove, Ill. : InterVarsity Press, 2002), 220.

58 Ernst Mayr, *The Growth of Biological Thought*(Cambridge, Mass. : Harvard University Press, 1982), 306, 403.

프로이트와 종교의 환상

역사적 유물주의의 창시자인 칼 마르크스와 마찬가지로 심리분석의 창시자인 지그문트 프로이트는 일반적으로 말하자면 유물주의 전통에서 파생된 종교 비판의 후계자이며, 특정하게 말하자면 포이에르바흐의 후계자였다. 가톨릭 신학자인 한스 퀑(Hans Küing)은 저서 『프로이트와 신의 문제』(*Freud and the Problem of God*)의 첫 구절에서 이렇게 언급했다 : "마르크스주의 무신론과 프로이트주의 무신론의 조부는 루드비히 포이에르바흐이다. 포이에르바흐는 처음에는 신학자였다가 다음에는 헤겔주의자로 변신했고, 마지막에는 무신론 철학자가 되었다." 젊은 시절의 프로이트는 "모든 철학자들 가운데서 나는 이 사람[포이에르바흐]을 가장 숭배하고 찬양한다"고 말했다.[1]

여러 차례 변신을 거듭했던 포이에르바흐는 훗날 과학적 유물주의자가 되었을 때 야콥 몰레쇼트(Jacob Moleschott), 카를 복트(Carl Vogt), 루드비히 뷔히너(Ludwig Büchner) 같은 19세기 과학자들의 저서의 기초가 된 기계론적 유물주의를 찬양했다.[2] 프로이트도 이와 유사한 변신과정을 거쳤는데, 그의 "젊은 우상들" 가운데 한 사람은 의사이자 물리학자인 헤르만 헬름홀츠(Hermann Helmholtz)였다. 헬름홀츠는 에너지 보존 법칙의 공동 발견자였다. 일찍부터 의학, 신경학, 그 밖의 생물학적 주제에 대해 관심을 갖고 있던 프로이트는 헬름홀츠, 에밀 뒤 보아-레이몽(Emil Du Bois-Reymond), 에른스트 브뤼케(Ernst Brücke) 등이 제시한 기계론적 생리학의 추종자가 되었다. 그는 영국의 유물주의자이자 진화론 사상가인 찰스 다윈, 존 틴달, 토마스 헉슬리 등을 열렬하게 찬양했다.

연구의 초점을 인간의 정신으로 바꾸었을 때 프로이트는 철저한 유물주의와 생물학적 법칙을 기반으로 하여 심리분석 혹은 무의식의 심리학을 연구하면서 생리학적 요인과 심리학적 요인 사이의 상호작용을 고찰하는 데 집중했다.[3] 그러나 그의 연구가 생물학적 연구와 이론에 의존한 바가 많았다는 사실은 흔히 간과되었는데, 그것은 후에 프로이트가 자신의 심리분석 이론("'자기분석적' 발견경로")은 다른 학문의 영향을 받지 않고 "순수 심리학"에서 출발한 것이라고 꾸며댔기 때문이다. 어쨌든 심리분석에서 유물주의적·생리학적 기반은 너무나 핵심적인 것이기 때문에 프로이트 사상의 전체 구조에서 그것을 제거할 수가 없다. 실재로 그의 사상에 대한 생물학적 영향은 매우 강해서 한 저명한 전기 작가는 그를 "비밀 생물학자"라고 불렀을 정도였다.[4] 퀑에 따르면 프로이트의 유물주의는 너무나 일관되고 철저해서 고대의 데모크리토스와 에피쿠로스, 계몽주의 시대의 라 메트리(La Mettrie)와 홀바흐(Hollbach) 같은 유물주의자들에게까지 그 연원이 닿아 있었다. 에리히 프롬도 "에피쿠로스의 [심리학] 이론은 여러 면에서 프로이트의 그것과 닮았다"고 했다. 프로이트는 유물주의와 진화론을 철저하게 신봉했기 때문에 그의 추종자 어니스트 존스(Ernst Jones)가 프로이트에게 "정신계의 다윈"이라는 호칭을 붙여준 것이 전혀 부적절하다고는 할 수는 없다.[5)]

피터 게이(Peter Gay)가 프로이트는 "가정에서 종교적인 교육을 받지 않고 성장"했고, 대학에 들어가기 전에 이미 무신론자였다고 썼다. 그래서 초기의 프로이트 추종자이자 그의 전기를 썼던 어니스트 존스도 프로이트가 "신이나 영생에 대한 믿음이 없는 환경에서 성장했다"고 썼다. 그러나 프로이트의 아버지는 정통 유대교도로서 교육받았으며, 기독교로 개종하거나 유대교 신앙을 완전히 버린 적이 없는 사람이었고, 프로이트의 어머니도 신의 존재에 대한 믿음을 갖고 있었다. 프로이트는 유대교의 관습과 축제에 대해 완전히 익숙했다. "일곱 살이었을 때 그는 필립슨 성경(라이프치히의 랍비 필립슨이 편찬한 독일어-히브리어 대역의 구약성경)에 깊은 관심을 갖고 있었다. 이 성경은 19세기에 유대인들이 읽는 표준 성경이었다." 프로이트가 서른여섯 살 생일을 맞았을 때 아버지가 그에게 프로이트의 이름을 새긴 성경을 선물했다.[6)] 프로이트는 훗날 자주 자신을 "신이 없는 유대인" 또는 "믿음이 없는 유대인"이라고 표현했지만 유대인의 문화적 유산을 완전히 버린 적은 없었다.[7)] 그가 평생 동안 모세라는 인물에 매료되어 있었음은 그의 논문 「미켈란젤로의 그림에 나타나는 모세」(1914)와 1939년 그가 죽기 직전에 출간된 마지막 저서 『모세와 유일신교』(*Moses and Monotheism*)에서 드러나고 있다.

그러나 프로이트의 유물주의적 경향과 과학에 대한 집념은, 게이의 표현을 빌리자면, 최소한 학창 시절부터 그를 "확신에 차고 일관되며 적극적인 무신론자"로 만들었다.[8)] 물론 유일신교를 긍정하는 의미는 아니었지만 어니스트 존스에 의하면 프로이트는 다음과 같은 말을 했다고 한다 : "신의 존재에 대해 회의적인 내 친구 한 사람이 인정하는 유일한

[유일신교를 지지하는] 주장은 순전히 수학적인 관점에서 나온 것이라고 한 적이 있네. 유일신교가 보다 진실에 가까운 이유는 1이 3이나 5보다 0에 더 가깝기 때문이라는 거지."[9]

1907년부터 『강박적 행동과 종교의식』(*Obsessive Actions and Religious Practices*)이란 논문을 쓰면서 프로이트는 심리학적 신경증과 종교 사이의 관계에 대해 관심을 갖기 시작했고, 이런 관심은 결국 종교의 기원에 관한 이론과 종교 비판 이론으로 발전해 갔다. 『토템과 터부』(*Totem and Taboo*, 1913), 『모세와 유일신교』 같은 저서에서 프로이트는 다윈과 라마르크의 진화론적 관념을 도입하여 종교에 관한 정신발생학적 이론을 수립하려고 시도했다. 이런 시도는 결과적으로 성공하지는 못했지만 서구문명에 있어서 종교의 역할에 대한 의미심장한 의문을 제기했다.[10] 포이에르바흐는 유명한 투영 이론에서 인간이 자신의 이미지대로 신을 만들었다고 주장했다. 여기서 더 나아가 프로이트는 인간이 외디푸스 콤플렉스(어머니에 대한 성적 욕망으로 인해 생긴 아버지에 대한 적대감) 때문에 원시시대에 아들에게 잡아먹힌 아버지—유년기에 형성된 아버지 상—의 모습으로 신을 만들어냈으며, 이것은 종의 유전적 기호가 되어 라마르크식 진화과정(습득된 특성의 유전)을 통해 후대에 전달된다는 사실을 보여주려 했다.

그러나 프로이트의 종교 비판은 종교의 정신발생학에만 한정되지 않았다. 그는 심리학적 구조로서 신의 기원을 설명하는 데 그치지 않고 유물주의적 과학의 경쟁자로서의 종교에 대한 전면적인 비판—저서 『환상의 미래』(*The Future of an Illusion*, 1927)와 『심리분석에 관한 새로운 시론』(*New Introductory Lectures on Psychoanalysis*, 1933)이란 제목의 마지막 강의—을 시도했다.

신경증의 원인은 억압된 성적 에너지라고 주장하여 악명을 얻은 데 더하여 종교를 비판했으므로 프로이트는 현대의 지적 설계론 지지자들의 분노의 대상이 되었다. 다윈, 마르크스와 더불어 프로이트는 디스커버리 연구소의 과학문화 센터 연구원들로부터 불경스러운 삼위일체로 끊임없이 언급되고 있고, 고대 에피쿠로스 학파에서 내려온 무신론적 유물주의의 화신이란 평가를 받고 있다. 지적 설계론의 쐐기 이론가인 필립 E. 존슨은 프로이트를 다윈, 마르크스와 함께 반종교와 "유물주의의 3거두"로 본다.[11] 지적 설계론 지지자 도날드 데 마르코(Donald De Marco)와 벤자민 와이커는 프로이트를 현대에 들어와 "문화의 사망"을 주도한 인물의 한 사람으로 지목한다 : "프로이트는 사실상 인간의 세계와 모든 인간의 고유한 활동을 과학적 유물주의의 잡다한 실험재료로 축소시켰고 … 프로이트는 '사탄과의 계약'을 맺었으며 … 심리분석이 그 결과물이다. 계약을 맺은 직후에 … 프로이트는 『꿈의 해석』을 썼고 … 그는 이 저서를 자신의 대표작이라 생각한다."[12] 프로이트가 인간의 성장을 모두 성적 쾌락을 중심으로 분석함으로써 다윈이나 마르크스처럼 생명의 성스러운 의미를 파괴하는 데 공헌했다는 비난을 받는 것은 어쩌면 당연한 일이다.[13] 심지어 그는 꿈 그 자체로부터 신을 제거하고 꿈을 극도로 물질적인 것으로 만들었다. 지적 설계론 지지자들의 프로이트에 대한 적대감은 이것 때문만은 아니다. 적대감의 보다 깊은 뿌리는 프로이트가 유물주의 무신론자이며 종교를 "환상"이라고 비판했다는 데 있다.

1920년대 후반이 되자 프로이트는 종교적 근본주의가 점차로 침략자의 역할을 확대하여 과학의 고유한 영역을 침범하고 있다는 결론에 이르렀다. 이와 관련하여 그는 『환상의 미래』와 『심리분석에 관한 새로운 시론』에서 과학이 수세적인 처지로 몰려서는 안 된다고 주장했다. 프로이트는 1925년 테네시 주 데이턴에서 벌어진 스콥스 재판을 불안한 마음으로 지켜보았다. 이 재판은 스콥스의 유죄판결로 끝났다. 프로이트가 보기에 과학과 창조론의 절대적 충돌인 "데이턴의 '원숭이 재판'은 미국인들의 완고함을 보여주었을 뿐이다." 전통적인 종교는 진리의 영역에서 과학의 경쟁자일 뿐만 아니라 환상이라는 것을 깨우치기 위해서는 지식의 발전이 필요했다.[14)]

프로이트의 종교 비판, 특히 그의 정신발생학을 이해하기 위해서는 그가 『문명과 그 불만』(*Civilization and Its Discontents*)에서 설명했듯이 "보통 사람들이 종교를 통해서 무엇을 이해하는지 … 보통 사람은 이 섭리라는 것을 엄청나게 강화된 아버지의 형상으로만 상상할 줄 안다"는 점을 인식할 필요가 있다. 프로이트에게 있어서 이것은 "종교가 그 이름으로 할 수 있는 유일한 것"이었다. 그러므로 프로이트는 이신론(理神論)이란 "일련의 가련한 최후의 반격"이며, 종교의 환상을 지원하려는 시도이고, 아울러 신을 "비인격적이며 공허하고 추상적인 법칙"으로 대체하려는 것이라고 주장했다. 프로이트가 『환상의 미래』에서 지적했듯이 "속성을 정의할 수 없는 보다 높은 영적인 존재가 있으며, 그 존재의 목적은 인식할 수 없다는 믿음"으로 제한되는 이신론 또는 철학적 유신론은 "과학의 도전에 대한 방어수단"일지 모르나 "인간의 관심"을 끌지는 못할 것이다.[15)]

대학 시절 프로이트는 전직 신부인 비엔나 대학 철학교수 프란츠 브렌타노(Franz Brentano)의 철학적 유신론으로부터 한때 영향을 받은 적이 있었다. 브렌타노는 뛰어난 아리스토텔레스 해석자였고, 실험심리학의 개척자였으며, 우주목적론을 통해 신의 존재를 열렬히 주장하는 사람이자 다윈의 진화론에 대한 철저한 비판자였다. 프로이트는 브렌타노를

"천재"이며 "날카로운 변증가"라고 생각했고, 최소한 다섯 강좌 이상을 그에게서 들었다. 비엔나의 학생들은 브렌타노의 심리학 강의에 매료되었고, 신의 존재를 설명하는 그의 강의에는 수많은 학생들이 몰려들어서 강좌를 비엔나 대학에서 가장 큰 강의실로 옮겨야 할 정도였다.

『신의 존재에 관하여 : 뷔르츠부르크 대학과 비엔나 대학에서의 강의』(*On the Existence of God : Lectures Given at the Universities of Würzburg and Vienna*, 1868-1891)에서 브렌타노는 신의 존재에 대한 몇 가지 확실한 증거를 제시했는데, 그 증거의 첫째와 마지막이 "자연의 합리적인 질서에서 보이는 우주목적론적 증거"와 "인간 영혼의 본질에서 보이는 심리학적 증거"였다.[16] 가장 강조한 "목적론적 증거"에서 브렌타노는 자연에서 보이는 설계의 흔적을 살펴보면 설계의 실체가 있다는 증거를 찾을 수 있고, 이를 통해 설계자가 있음을 알 수 있다는 전통적인 자연신학의 입장을 옹호했다. 예컨대, 그는 생명체가 아름답기 위해서는 설계되지 않으면 안 된다고 주장했다. 그러나 브렌타노의 목적론적 증거에서 보다 중요한 것은 전통적인 설계의 관념이 아니라 다윈의 진화론에 대한 방대한 비판이었다. 브렌타노는 목적론적 법칙—다시 말해 신—이 개입할 여지가 있는 범위 내에서는 진화론이란 관념을 지지했지만, 다윈의 자연선택은 목적론적 전망과 가장 배치되는 관점이라고 강력하게 부정했다. 그의 강의는 "다윈의 설명은 설득력 있는 가설이 아니다", "다윈주의 가정의 불가능성", "다윈주의 가정의 고도의 불가능성" 등의 제목을 내걸었다. 그는 맹목적 필요/우연, 다윈주의 메커니즘과 모순되는 종 유전의 변이성, 생명의 발생을 설명하는 다윈의 자연선택론을 입증하기에는 지구의 나이가 너무 젊다는 물리학자 윌리엄 톰슨[William Thompson, 켈빈 경(Lord Kelvin)]의 계산(이 계산은 후에 잘못되었다는 것이 밝혀졌다),

라마르크의 진화론과 다윈의 진화론의 상호 모순 등등을 들어 반론을 제기했다. 브렌타노의 여러 반론은 한마디로 하자면 목적론적 법칙의 도움 없이는 다윈이 주장하는 진화는 일어날 수 없다는 것이었다. 그는 흄의 「자연주의 종교에 관한 문답」(*Dialogues Concerning Natural Religion*)을 끊임없이 공격했다. 브렌타노는 모든 유물주의 사상에 대해 매우 비판적이었고, 그래서 자주 프리드리히 알버트 랑게(Friedrich Albert Lange)의 『유물주의의 역사』(*History of Materialism*)를 표적으로 삼았으며, 고대 그리스 유물주의자들로부터 나온 원자론을 비판했다. 브렌타노는 목적론적 증거를 들어 "세계를 지배하는 지성이 있으며, 무(無)로부터 물질을 만들어 낸 창조적인 지성이 있음을 믿지 않을 수 없다"고 결론지었다.

프로이트로서는 브렌타노의 신이 존재한다는 "목적론적 증거"보다 더 중요한 것은 그가 진화론적 관점을 비판하면서 제시한 "심리학적 증거"였다. 그는 "심리학적 증거"를 통해 영혼—심리학의 출처—은 신체와 분리되어 있다고 주장했다. 이 주장은 "우리 내부의 생각은 신체와 연관된 것이 아니고 영적인 무엇임이 틀림없다"는 견해로 발전했다. 그는 이 "영적인 실체는 의식적으로 작동하는 창조적 법칙에 의해 만들어졌다"고 주장했는데, 그 법칙이란 곧 신을 의미했다.

심리학과 관련된 유물주의적 관점을 비판하는 부수적인 주장에서 브렌타노는 다윈주의 사상가들 자신이 신체와 영혼의 분리를 지적했다고 주장했는데, 이것이 프로이트에게 지속적인 영향을 미쳤다. 그러므로 "다수의 … 다윈주의자들"(당시의 라마르크-다윈주의자들을 지칭했다)이 습득된 특성이 유전되는 것이 "가능하다"고 주장하지만 이런 관점은 신체와는 구분되는 심리적 특성에만 해당된다. 브렌타노는 모든 다윈주의자들도 동의하는 바이지만 "어떤 습득된 사고와 습득된 지식도 부모로부터 자식에게로 전달되지 않는다"고 주장했다. 그는 "영혼이 신체기관이라면 유전 가능한 다른 특성과 같이 유전되어야 하는데 그렇지 않다는 것은 이상하다고 할 수밖에 없다"고 덧붙였다. 그는 그러므로 "다윈 일파는 감각적 인식, 인지적 개념과 지식은 유전되지 않는다는 보편적 사실"을 직시해야 한다고 주장했다. 또한 이것은 "영혼이 신체와 연관되어 있다는 가정과는 상충되는 사실"이다.

브렌타노는 이것이 다윈주의자들의 견해의 중대한 모순이라고 보았다. 소수의 예외를 제외하고는 그 시대의 다윈주의자들은 습득된 신체적 특성은 유전될 수 있다고(라마르크의 가설대로) 믿었고, 영혼은 신체와 연관되어 있다고 인식했지만 고도의 의식활동과 관련된 습득된 특성은 유전되지 않는다는 생각을 갖고 있었다.

그런데 여기서 브렌타노가 다윈주의의 기본적인 논리를 오해하고 있었음이 분명하다. 다윈주의의 특징의 하나는 습득된 재능의 유전(예컨대, 라마르크주의에서와 같이)을 부인한다는 점이었다. 그러므로 브렌타노가 습득된 특성의 유전을 비판할 때 다윈주의 자체는 공격받은 적이 없었고, 공격의 대상은 당시에 대중의 인기를 끌던 라마르크화된 다윈주의였다.

그러나 프로이트가 습득된 특성의 유전을 비판하고 이와 관련하여 다윈주의(실제로는 라마르크화 된 다윈주의)의 논리적 모순을 지적한 브렌타노로부터 깊은 영향을 받았다는 것은 믿을 만한 이유가 있다. 프로이트가 당시의 라마르크--다윈주의 생물학자들의 일반적인 관점과 일거에 결별하고 다윈주의에 접근한 것이 아니라, 오히려 다윈주의로부터 멀어진 것은 브렌타노가 제시한 심리학적 증거로부터 강한 영향을 받았기 때문임이 분명하다. 이리하여 프로이트는 신체적인 습득된 특성(라마르크-다윈주의가 주장하듯)뿐만 아니라 심리적인 특성도 유전된다는 생각을 갖게 되었다.

브렌타노가 신의 존재를 입증하기 위해 다윈의 자연선택론을 공격하면서 일관되게 과학을 이용한 것은 유물주의적 성향을 갖고 있던 청년 프로이트에게는 종교가 과학의 영역을 침범하는 것으로 비쳤음이 분명하다.

프로이트 자신이 회고한 바에 따르면, 한동안 브렌타노의 매혹적인 철학적 유신론의 마법에 걸려 있던 그는 실제로 유물주의를 버렸다. 그러나 그가 유물주의를 버렸다고 해서 유신론을 수용한 것은 아니었다. 머지않아 그는 브렌타노의 영향을 벗어나 유물주의로 돌아왔다. 브렌타노의 『신의 존재에 관하여』는 그 정교한 논리에도 불구하고 일종의 지적 설계론의 범주를 넘지 못했다. 프로이트는 후에 종교에 관한 모든 추상적이고 철학적인 개념을 실질적인 쟁점—강화된 아버지의 형상으로 투영된 신—을 회피한 "최후의 저항"이라고 결론지었다.[17]

환상의 역사

종교에 관한 프로이트의 첫 번째 주요 저작은 1913년에 출간된 『토템과 터부』였으며, 마지막 저작은 1939년 그가 죽기 직전에 출간된 『모세와 유일신교』였다. 이 두 저서는 프로이트의 표현을 빌리자면 종교의 "역사적 진실"에 관한 것이었다. 강박적 신경증과 종교의식의 긴밀한 관계가 형성된 데는 역사적 요인이 있다는 프로이트의 관점이 잘 드러난 저서가 『모세와 유일신교』였다 :

초기 정신적 외상–방어–잠복–강박적 신경증–피억압 대상의 부분적 복귀, 이것이 신경증의 공식이다. 이제 한걸음 더 나아가 독자들은 개인의 생에서 일어났던 일들과 유사한 일들이 인간의 역사에서도 일어났다고 가정해 보기 바란다. 말하자면 인류도 전체로서 성적 공격성향의 갈등을 경험했고, 그 결과 항구적인 흔적이 남는데, 이 상처는 대부분의 경우 치유되거나 잊혀지지 않는다. 오랜 잠복기를 거친 후 상처는 다시 살아나 구조와 경향에 있어서 신경증적 증상과 유사한 현상을 나타낸다.

나는 이러한 과정을 찾아냈다고 믿고 있으며, 신경증적 증상과 매우 유사한 결과가 종교라는 현상이라고 생각한다.[18)]

이를 이해하기 위해 우리는 프로이트가 다윈으로부터 강한 영향을 받은 진화론 사상가였지만, (후기 진화론에서는 부정되지만) 당시에 과학자들 사이에서 주류를 이루었던 두 가지 비다윈주의적 진화론인 발생반복론과 라마르크 진화론에 기울어 있었음을 알아야 한다. 독일의 다윈 추종자 에른스트 헤켈(Ernst Häckel)이 제시한 발생반복론은 개체발생이 반복되면 계통발생에 이른다는 관점이다. 다시 말해 종의 모든 개체는 발생과정에서 전체 종이 이전에 역사적 시간을 거치며 통과한 주 단계를 압축적인 방식으로 통과(반복)한다. 프로이트가 『심리분석 서론』(*Introductory Lectures on Psychoanalysis*, 1916–1917)에서 언급했듯이 "모든 개인은 어쨌든 인류의 발전과정 전체를 축약된 형태로 반복한다."[19)]

라마르크주의는 진화는 습득된 특성의 유전을 통해 진행된다는 관념이다. 프랭크 설로웨이(Frank Sulloway)는 그의 저서 『프로이트, 정신의 생물학자』(*Freud, Biologist of Mind*)에서 프로이트를 전 생애를 통해 "열광적인 정신-라마르크주의자"였다고 표현했다. 제1차 세계대전 중에도 그는 산도르 페렌치(Sándor Ferezhi)와 함께 심리분석 분야에서 정신-라마르크주의의 대표 저서를 내겠다는 목표로 공동연구를 했다(이 프로젝트는 결국 이내 폐기되었다).

프로이트가 라마르크주의에 집착한 것은 당시 과학계의 흐름으로 보아 특이한 사례는 아니었다. 앞에서 보았듯이 그 시대에는 어느 정도 라마르크주의를 추종하는 것이 생물학자들의 일반적인 경향이었으며, 다윈도 『종의 기원』의 후기 판본에서 라마르크의 학설을 소개했다. 그런데 프로이트는 라마르크 학설 가운데서 다윈이 비판했던 부분—생명체의 내적 필요와 그것을 충족시키려는 시도가 진화의 주요 요인이며, 그런 과정에서 형성된 특성이 후세에 유전된다—을 받아들였다. 다윈은 이것을 "라마르크의 '발전경향'이라는 넌센스 유전물질", "동물의 완만한 의지에서 비롯된 적응"이라고 비하했다. 라마르크의 학설에 따르면 진화는 자연선택을 따르는 것보다 직선적으로 빨리 진행된다.[20)]

뿐만 아니라 라마르크의 진화론이 과학계의 관심을 잃은 후에도 프로이트는 그것을 고수했다. 프로이트는 『모세와 유일신교』에서 "요즘의 생물학계에서는 습득된 특성이 후세에 유전된다는 견해를 부정하는 경향이 있다. 아무리 겸손하게 얘기하더라도 이러한 요소를 받아들이지 않고는 생물학의 발전을 기대할 수 없을 것이다"라고 했다.[21)]

발생반복과 라마르크주의는 프로이트의 『토템과 터부』와 『모세와 유일신교』의 핵심 주장이다. 『토템과 터부』의 부제는 「미개인의 정신생활과 신경증 환자의 유사성」이다. 이 저서의 논지는 다윈의 통찰력과 초기 인류학의 연구성과를 바탕으로 하고 있다. 『인간의 유래와 성 선

택』에서 다윈은 인간은 원래 한 사람의 지배적인 남성을 중심으로 작은 집단을 이루어 살았다고 주장했다 :

> 긴 시간을 거슬러 올라가서 원시 시대에 남녀가 난교를 하며 살았다고 추정하는 것은 매우 근거가 희박하다. 인간의 현재의 생활방식과 일부다처인 대부분의 미개인들의 생활방식으로 미루어 볼 때 원시인들은 작은 집단을 이루어 살면서 한 남성이 가능한 한 많은 여성을 획득하고 부양하면서 다른 남성의 접근을 적극적으로 차단했다고 생각해야 타당할 것이다. 아니면 고릴라의 행태에서 보듯이 한 남성이 다수의 아내를 거느리고 고립된 채로 살았을 것이다. 나이 어린 수컷이 성장하면 지배권을 차지하기 위해 경쟁이 벌어지고 가장 강한 수컷이 경쟁자들을 죽이거나 내쫓고 집단의 우두머리가 된다.[22)]

다윈의 학설에 의존하는 이외에도 프로이트는 로버트슨 스미스(Robertson Smith)와 프레이저(J, G. Frazer) 같은 영국의 인류학자/인종학자의 연구에도 의존했다. 1889년에 출간된 스미스의 『셈족의 종교』(*Lectures on the Religion of Semites*)는 토템 숭배(토템은 친족을 뜻한다)를 분석한 초기 저작의 하나였다. 『셈족의 종교』에서 그는 토템 동물을 희생시키고 그것을 먹는 이른바 토템 축제와 두 가지 중요한 터부—살인과 근친상간(즉, 토템의 구성원들에게는 토템 집단 외부의 사람과만 성적 관계가 허용된다)—가 존재한다는 사실에 주목했다. 이 분석은 프레이저에게 계승되었다[프레이저는 『황금가지 : 비교종교 연구』(*The Golen Bough : A Study of Comparative Religion*, 1890)와 『토템 제도와 족외혼』(*Totemism and Exogamy*, 1910)을 저술했다].[23)]

프로이트는 다윈, 스미스, 프레이저 등에게서 얻은 힌트에다 라마르크의 진화 이론, 헤켈의 발생반복 이론을 더하여 현대 아동과 성인의 신경증은 (외디푸스 콤플렉스에서 보듯이) 수천 년 전의 원시문화에서 그 연원을 찾을 수 있다는 콤플렉스 이론을 만들어냈다.

『토템과 터부』의 마지막 장에서 프로이트는 문명을 발생시킨 역사적 사건은 원시 시대의 아들에 의한 아버지 살해라는 가설을 제시했다. 원시사회에서 인간은 가장 힘센 남성이 지배하는 소규모 집단을 이루고 살았다는 다윈의 가설은 프로이트에 이르러서는 우두머리 남성이 집단 내의 여성을 소유물이자 배우자로서 지배했다는 "다윈주의적 원시집단"이란 이론으로 발전했다. 집단 내에서 여성에 대한 성적 접근이 다른 남성에게는 금지되었는데, 그 다른 남성이란 대부분 지배적인 남성의 자식이다. 아버지의 독점적 성적 지배에 위협이 되는 자식들은 축출되고 거세되거나 살해되었다.[24] 만약 한 아들이 반란을 일으켜 아버지를 죽이면 그 아들도 동일한 체제를 재생산하여 자신이 우두머리가 되었다.

프로이트의 주장에 따르면, 이 모든 것을 바꾸어 놓아 문명으로 가는 첫 걸음을 내디딘 역사적 행위는 형제들이 연합하여 아버지를 죽이고 "당시의 관습에 따라 아버지의 시체를 나누어 먹은" 것이었다. 부친 살해는 곧이어 죄책감을 낳았다. 그리하여 형제들은 집단 내의 여성들에게 성적 접근을 하지 않는다는 계약을 맺어 자신들의 반란의 목적을 포기했다. 형제 무리는 원시집단으로 되돌아가는 것을 막기 위해 살인과 근친상간을 터부시하는 새로운 형태의 사회조직을 만들었다.

프로이트는 이 두 가지 터부가 "아버지를 죽이고 어머니를 아내로 삼은 외디푸스의 두 가지 죄악"과 상응한다는 사실에 주목하고 "유아의 두 가지 원시적 욕구가 불충분하게 억압되거나 재발하면 모든 신경증의 핵을 형성할 수 있다"고 주장했다. 프로이트의 원시 시대 부친살해 이야기는 아동의 원시욕구, 성인의 신경증, 종교의식의 정신발생학을 한꺼번에 설명한다고 할 수 있다. 프로이트는 1910년에 외디푸스 콤플렉스란 용어를 정신분석학에 도입하고 문명의 수립은 원시 시대 부친살해라는 역사적 행위를 바탕으로 하고 있다는 이론을 내놓았다.[25]

프로이트는 토템 제도를 이러한 정신적 외상을 일으킨 사건에서 생겨난 인간 발전의 보편적 단계로 보았다. 그는 또 숭배의 대상인 토템 동물을 죽인 후 먹는 토템 축제를 원시 시대 부친을 살해하고 먹어치우는 행위의 재현이라고 보았다. 토템 제도는 살인과 근친상간에 관한 견고한 터부와 함께 원시사회의 부친살해로부터 생겨난 최초의 종교를 만들어냈다.

프로이트의 이론에 의하면, 토템 제도에 뒤이어 아버지를 상징하는 토템 동물이 (고대의 영웅이나 신으로) 인간의 형태를 갖추었다가 결국에는 유대-기독교의 가부장적 유일신이 등장하는 종교로 발전했는데, 그 과정은 요약하면 억압된 아버지의 복귀이다.

마지막 저서 『모세와 유일신교』에서 프로이트는 모세의 추종자들이 그를 살해하여 유대-기독교 종교의 기초를 만드는 동일한 역할을 했다고 표현했다.[26] 프로이트는 선지자 여호수아의 기록에서 모세가 자신이 해방시켜 이집트에서 데리고 나온 백성들에 의해 살해되었다는 증거를 발견했다는 성경학자이자 고고학자인 에른스트 젤린(Ernst Sellin)의 논문을 확신했다.

젤린의 주장에서 영감을 얻은 프로이트는 나아가 모세는 이집트인이며, 이스라엘 사람들에게 이집트의 아톤(태양신) 숭배로부터 나온 유일신교를 전해주고 그들을 이집트에서 데리고 나왔다는 추론을 내놓았다. 모세가 이끈 백성들은 엑소더스가 끝난 후 그를 살해하고 그가 전해준 종교도 버렸다. 야외는 8세기 동안(문화적 잠복기)이나 유대인들의 신으로 남았다. 그러다가 초기의 개혁자인 모세의 이름을 들고 나온 새로운 선지자가 등장하여 "억압된 자의 복귀"가 일어났고 모자이크 종교가 재건되었다.[27) 『토템과 터부』에서도 나온 설명이지만, 이런 설명에서 우리는 다시 한 번 우두머리 존재(이 경우에는 종교의 설립자)가 살해되며 양심의 가책은 잠복기를 거쳐 억압된 자의 복귀로 나타나고 결국 새로운 종교(유일신교)로 나아가는 것을 보게 된다.

프로이트에 의하면 모자이크 종교의 특징 가운데 하나는 "신의 형상을 만드는 것을 금하는 것인데, 이는 보이지 않는 신에 대한 의무적인 숭배를 의미한다." 이것은 "감각적 인식이 추상적 개념에 종속되는 것을 의미했다. 즉 감각에 대한 영성의 승리이다." 유대교에서는 신이 "탈물질화"되어 "그들의 씌어진 기록"의 중요성이 높아졌다.[28)]

『모세와 유일신교』의 주장에 따르면 유대인 타르수스의 사울(성바울)이 모세살해의 "원죄"를 직관적으로 파악했을 때 기독교가 생겨났으며, 그 이전에 원시 시대 부친살해의 신경증이 문명 내부에 분명하게 존재하고 있었다. 그래서 그는 세상의 죄악을 끌어안은 예수의 희생적 죽음을 바탕으로 하여 역동적인 예배의식을 수립했다. "자신은 죄가 없는 신의 아들이 스스로를 희생하여 세상의 죄를 짊어진 것이다. 그것이 아들이어야만 하는 이유는 죄가 부친살해였기 때문이다." 그리스도의 희생은 거룩한 성도들의 교제(토템 축제의 변형)라는 형태로 재현되었다. 신이라는 개념 뒤에 있는 아버지의 죽음은 아들의 죽음으로 보상받아 그 아들에 대한 종교를 발생시켰다. 그리스도는 일거에 "부활한 모세"와 "복귀한 원시 시대의 아버지"가 되었다. 프로이트에 의하면 "억압받은 자의 복귀"에서 한 걸음 더 나아가 기독교는 유대교를 대체했고, 결국 유대교는 "화석"의 처지로 전락했다.[29)]

프로이트의 관점에서 보면 종교는 언제나 환상—욕구충족의 기초 위에 수립된 신앙체계—이었으며, 『토템과 터부』와 『모세와 유일신교』에서는 이 환상의 역사 뒤에는 구체적인 "역사적 진실"이 있다는 결론을 내렸다. 그는 후기의 저서에서 다음과 같이 기술했다:

> 나 역시 믿는 자들의 해답 [즉 "유일한 신이란 개념"]에 진실이 내포되어 있다고 생각한다. 그러나 그것은 구체적 진실이 아니라 역사적 진실이다. 나는 이 진실이 재등장하는 과정에서 겪은 어떤 왜곡을 지적하는 것이 온당하다고 생각한다. 나는 유일하고 최고이며 위대한 신이 오늘날 존재한다고 믿지는 않으나 원시 시대에는 꼭 필요했던 신격을 지닌 거인 같은 존재가 사람들의 기억 속으로 복귀했다고 믿는다.[30)]

프로이트의 종교의 정신발생학 이론의 근간을 이루는 "역사적 진실"(원시집단, 토템 축제)이나 생물학적 진실(발생반복과 라마르크주의)은 어느 것도 시간과 과학의 시험을 통과하지 못했다. 다윈의 원시집단 개념과 스미스의 토템 축제는 둘 다 의문의 대상이 되었고, 두 이론의 보편성은 후기의 인류학에서 부정되었다. 피터 게이는 다음과 같이 말했다:

> 문화인류학자들은 어떤 토템 부족은 토템을 희생시켜 나누어 먹는 의식을 치르지만 대부분의 경우 그런 의식을 행하지 않음을 지적한다. 로버트슨 스미스가 토템 제도의 핵심이라고 생각했던 것은 예외적인 것이었음이 밝혀졌다. 또 원시 시대의 집단은 일부다처적이며 독점

적 남성에 의해 전제적으로 지배되었다는 다윈의 가설도 이후의 연구, 특히 프로이트가 『토템과 터부』를 쓰던 시대에는 활용할 수 없었던 영장류를 대상으로 한 연구성과를 통해 설득력을 잃게 되었다.[31]

모세가 살해되었다는 젤린의 주장도 마찬가지로 증거가 부족했고(프로이트도 인정했다) 후에 젤린 자신이 이 주장을 철회했다.[32]

더 나쁜 것은, 후대에 전승되는 무의식적 · 문화적 기억의 결과로 종교가 발생하며, 그 과정은 성인의 신경증과 형태가 같다(같은 단계를 거친다)는 프로이트의 정신발생학적 이론이 발생반복과 라마르크의 진화론이라는 두 가지 개념에 전적으로 의존했다는 점이다. 구체적으로 얘기하자면, 유년기 외디푸스 콤플렉스의 근원을 집단 내부의 여성에 대한 성적 접근의 욕구 때문에 형제 무리가 아버지 족을 살해한 데서 찾을 수 있다는 가설은 발생반복/라마르크주의를 바탕으로 하고 있다는 것이다. 그런데 발생반복과 라마르크주의가 20세기 생물학에서는 부정됨으로써 프로이트의 종교발생 이론의 과학적 근거도 상실되었다. 생물학자 스티븐 굴드는 이것을 프로이트의 "계통발생학적 환상"이라고 불렀고, "프로이트의 이론은 잘못된 생물학에 기초한, 계통발생학 역사와 관련된 직접적인 데이터를 갖지 못한 거친 추론"이라고 결론지었다.[33] 프로이트 이론은 오늘날에는 문화적 상징과 비유로서 명맥을 유지하고 있다.[34]

『환상의 미래』

프로이트의 종교 비판이 종교의 계통발생학을 발전시키려는 시도에 국한된 것이었더라면 그의 종교에 관한 모든 연구를 과학사의 재미있는 유물로 처리할 수 있었을 것이다. 그러나 그는 현대적 의미에서도 종교 비판에 참여했다. 이와 관련하여 그의 가장 잘 알려진 저서가 1927년에 출간된 『환상의 미래』(*The Future of Illusion*)이다. 이 저서에서 프로이트는 이전의 『토템과 터부』에서 주장했던 종교 기원에 관한 독특한 이론을 되풀이하여 제시했다. 그런데 『환상의 미래』에서 프로이트가 보여준 날카로운 점은 이전의 유물주의적 종교 비판에 근거하여 종교는 환상이며 과학과 배치된다는 철학적 주장이었다.

프로이트 자신의 표현을 빌리자면 『환상의 미래』의 주제는 "가장 광범위한 의미에서 종교적 관념, 달리 말하면 … 종교의 환상"이었다. 그는 "종교는 욕구충족의 한 형식이며, 이 바탕 위에서 생겨난 믿음은 반드시 망상인 것은 아니지만 환상일 수밖에 없다"고 주장했다. 종교적 가르침은 그러므로 경험이나 증거를 바탕으로 하지 않는다. 종교적 가르침은 과학에서와는 달리 확인을 기다리지 않으며, "증거에 무감각하고", "지적 발육부전"을 유발한다. 그는 라이마루스, 슈트라우스, 바우어(Bauer) 같은 인물들의 종교적 저작은 그 내용이 모순으로 가득 찼다고 주장했다. 그러므로 신에 대한 믿음은 불합리한 것을 받아들이는 데서부터 시작된다는 초기 기독교의 교부 테르툴리아누스(Tertullianus)의 주장은 신앙의 핵심을 잘 포착한 것이다.

프로이트는 "환상은 실수와 같은 것이 아니며 또 실수일 이유도 없다"고 했으며, 그는 콜럼부스의 항해는 환상에서 시작된 것이지만 중요한 결과를 낳았다고 했다. "환상의 특성은 그것이 인간의 욕망에서 나온다는 점이다 … . 예컨대 중산층 소녀는 왕자님이 나타나 결혼해 줄 거란 환상을 갖고 있을 수 있다. 이것은 가능한 일이고, 실제로 그런 일이 일어난 적도 있다. 메시아가 나타나 황금 시대를 열 것이란 환상도 마찬가지이다. 이런 믿음을 환상으로 분류할 것인지 망상으로 분류할 것인지는 사람에 따라 다르다." 종교의 아이러니, 특히 천국에서의 구원을 약속하는 기독교 같은 유일신교의 아이러니는 속세와 (죽음을 통해서만 가볼 수 있는) 내세를 우리가 바라는 바와 꼭 같은 모습으로 제시한다는 점이다. "우리는 세상을 창조한 자비로운 신이 있으면 좋겠다. 세상에 도덕이 있고 저 세상도 있으면 좋겠다고 생각한다. 그런데 놀라운 사실은 우리가 바라지 않을 수 없는 그대로를 종교가 보여준다는 점이다."

프로이트는 종교를 이해하려면 그것이 갖고 있는 심리적 기능을 알아야만 한다고 믿었으며, 이에 따라 신이 사회에서 수행하는 기능을 셋으로 나누었다 : (1) 우주에 대한 공포를 물리침, (2) 운명의 학대를 수용하게 함, (3) 결핍을 보상해 줌으로써 사회가 작동하게 함. 그러나 신이 이런 기능들을 완수하려면 우리는 순진무구하게 살아야 한다. 신의 환상을 받아들인다는 것은 보다 성숙하게 냉철한 과학에 의존하기보다는 단순히 욕구충족의 단계로 떨어져야 함을 뜻한다.

프로이트는 종교가 특히 도덕적 영역에서 "인류의 문명에 커다란 공헌을 했음은 분명하다"고 인정한다. 그러나 도덕성을 고양시킨 반면에 부도덕성도 확대시켰다. 종교는 신의 자비를 약속하면서 한편으로는 신에 대한 두려움을 확산시켰다. 그는 "종교에 대해 의문을 갖는 이유는 인간이 모든 종류의 부정직과 지적인 실수의 죄악을 저지르고 있다고 보기 때문이다." 마르크스도 그랬지만 프로이트는 "불합리하기 때문에 믿는다"는 테르툴리아누스의 주장을 "문제를 회피하는 절망적인" 시도라고 비난했다.[35]

피터 게이는 프로이트를 "마지막 철학자"라고 불렀는데, 이는 그가 계몽주의 시대의 종교 비판을 직접적으로 계승했다는 의미였다. 프로이트는 일반인들의 (기성종교의 성직자 집단이 조장하는) 종교와 그 숭배대상인 신을 공격하기 위해 과학을 동원했다. 프로이트는 테네시 주에서 벌어진 스콥스 "원숭이 재판"은 오직 미국인들만이 과학과 종교 사이의 모순에 대해 "변함 없는" 인식을 갖고 있음을 보여주는 사례라고 판단했다. 프로이트는 특히 "종교가 과학적 사고영역을 침범"하는 사례가 늘고 있음을 우려했다.[36] 그가 스콥스 "원숭이 재판"에서 드러난 과학에 대한 정의를 보고 경각심을 갖게 되었음이 분명하다. 마찬가지로 프로이트의 "종교의 침범"이라는 말 속에는 다윈주의 진화론과 유물주의의 영향력에 맞서기 위해 지적 설계론을 이용하여 철학적 유신론을 세우려 했던 브렌타노의 엄청난 노력을 비난하는 의도가 담겨져 있었음도 분명하다.

종교와 과학 사이의 싸움에서는 타협의 여지가 없었다. 종교는 믿는 자들을 "어린애 같은" 상태에 붙들어두려 했다. 그런데 사람은 영원히 어린 아이로 남아 있을 수는 없을 뿐만 아니라 이 세상에서의 삶에 에너지를 집중해야만 한다. 프로이트는 그래서 독일의 시인 하인리히 하이네(칼 마르크스의 친구이기도 하다)의 시를 인용하기를 좋아했다 : "천국은 천사들과 참새에게 맡겨두자."[37]

프로이트의 현대 종교에 대한 총체적인 비판이 가장 강력하고 간명하게 정리된 저서가 1933년에 출간된 『심리분석에 관한 새로운 시론』이다. 이 책에서 프로이트는 종교적 **세계관**(*Weltanschauung*)이 과학적 **세계관**으로 대치되고 있다고 주장했다. 종교는 "어떤 질문에도 해답을 제시해 준다"는 점에서 과학보다 "당당하다." 종교는 인류를 위해 "세 가지 기능"(『환상의 미래』에서 이미 언급한 신의 세 가지 기능)을 완수했다. "종교는 인간들에게 우주의 기원과 생성에 관한 정보를 제공하고, 생활의 부침 가운데서 보호와 궁극적인 행복을 보장해 주며, 전적인 권위로 뒷받침되는 교훈을 제시하여 인간의 사고와 행동을 지시한다." 이 세 가지 기능을 당당하게 수행함으로써 종교는 "과학의 유일하게 심각한 적수"가 되었지만 과학은 동일한 필요를 충족시켜 주기 위해 쫓기고 있다. 그러나 종교의 강력한 힘이자 동시에 약점은 종교가 "증거에 무관심하다"는 것이다. 이와는 반대로 지성을 동원하여 확인을 기다리며—실질적으로는 요구하는—그리하여 단계적으로 발전해 가는 것이 과학적 세계관의 속성이다. 과학적 세계관은 시험적으로—그것도 엄격한 논리와 조건 하에서—"인간의 정신생활에서 독재를 수립"한다.[38]

여하튼 프로이트는 종교의 지지자들이 과학이 결코 도달하지 못하는 최고의 지식(신성한 지적 설계)이 있다고 주장하는 한 종교와 과학의 싸움은 계속된다고 보았다. 종교의 과학에 대한 공격을 두고 프로이트는 다음과 같은 결론을 내렸다:

> 종교적 세계관을 지지하는 사람들은 공격이 최상의 방어라는 옛 격언에 따라 행동한다. 그들은 다음과 같은 여러 가지 질문을 제기한다. "우리의 종교를 헐뜯는 과학이란 무엇인가? … 과학이 우주가 어떻게 생겨났는지, 우주의 진로는 무엇인지 설명해 줄 수 있는가? 과학이 우리에게 설득력 있는 우주의 모습을 그려 보여줄 수 있는가? 설명된 적이 없는 생명현상에 대해 이유를 말해줄 수 있는가? 정신의 힘이 어떻게 생명이 없는 물체에 영향을 미칠 수 있는지 설명해 줄 수 있는가? … 과학이 우리에게 제시하는 근거가 의심스러운 발견의 부스러기들은 서로 조화를 이루지 못한다. 과학은 사물을 획일적으로 관찰하고 법칙이란 이름을 붙여 위험한 해석을 제시한다. 과학이 발견한 것 중에서 확실한 것이

얼마나 되는가! 과학이 가르치는 모든 것들은 잠정적으로 진실일 따름이다. 오늘 최고의 지혜라고 칭송받는 것이 내일이면 부정되고 다른 것으로 대체될 것이며, 그렇게 해서 등장한 새로운 지식도 임시적일 뿐이다. 그러므로 과학적 진실이란 가장 최근의 실수를 말하는 것이다. 그러나 우리는 이런 진실을 얻기 위해 우리에게 가장 소중한 것을 희생시켜야 한다!"[39)]

프로이트가 보기에 종교가 (스콥스 "원숭이 재판"이 상징하듯) 창조론/지적 설계론을 동원하여 과학의 영역을 침범하는 것은 과학이 종교가 자신의 고유영역이라고 믿고 있는 부분을 잠식해 들어간 것에 대한 반격에 불과하다. 종교는 과학의 표면적인 실험과 합리성으로는 세계의 복잡성이나 의미를 파악하기란 영원히 불가능하다고 주장한다. 이런 문제에 대해 종교적 세계관이 제시하는 해답은 과학적 방법론이 미치지 못하는 곳에 신성한 존재가 있다는 것이었다. 프로이트는 사실상 종교의 과학 침범의 목적은 과학이 종교를 침범하지 못하도록 울타리를 치고자 하는 것이라고 보았다. 종교는 과학의 잠정성을 비웃으면서 이것이 불가해한 신의 목적의 증거라고 주장했다.

프로이트는 과학은 아직 젊고, 과학연구에서 빠트릴 수 없는 "인간의 정신생활에 대한 독재"는 점차로 확대되어 가면서 유물주의적 방법으로 물질세계의 비밀을 더 많이 벗겨낼 것이라고 반박했다. 잠정적이고 균일하지는 못하지만 멈추게 할 수 없는 과학의 발전은 이제 시작에 불과하다. 과학의 나이가 젊다는 증거로서 프로이트는 "다윈이 종의 기원에 관한 저서를 내놓았을 때 프로이트 자신도 세상에 존재하고 있었고", 유물주의가 발생한 것도 고대 그리스로부터 치더라도 인류학자들이 추산하듯 "사람이 유인원의 모습에서부터 진화해 오는 데 수십만 년의 시간이 걸렸던 것과 비교하면 아주 짧은 시간에 불과하다"는 점을 들었다.[40)]

프로이트는 종교를 비판하면서 종교의 언어를 빌리지 않을 수 없었다. 그래서 그는 신을 "로고스"의 신 또는 이성의 신이라고 불렀다. 종교가 최고의 존재로 찬양받는 신에 대한 숭배라는 형식을 유지하는 한 종교는 문명의 "영원한 성과물"로서 유지되지는 못할 것이다. 종교적 속박은 과학이 제공하는 자유에 의해 대체될 것이다. 프로이트는 학생들에게 엄숙하게 선언했다. "그 속박으로부터 나도 여러분도 자유롭다 … . 우리의 과학은 환상이 아니다. 그러나 우리가 다른 곳에서 얻을 수 있는 것을 과학이 제공해 주지 못한다면 과학은 환상이 될 것이다."[41)]

:: 주 ::

1 Hans Küng, *Freud and the Problem of God*(New Haven : Yale University Press, 1990), 3 ; Peter Gay, *A Godless Few : Freud, Atheism, and the Making of Psychoanalysis*(New Haven : Yale University Press, 1987), 53.

2 이 세 사람의 사상가는 모두 마르크스와 엥겔스로부터 유치하고 기계론적인 유물주의자란 비난을 받았다.

3 Hans Küng, *Freud and the Problem of God*, 3–19 ; Peter Gay, *Freud : A Life in our Times*(New York : W. W. Norton, 1988), 31. 프로이트 사상의 생물학적인 측면에 관해서는 Frank J. Sulloway, *Freud, Biologist of the Mind*(New York : Basic Books, 1979)을 보라.

4 Sulloway, *Freud, Biologist of the Mind*, 3–8.

5 Küng, *Freud and the Problem of God*, 3 ; Erich Fromm, *To Have or To Be*(New York : Harper and Row, 1976), 4 ; Sulloway, *Freud, Biologist of the Mind*, 4.

6 Sigmund Freud, *The Future of an Illusion*(New York : W. W. Norton, 1989), xi에 수록된 Peter Gay의 "Introduction" ; Küng, *Freud and the Problem of God*, 7–12, 138.

7 Gay의 "Introduction," xxiii ; Gay, *Freud*, 602 ; Donald Capps(편), *Freud and Fredians on Religion*(New Haven : Yale University Press, 2001), 59에 수록된 Sigmund Freud의 "A Religious Experience."

8 Gay의 "Introduction," xxiii.

9 Ernst Jones, *The Life and Work of Sigmund Freud*(New York : Basic Books, 1957), 3 : 351.

10 Küng, *Freud and the Problem of God*, 37.

11 R. T. Pennock(편), *Intelligent Design Creationism and Critics*(Cambridge, Mass. : MIT Press, 2001), 449에 수록된 Phillip E. Johnson의 "Creator or Blind Watch-

maker." 다른 곳에서 Johnson은 포이에르바흐의 신의 투영 이론이 마르크스와 프로이트에 직접적인 영향을 주었다고 세 사람을 싸잡아 비난했다. Phillip E. Johnson, *The Wedge of Truth : Splitting the Foundations of Naturalism*(Downers Grove, Ill. : Inter Varsity Press, 2000), 21-22를 보라.

12 Donald De Marco와 Benjamin Wiker, *Architect of the Culture of Death*(San Francisco : Igniatius Press, 2004), 15, 209, 218.

13 Benjamin Wiker와 Jonathan Witt, *A Meaningful World*(Downers Grove, Ill. : Inter Varsity Press, 2006), 86, 190.

14 Sigmund Freud, *The Future of an Illusion*(New York : W. W. Norton, 1989), 49.

15 Sigmund Freud, *Civilization and Its Discontents*(New York : W. W. Norton, 1961), 21 ; Freud, The Future of an Illusion, 69.

16 다른 두 가지 증거는 "운동으로부터의 증거"와 "우연으로부터의 증거"였다.

17 Franz Brentano, *On the Existence of God : Lectures Given at the Universities of Würzburg and Vienna(1868-1891)* (Boston : Martinus Nijhoff Publishers, 1987), 151-267, 290-301, 346 ; Gay, *Freud*, 29, 31, 526 ; Gay, A *Godless Few*, 38, 60 ; Freud, *Civilization and Its Discontents*, 21. Dale Jacquette(편), *The Cambridge Companion to Brentano*(Cambridge : Cambridge University Press, 2004), 237-54에 수록된 Susan F. Krantz의 "Brentano on Religion and Natural Theology."

18 Sigmund Freud, *Moses and Monotheism*(New York : Vintage, 1939), 101, 166.

19 Sigmund Freud, *Standard Edition of the Complete Psychological Works of Sigmund Freud*(London : Hogarthe Press, 1963) 15 : 199에 수록된 Sigmund Freud의 *Introductory Lectures on Psycho-Analysis.*

20 Sulloway, *Freud, Biologist of the Mind*(New York : Basic Books, 1979), 247-75 ; Stephen J. Gould, *I Have Landed*(New York : Three Rivers Press, 2003), 147-58 ; Charles Darwin, *Life and Letters of Charles Darwin*(New York : Appleton and Company, 1896), 1 : 384.

21 Freud, *Moses and Monotheism*, 127-28 ; Stephen J. Gould, *Ontogeny and Phylogeny*(Cambridge, Mass. : Harvard University Press, 1977), 156.

22 Charles Darwin, *The Descent of Man*(Princeton, N. J. : Princeton University Press, 1981), 362-63.

23 Küng, *Freud and the Problem of God*, 34-36.

24 Freud, *Totem and Taboo*, 163. 원시집단에서의 반항적인 아들들의 등장은 *Totem and Taboo*에서보다는 *Moses and Monotheism*에서 강조되었다. 프로이트는 *Moses and Monotheism*에서 이를 강조하는 것이 더 적절하다고 믿었다.

25 Freud, *Totem and Taboo*, 163, 171, 182-85 ; Freud, *Moses and Monotheism*, 102-

4 ; Robert A. Paul, *Moses and the Civilization : The Meaning Behind Freud's Myth* (New Haven : Yale University Press, 1996), 2–3 ; Gay, *Freud*, 332.

26 모세의 신화에 대해 의문을 제기한 사람은 프로이트가 처음은 아니었다. 볼테르도 1764년에 모세의 실존에 대해 의문을 제기하였다. Gay, *Freud*, 606을 보라.

27 Freud, *Moses and Monotheism*, 42–43, 119–74 ; Gay, *Freud*, 606–8.

28 Freud, *Moses and Monotheism*, 144–47.

29 Ibid., 110–114 ; Paul, *Moses and the Civilization*, 3.

30 Freud, *Moses and Monotheism*, 166.

31 Gay, *Freud*, 332–33.

32 Ibid., 647.

33 Gould, *I Have Landed*, 158.

34 예컨대 Paul, *Moses and the Civilization*에 나오는 주장을 읽어보라.

35 Freud, *The Future of an Illusion*, 17–49, 61.

36 Gay, *A Godless Few*, 35 ; Freud, *New Introductory Lectures on Psychoanalysis* (New York : W. W. Norton, 1965), 150.

37 Freud, *The Future of an Illusion*, 63.

38 Freud, *New Introductory Lectures on Psychoanalysis*, 139–60.

39 Ibid., 152.

40 Ibid., 152–53.

41 Freud, *The Future of an Illusion*, 68–71 ; Freud, *New Introductory Lectures on Psychoanalysis*, 148.

자연과학을 위한 변론

오늘날에도 프로이트가 지적한 것과 똑같이 논리적·경험적 방법론으로 무장한 주장을 내세우며 과학에 대한 종교적 공격을 행하는 사람들이 있다. 그들의 목적은 이성과 과학의 한계, 우주 속에서의 설계의 실체, 종교적 세계관의 필요성을 보여주는 것이다. 유물주의적·과학적 이해가 (에피쿠로스 이래로 유물주의자들이 주장해 왔듯이) 우연성, 진화, 발생이란 관념에 뿌리를 두는 한 지적 설계론 지지자들은 이런 관점을 "단순한 우연"에 의지한 것이며, 보다 높은 수준의 지성이 만든 세계의 환원 불가능한 복잡성을 설명할 수 없다는 주장을 계속할 것이다.

헤겔에 뒤이어 마르크스는, 전통적 신학이 이 세계를 신이 만든 무수한 초자연적 사건이나 기적으로 가득 찬 신성한 곳으로 주장한 반면에, 자연신학은 초자연적 사건들을 부정하고 설득력 있는 지성을 내세워 신의 존재를 증명하려 하는 것으로 파악했다.[1] 자연신학과 지적 설계론 지지자들은 오랜 역사를 통해 유물주의적 관념의 우발과 우연의 역

할을 부정하고 생명체의 구조를 충분히 설명할 수 있다고 주장한다.[2)]

다윈의 진화론은 경건한 의도와 창조의 신성한 경이의 논거를 무너뜨리고 대신에 역사적 패턴과 자연의 메커니즘을 연구함으로써 물질세계의 웅대함을 이해할 수 있는 수단을 제시했다. 이러한 유물주의적 혁명은 신의 영혼이 우주에 가득하고, 도덕과 가치는 천부적이고 신성불가침이며, 이성과 경험적 증거가 아닌 신앙과 성서의 기록이 진실을 찾아가는 기반이라고 주장하는 신학적 주장에 도전했다. 과학적 지식은 이런 근본주의적 주장을 배격하고 세계를 탐구의 대상으로 열어놓았다. 반면에 태생적으로 반동적 입장을 견지하는 지적 설계론 지지자들은 세계에 관한 궁극적 설명은 초자연적인 "설계"라는 주장을 펼침으로써 종교를 과학의 상위에 두려고 한다.[3)]

설계의 논리

지적 설계론의 논리는 직설적이다. 과학적 호기심에 대해 풍부한 해답을 제시하기보다는 **설계 개입**이란 단순한 논리를 확산시키는 데 주력한다. 요컨대, "신이 그렇게 한 것"이다. 생화학자이자 디스커버리 연구소 과학문화 센터의 선임 연구원인 마이클 비히는 설계론은 현실세계의 자연적 메커니즘에 대해 한 가지도 설명해 주지 않는다고 주장한다. 그는 "설계자가 실제로 신이라면 설계의 메커니즘은 영원히 우리의 이해 영역 밖에 남아 있을 것이라고 생각할 수 있는 충분한 이유가 있다"고 기술했다. 더 나아가 비히는 기적이 일어날 것이라고 예상할 수는 있지만 설계론이 기적 자체에 대해서는 아무 것도 말할 수 없다고 주장한다. 그러므로 설계론의 유일한 결론은 설계론의 개입 그 자체이며, 그 뒤에는 지적인 설계자가 있다는 것이다. 설계론은 설계의 과정에 대해서, 설계자에 대해서도 설명하지 않고 다만 설계와 설계자가 존재한다는 주장만 한다.

설계론의 전체 관점은 설계자의 작용이 있었다는 사실만 인정하고 설계는 단순한 자연의 법칙과는 다르다고 주장한다. 비히의 동료 윌리엄 뎀스키는 "설계를 자연의 법칙 안에 위치시키는 순간 설계는 공허한 비유가 되어버리고 … 경험적 내용이 없는 또 하나의 법칙이 되어버린다"고 말한다. 오직 설계자(설계된 법칙이 아니고)가 존재한다는 주장만 제시함으로써 "과학과 신학 사이에 다리를 놓는" 일이 가능할까.[4]

보다 명확하게 말하자면 지적 설계론 지지자들이 보기에 자연계의 여러 가지 특징은(그 중에서도 생물학적 구조는) 자연적 원인에 의해 생겨났다고 생각하기에는 너무나 복잡하다. 과학문화 센터의 프로그램 책임자 스티븐 메이어의 말을 빌리자면 "지적 설계론은 생명체와 우주에는 지적인 동인으로 가장 잘 설명되는 자명한 현상들이 많이 있다." 그는 DNA는 소프트웨어 프로그램이거나 "첨단 나노 기술의 형태"를 띠고 있으며, 프로그래머/설계자가 있음이 분명하다고 주장한다. DNA 속에 정보가 들어 있다고 인정한다면 지성을 가진 어떤 존재가 "DNA의 생성에 역할을 했음"이 분명하다. "우리는 경험으로부터 이런 특징을 가진 시스템은 예외없이 지적인 동인에 의해 생겨난다는 것을 알고 있다." 그러므로 메이어는 "지적 설계론" **그 자체는 설명할 수 없으나** 과학적인 주장이며, "세포 속의 분자조직이 어떻게 생성되었는지 가장 잘 설명해 준다"고 강조한다. 그는 "생명체는 실제로 (설계자에 의해) 설계되었기 때문에 설계된 것처럼 보인다"고 결론짓는다.[5]

이런 식으로 지적 설계론 지지자들은 그들의 명제를 과학적 의문에 대한 해답으로 제시하려고 한다. 그러나 지적 설계론의 핵심적 주장은 경험적 증거를 갖고 있다고 할 수 없기 때문에 과학탐구의 영역 밖에 위치한다. 데이비드 흄이 『인간 오성(悟性)에 관한 탐구』에서 자연신학을 비판하면서 이런 식의 주장은 "불확실하고 쓸모없는 법칙을 수용하는 것이다. 불확실한 이유는 그 주제가 전혀 인간의 경험 밖에 있으며, 쓸모없는 이유는 그런 동인이 자연의 운행에서 나온 것이라는 것을 알고 있는 우리로서는 온당한 이성적 사고를 하건대 어떤 새로운 개입이 그 동인이라고 할 수 없기 때문이다"라고 했다.[6] 지적 설계론 지지자들은 어떤 현상이 설계되었음이 분명하다는 설득력 있는 증거를 제시하지도 못할 뿐더러, 그들이 내세우는 단순한 주장은 과학의 "한계조건"만 부각시킬 뿐이어서 과학의 발전을 저해할 따름이다.[7]

메이어와 마찬가지로 비히는 자연계의 시스템 안에 존재하는 명백한 이성적 설계의 흔적—DNA 구조와 세포조직에서부터 생명체의 통합과 생태계에 이르기까지—에서 지적인 설계의 증거를 찾을 수 있다고 주장한다. 자연계의 어떤 시스템은 "환원 불가능한 복잡성"을 갖고 있다고 할 수 있다. 비히의 이런 주장에 따르자면 생물학적 시스템은 "기본적 기능을 구성하는 상호작용하는 부분들"과 전체로서의 시스템의 작동으로 이루어져 있다. 그는 환원 불가능한 복잡성을 가진 어떤 시스템은, 그 시스템으로부터 어느 한 부분이라도 상실되면 기능할 수 없기 때문에 "선행 시스템의 연속적인 변이"로부터 직접 생성될 수는 없다고 주장한다. 그러므로 그는 환원 불가능한 복잡한 기능을 가진 생물학적 시스템을 만들기 위해서는 설계가 있어야 한다고 추론한다.[8]

비히나 메이어 같은 지적 설계론 지지자들은 경이적인 정보를 가진 DNA가 컴퓨터처럼 정보를 처리하고 생명 시스템의 작동과 필요를 유지하는 것에 대해 놀라워한다. 또한 그들은 맹목적인 힘이나 우연에 의해 생겨났다고 보기에는 DNA는 너무나 많은 정보를 보유하고 있다고 주장한다. 박테리아의 편모, 인간의 눈과 뇌 같은 것은 너무나 복잡하기 때문에 자연선택이라는 조각 땜질 방식으로 만들 수 없기는 마찬가지라는 것이다.

세포와 DNA를 예시하고 있지만 이런 견해는, 생명의 복잡성은 유물주의로는 설명할 수 없다면서 진지한 과학적 탐구를 가장하여 과학을 방해하는 수법을 동원한 고전적 설계론의 일반적인 형태와 동일하다. 지적 설계론의 교과서인 『판다와 인간』도 진화를 전면적으로 부인하고 "변화는 현존하는 식물과 동물 집단 내에서의 변종에 국한된다"는 새로운 주장을 제시하는 등 오늘날 새로이 유행하는 지적 설계 창조론은 매우 정교한 형태를 띠고 있다.[9] 그들은 반드시 진화를 전면적으로 부인하지는 않을 뿐만 아니라 엄격한 종의 분리를 주장하지도 않으며, 중간 단계는 불가능하다는 논리도 펼치지 않는다. 대신에 그들은 "환원 불가능한 복잡성"의 정선된 소수의 사례를 찾아내는 데 집중한다. 그 가장 잘 알려진 사례가 박테리아의 편모이다. 지적 설계론 지지자들은 수많은 경우에서 진화론에 밀리고 있으면서도 진화론이 설명할 수 없는 결정적인 복잡성의 사례를 찾아내 "설계 개입"의 주장을 증명하려 함으로써 퇴장을 거부하고 있다. 과학문화 센터의 부책임자 존 G. 웨스트는 다음과 같이 썼다 :

> 엄밀히 말하자면 지적 설계론은 "반(反)진화"는 아니다. 설계론은 생명체는 "시간을 두고 변화한다"는 관점을 반대하지 않으며, 다윈

이 주장한 자연선택 메커니즘이 생명체의 변화를 만들어낸다는 것도 부인하지 않는다. 설계론은 모든 생명체는 보편적으로 공통된 조상으로부터 나왔다는 관점—설계론을 지지하는 과학자들은 이런 결론을 입증할 수 있는 과학적 증거가 있는지에 대해서는 견해를 달리 하지만—과 양립할 수 없는 것도 아니다. 설계론이 반대하는 것은 자연 속에 존재하는 모든 고도로 특화된 복잡성이 자연선택과 같은 방향성이 없는 과정이 무작위로 작용함으로써 생겨날 수 있다는 다윈 진화론의 핵심 주장이다.[10]

이 견해에 따르자면 지적 설계론은 단지 자연계에 존재하는 모든 복잡성의 사례를 진화론으로 설명할 수 있다는 다윈주의의 주장에 반대할 따름이다. 이런 식의 논쟁이라면 유물주의적 과학은 현존하는 모든 지식의 결함을 끊임없이 수세적으로 메워가야 하는 입장을 강요당하게 된다.[11] 증거의 결함을 하나도 남김 없이 다 메워내야만 비로소 과학은 설계론에 대해 승리를 주장할 수 있게 된다. 이런 논리를 다 받아들인다 하더라도 이 주장은 메울 수 없는 허점을 갖고 있다. 특히 비히의 저작들로 대표되는 설계론은 한 부분/기능을 제거하면 시스템이 작동하지 않는다는 "환원 불가능한 복잡성 "을 내세우고 있는데, 이런 주장이 논리적으로나 경험적으로도 적절하지 못하다는 것은 거듭 밝혀진 바 있다. 자연선택에 대한 비판이란 맥락에서 보자면 실질적인 쟁점은 그런 "환원 불가능한" 복잡한 시스템이 자연적인 작용을 통해 발생할 수 있느냐 하는 것이다. 제시한 모든 사례에서(박테리아의 편모 같은) 진화의 경로는 과학 저술을 통해 밝혀졌다.[12] 실패를 인정하는 자기 비판의 글에서 비히는 자신의 주장이 "균형을 상실"했으며, 주장의 핵심이 표적—진화는

"환원 불가능한" 복잡성을 발생시키지 못한다—을 제대로 선정하지 못했다고 인정했다.[13)]

비히는 최근의 저서 『진화론의 위기』(*Edge of Evolution*)에서 태도를 바꾸어 자연선택이 작동하는 기반이 되는 돌연변이의 무작위적 성격을 표적으로 삼았다.[14)] 그는 무작위적 돌연변이만으로는 생명체의 부분적 변형은 설명해 줄 수 있지만 극적인 진화론적 변화를 가능케 하는 변이를 충분히 만들어낼 수 없으며, 오히려 유전학적 엔지니어로서 새로운 종의 발생과정을 지휘하는 익명의 설계자가 존재한다고 주장한다. 별다른 증거가 없는 돌연변이에 관한 비히의 주장은, 자연적으로 발생하는 돌연변이의 비율은 현존하는 생물체 전체가 생겨나기 위해 필요한 자연선택에 의한 변이의 발생 비율보다 훨씬 높다는 것을 밝혀낸 계량 유전학계의 수많은 과학자들의 (과학계에서 인정받고 있는) 연구결과와 배치된다(이런 연구를 한 학자들 가운데서 J. B. S. 할데인과 리처드 르원틴은 역사적 유물주의의 영향을 받았다).

환원 불가능한 복잡성과 설계

지적 설계론 지지자들은 박테리아의 편모—몇 종류의 박테리아에서 보이는 이동시에 사용하는 "프로펠러들"—에 관심을 집중해 왔다. 편모조직은 집합되면 협력하여 하나의 특정한 기능을 수행하는 데 너무나 정교하기 때문에 진화과정을 통해서는 발생할 수 없다는 주장이 제기되어 왔다. 이 주장은 오래 전부터—지금은 효력을 잃었지만—인간의 눈을 사례로 들어 진화를 부정하는 주장과 여러 면에서 같은 논리를 갖고 있다. 비히는 2005년에 있었던 도버 재판에서 설계자의 행위가 개입되지 않고는 설명할 수 없는 환원 불가능한 복잡성의 사례로서 박테리아의 편모를 끈질기게 제시했다. 그의 주장은 과학 논문에서는 철저히 부정되는 것이었고, 재판과정에서 케네스 밀러(브라운 대학 생물학 교수) 같은 과학자들의 증언을 통해 허구임이 밝혀졌다. 설계론은 플라겔린(Flagellins, 편모를 가진 박테리아 계통) 하나하나는 모두 독립적으로 창조되었으며, 이는 "**오캄의 면도날**(Occam's razor) 법칙[15]을 아무리 엄격하게 적용하더라도 부인할 수 없는 수천 수백만의 개별적인 창조행위가 있었다는 것을 의미한다"고 주장했다. 이와는 반대로 증거는 자연선택이 각각의 플라겔린을 생성시켰음을 보여주고 있다. 달리 말하면, "현존하는 매우 다양한 플라겔린 계통은 하나의 공통된 조상으로부터 나왔다."[16]

자신의 주장과 배치되는 증거를 인증하고 싶지 않았던 비히는 『진화론의 위기』에서 현존하는 무수한 형태의 생명체가 생성되는 진화과정에 지적인 설계자가 개입했음이 분명하며, 우연 또는 무작위적 돌연변이로는 설명할 수 없다고 주장한다.[17] 그런데 그가 제대로 이해하지 못하고 있는—본인도 인식하고 있음이 분명해 보인다—핵심 부분은 무작위적 돌연변이가 아니라 자연선택이 다윈주의 진화론의 창조적인 힘이란 점이다. 여러 가지 면에서 돌연변이는 무작위적인 것으로 보이지만 자연선택은 결코 무작위적이지 않다. 자연선택은 유전적 돌연변이를 체계적으로 보존하여 변종의 재생산 가능성을 높여준다.

지적 설계론의 과학 논쟁에서 비히 다음으로 중요한 자리를 차지하는 윌리엄 뎀스키는 우연의 결과가 나타날 확률이 낮기 때문에 "설계개입"이 더 가능성이 높다고 주장한다.[18] 이런 주장은 순전한 우연(chance)(주사위 굴리기 같은 것)과 진화경로와 상호작용을 바탕으로 한 우연

(contingency)을 혼동한 데서 나온 것이다.[19] 진화론을 기계론적·환원론적으로 해석하여 생명체의 진화는 순전한 우연(chance)에 의존한다고 단정하기 때문에 지적 설계론 지지자들은 과학을 오해하고 자신들의 설계론이 더 그럴 듯해 보인다고 믿는 것이다. 그래서 뎀스키는 순전한 우연(주사위 던지기)과 설계는 논리적으로나 실질적으로나 양립할 수 없다고 주장한다. "법칙이 할 수 없는 것은 우연(contingency)을 만들어내는 일이다 … . 법칙이 없이 어떻게 우연(contingency)이 일어날 수 있는가? 오직 두 가지 답변만이 가능하다. 우연(contingency)이 맹목적이고 무(無)목적적인 우연(contingency), 즉 우연(chance)이거나 아니면 안내되고 목적이 있는 우연(contingency), 즉 지적인 인과관계 중의 하나이다." 당연한 얘기지만 뎀스키의 "오직 두 가지 답변"이 놓치고 있는 것은 우연(contingency)은 순전한 우연(chance)과는 달리 역사적이고 구조적인 조건—현대 과학의 특징인 유물론적 진화의 실체—의 경로를 따라 일어난다는 점이다.[20]

구조와 변증법 : 불가피성과 우연성

자연과 사회에 관한 마르크스의 변증법은 지적 설계론 비판의 근거로서 여전히 강력한 설득력을 갖고 있다. 마르크스의 변증법은 자연과 사회를 유물주의적 관점으로 해석하며, 따라서 필연성과 우연성의 관계를 중시해 왔다. 이런 관점은 저명한 학자들에게 영향을 끼쳤는데, 예컨대 1930년대와 1940년대의 할데인, 버널(J. D. Bernal), 조셉 니덤(Joseph Needham) 같은 사람이 있고 보다 최근의 인물로는 스티븐 굴드, 리처드 르원틴, 리처드 레빈스 등이 있다. 우리는 이들의 연구업적을 통해 사회와 자연의 역동적인 발전과 상호작용에 관한 통찰력을 가질 수 있다.[21] 진화론자들은 순전히 물질적 힘의 작용만으로 환원 불가능한 복잡성을 설명할 수 있는 방식을 제시했다. 생물학에서 구조주의적 전통은 지적 설계론자들로부터 공격을 받아왔지만 변증법의 통찰력과 어우러져 얼마나 많은 복잡한 특징이 진화했는지를 훌륭하게 설명해 주는 개념을 제시했다.

박테리아의 편모에 관한 주장—도버 재판—은 『종의 기원』이 출판된 이후로 창조론자들이 진화론을 공격하기 위해 제기한 보다 일반적인 도전의 한 부분이다. 문제는 진화의 초기 단계에 대한 해석이었다. 통합된 복잡구조가 수행하는 기능을 보다 덜 복잡한 구조는 같은 기능을 왜 일정 정도 수행하지 못하는가. 자연선택은 예견할 수 없는 "맹목적" 과정이므로 진화의 목표를 가진 생명체를 만들어낼 수 없고 오히려 우연한 돌연변이를 환경에 적응하도록 강화시켜 준다. 이리하여 피상적인 관찰을 근거로 할 때 발생단계에서부터 적응되어 있지 않으면 통합된 복잡구조로의 진화를 설명할 수가 없다.

다윈과 이후의 다윈주의자들은 다양한 복잡구조의 진화를 잘 설명해 주는 이론을 제시했다. 그 핵심적인 내용은 리처드 도킨스(Richard Dawkins)의 척추동물의 눈에 관한 설명에서 잘 드러나 있다. 발생 초기의 눈의 특성은 후에 진화하여 이르게 되는 (처음)보다 복잡한 구조와 (그보다는 덜 하긴 하지만) 거의 유사한 적응우위(adaptive advantage)를 제공한다. 즉 초점을 잡지 못하는 "눈"이라 할지라도 밝기와 움직임을 포착하는 데는 여전히 유용할 것이다. 도킨스는 이렇게 기술했다 : "1%의 시력이라도 아주 안 보이는 것보다는 훨씬 낫다. 또한 6%는 5%보다 낫고 7%는 6%보다 낫다. 이렇게 점진적으로 계속된다."[22] 발생 초기와 중간 단계에서 진화한 후와 유사한 적응우위를 보이는 경우는 진화론 안에서 설명하기가 매우 용이한데, 매 단계마다 적응력이 높아진다면 복잡구조가 자연선택에 의해 단계적으로 생성될 수 있기 때문이다. 그러나 발생 초기 단계에서의 적응우위는 분명하지 않기 때문에 보다 정교한 설명이 필요하다.

보다 난해한 이 특징을 설명하기 위해 진화의 역사과정에서 "구조가 기능적으로 전환"한다는 설명이 제시된다. 계통발생(진화의 역사) 과정에서 구조의 발생 초기와 중간 단계는 상이한 시점에서 상이한 목적에 적합하기 때문에 선택될 수 있다. 이런 설명은 다윈 시대부터 제시된 주장인데, 20세기 후반에 들어와 스티븐 굴드가 생물학의 구조주의 전통을 받아들여 이런 설명을 더욱 발전시켰다.

굴드는 생명체는 계통발생 과정에서 외부환경의 힘이 마음대로 빚을 수 있는 대상이 아니라, 구조적인 완결성을 갖고 있으며 자연선택에 의해 일정한 방향의 변종으로 진화한다고 주장한다.[23] 이런 주장을 통해 굴드는 표현형 변종은 모든 방향으로 균등하게 진화하는 등방성(等方性)을 갖고 있다는 관점을 반박했다. 돌연변이는 자연선택에 의한 적응에 비해 무작위적인 유전성 변종을 발생시키지만, 그렇다고 해서 표현형 변종이 일정한 방향으로 나타날 가능성이 더 높다는 것을 의미하지는 않는다. 굴드는 생명체 발생의 구조적 본성은—발생과정의 어느 단계에서 일어난 변화는 이후 단계의 결과를 규정하기 때문에—생명체의 전 생애(개체발생)를 통해 표현형 변종의 유형을 제약한다고 주장한다. 그러므로 모든 생명체의 특질의 변화는 그 생명체의 전체 군(群)에 파동효과를 일으킨다. 발생의 유전적 패턴은 그대로 모든 형태의 일시적 변형으로 연결되지는 않는다. 따라서 개별 생명체의 개체발생이 유전인자와 환경의 상호작용이듯이 진화의 과정은 내부(유전적 구조의 제약)와 외부(환경적 선택의 압력)의 변증법적 상호작용이다. 이런 이해를 바탕으로 생명체를 하나의 생물학적 개념—특정한 환경적 맥락 하에서 "자신의 변천과정에 제약을 가하는 통합된 전체"—으로 규정할 수 있다.[24]

발생의 구조적 특질은 변화의 패턴을 낳는다. 이를 설명하기 위해 굴드는 갈턴의 다면체를 비유로 들었다.[25] 굴드는 자신의 주장을 입증하기 위해 진화론을 둘러싼 논쟁에 참여했던 역사적인 인물들의 말을 자주 인용했다. 다윈의 사촌이자 우생학의 창시자로 평가받는 프랜시스 갈턴(Francis Galton)—두 사람 다 이레즈머스 다윈의 손자였다—은 다윈의 저서로부터 깊은 영향을 받았지만 변종의 특질에 대해서는 다윈과 견해를 달리했다. 그는 다윈의 자연선택과 변화의 특질이란 개념을 비판하기 위해 비유를 만들어냈다. 굴드는 갈턴의 개념적 관찰을 원용하여 다윈주의에서 말하는 이상화된 종이란 개념을 외부세계의 압력을 받는 변형의 공간에서 계통발생시 자유롭게 굴러다니는 구체(球體)로 비유한다. 종은 외부환경의 압력에 저항하는 구조적 완결성을 갖추고 있지 않아서 외부환경이 자연선택 과정을 통해 제시하는 방향대로 즉각적으로 움직인다. 반면에, 갈턴의 다면체 비유에 따르면 종은 (주사위처럼) 여러 개의 평평한 면을 가진 다면체와 같아서 외부세계로부터 충분한 압력을 받으면 자유롭게 굴러다니는 것이 아니라 약간 움직이고 그 방향도 제한된다. 달리 말하면 "변화는 모든 방향으로 발생하지 않는다." 다면체는 접지면을 바꿀 수 있지만 일정 위치에 머물 수는 없다(면이 접지하면 머물지만 모서리가 접지하면 머물 수 없다). 순탄하고 가볍게 움직이는 구체와는 달리 다면체는 작은 압력에는 움직이지 않고 견디다가 충분한 힘이 가해지면 갑자기 접지면을 바꾸는데, 이때 "시스템 내부에서 되튀는" 변화가 발생한다. 종은 계통발생 과정에서 생겨난 구조적 내부연결성 때문에 환경변화를 완벽하게 따라가지 못하며, 변화는 제약되고 동시에 결정된다.

다윈의 통찰력의 핵심은 구조적 제약이 진화역사의 산물이라는 것이다. 굴드는 구조적 제약의 실상을 인식하는 것도 중요하고 구조가 역사적 연원을 갖고 있음을 인식하는 것도 중요하다고 강조한다.[26] 이 관점은 오래된 기능주의 생물학자들[다윈, 라마르크, 조르쥬 쿠비에(Georges Cuvier) 등]과 형식주의(구조주의) 생물학자들[에티엔느 조프로아 생-힐레어(Etienne Geoffroy Saint-Hilaire), 리처드 오웬(Richard Owen), 요한 볼프강 폰 괴테(Johann Wolfgang von Goethe) 등] 간의 논쟁을 통합한 것이다. 기능주의자들은 생명체의 외형적 특징이 실용적인 이유(환경에 적응) 때문에 존재한다고 주장했고, 형식주의자들은 유사한 생명체 전체에서 나타나는 유형의 구조적 통일성을 강조했다. 현대의 창조론자들과 마찬가지로 형식주의자들은 구조의 근본적인 변화는 불가능하며 표면적인 변화만 가능하다고 믿었기 때문에 진화의 가능성을 부정했다. 그래서 지적 설계론 지지자 벤자민 와이커와 조나단 위트는 생명체의 구조적 특징에 진화론적 변화가 발생할 수 없다는 주장을 할 때 18-19세기의 저명한 형식주의자들(오엔과 생-힐레어)의 주장을 논거로 삼았다.[27] 그러나 이들의 주장은 구조는—일단 형성되고 나면 생명체의 진화의 경로를 제약하는 것은 사실이지만(비유적인 다면체가 특정 접지면에서 머무는 것처럼)—진화되어 왔다고 인식한 다윈과 이후의 진화론자들에 의해 설득력을 잃었다. 굴드가 언급한 바와 같이 다윈은 기능주의-형식주의의 이분법적 논쟁에서 기능(적극적인 적응)과 형식(구조의 제약) 이외에 역사(계통발생의 우연성)라는 요소를 더함으로써 새로운 경지를 개척했다.[28] 지적 설계론 지지자들은 혁신하지 않은 채 폐기된 관점을 되풀이 설명하는 일을 계속하고 있다.

굴드는 구조의 중요성을 들어서 생명체 구조의 특질이 여러 가지 복잡한 형질을 발생시킨다고 설명한다. 잘 알려진 논문에서 굴드와 르원틴은 건축학에서 빌려온 삼각소간(三角小間, spandrels)의 개념을 이용하여 비구조적 이유에서 발생한 구조적 요인을 설명했다.[29] 건축학에서 삼각소간은 건물의 상이한 두 가지 요소가 만난 결과로 발생하는 공간을 말하는데, 직사각형의 공간에 아치를 세울 때 나타나는 삼각형 공간 같은 것이다. 삼각소간은 아무런 기능을 갖고 있지 않으며, 어떤 목적 하에서 만들어진 것도 아니다. 그것은 상이한 구조적 요소가 결합되면서 생겨난 부산물에 불과하다. 굴드와 르원틴은 이 비유를 생물학에 적용하여 유기체의 많은 특질은 직접적인 기능적 이유 때문에 존재하는 것이 아니라 진화의 구조적 특징의 부산물로서 생겨난다고 설명했다. 삼각소간의 분명한 사례는 달팽이에게서 찾을 수 있다. 굴드의 설명에 따르면, "한 축의 둘레에 나선형의 관을 만들어 성장하는 달팽이는 축을 둘러싸고 제공(臍孔, umbilicus)이라 부르는 원통형을 형성할 수밖에 없다." 어떤 종은 "비어 있는 제공을 알을 보호하고 양육하는 공간으로 사용"하지만 대부분은 그렇게 하지 않는다. "제공을 양육공간으로 활용하는 종은 클래도그램(cladogram, 진화의 파생도) 상에서 최근에 진화한 (달팽이의) 지류에서 발견되며, 파생도의 중앙에 위치하는 종류에서는 보이지 않는다." 이는 제공이 알 양육의 필요에 적응하여 발생한 것이 아님을 의미한다.[30] 그러므로 제공은 적응을 위한 자연선택으로부터 직접 만들어진 특질이 아니라, 축을 중심으로 나선형의 관이 성장하는 과정에서 생겨난 구조적 부수효과이며 삼각소간과 같은 성격의 것이다.

복잡한 특징이 어떻게 진화하는가를 이해하는 데 도움이 되는 다

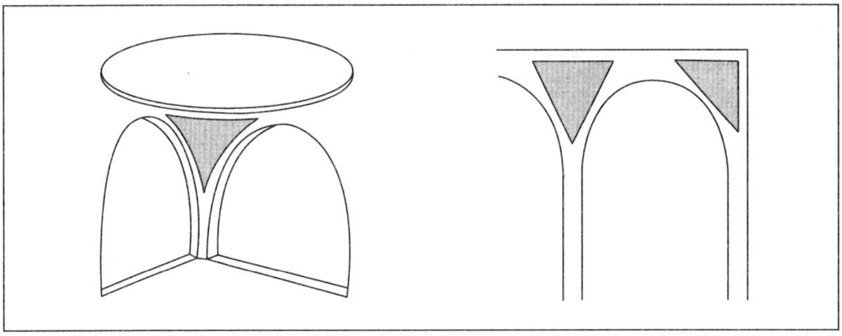

삼각궁륭[三角穹窿, 정방형의 평면 위에 돔을 설치할 때 돔 바닥 네 귀에 쌓아올리는 구면(球面)이 만나는 삼각부분], 즉 3차원 삼각소간(왼쪽 그림)은 둥근 돔이 두 개의 둥근 아치와 직각으로 만날 때 필연적으로 생기는 삼각형의 공간이다. "고전적", 2차원 삼각소간(오른쪽 그림)은 둥근 아치와 이를 둘러싼 벽과 천정의 장방형의 골조 사이에 필연적으로 생기는 삼각형의 공간이다.

른 하나의 중요한 개념은 굴드와 브르바(Elisabeth S. Vrba)가 제시한 **굴절적응**(exaptation)이다.[31] 굴절적응은 현존하는 특징을 새로운 기능적 목적에 맞게 활용하는 것을 말한다. 특징은 자연선택을 거치면서 적응한 결과로 생겨날 수도 있고(이 경우 새로운 목적에 맞게 기존 기능이 전환된다), 적응과정에서 진화한 것이 아니라 단순한 구조적 부수효과(삼각소간)일 수도 있다. 위에서 예시한 제공(臍孔)을 양육하는 기관으로 이용하는 달팽이는 후자의 주요한 사례인바, 제공은 적응하기 위해서 발생한 것이 아니라 발생한 이후 어느 시점에서 기능이 양육하는 것으로 전환된 것이다. 전자의 주요한 사례는 조류의 깃털인데, 깃털의 주요 기능은 처음에는 체온조절이었다가 후에 비행으로 전환된 것이다.[32] 생명체는 일정 시점에서 방대한 굴절적응의 잠재성을 갖고 있어서—특정 기능을 가지도록 자연선택을 거쳐 진화한 특징이든(적응) 비적응적 구조적 부수효과(삼각소간)의 특징이건—진화는 그것으로부터 변화하는 조건이 요구하는 대로 새로운 특징을 만들어낼 수 있다. 이리하여 구조적인 힘이 달팽이의 제공에서 보듯 특징을 발생시킬 수 있고 그 특징은 새로운 적응적 특성으로 진화할 수 있는 잘 갖추어진 출발점이 된다. 기능적 전환과 삼각소간적 적응은 발생의 초기 단계가 어떻게 의도되지 않았던 후기의 기능으로 진화하는지를 설명해 줄 수 있다.

인간 기질의 여러 특징도 삼각소간과 적응의 요소를 보여주고 있다.[33] 기질도 자연선택에 의해 핵심 기능에 맞도록 발전해 왔음이 분명하다. 그러나 그 과정에서 복잡한 특징이 방대한 적응의 잠재성을 제공하는 여러 가지 삼각소간적 요소를 함유하게 된다. 예컨대, 수학적 계산을 위해 고안된 컴퓨터가 비디오 게임의 도구로 동시에 사용될 수 있듯이 인간의 기질도 자연선택이 직접적으로 의도하지 않았던 여러 가지 일을 수행할 수 있는 잠재성을 갖고 있다. 인간은 읽고 쓸 수 있으며, 수학적 증명을 해보일 수 있고, 아름다운 성당을 지을 수 있는데, 이런 재능은 인간 기질이 발생할 때는 어떤 역할도 하지 않았고 인간 역사의 대부분을 통해서도 발휘되지 않았다. 기질과 같은 복잡한 특징은 선천적으로 떠오를 수 있는 잠재성을 풍부하게 갖고 있다. 특징은 자연선택에 의한 원래의 목적과는 다른 방향으로 언제든지 사용될 수 있다. 우리가 구조의 요점을 인식하고 삼각소간과 적응의 이론적 중요성을 이해한다면 지적 설계론은 붕괴되고 생명의 유물론적 발생은 분명해질 것이다.

진화 역사에서 차지하는 적응과 삼각소간의 역할에 대한 이해를 바탕으로 하여 마크 팰런(Mark J. Pallen)과 니콜라스 매츠키(Nicholas J. Matzke)는 박테리아의 편모와 같은 복잡한 특징이 어떻게 발생할 수 있는지를 보여주었다.[34] 두 사람은 다른 박테리아 계통에서 상이한 기능적 목적을 가진 유사한 특징이 어떤 것이 있는지 자세히 설명했다. 그러므로 우리는 박테리아 편모가 현재의 목적대로 한 조각 한 조각씩 만들어졌다고 생각할 필요는 없다. 그보다는 그것의 핵심 요소들이 다른 이유로 진화된 형태로부터 적응되었다고 보아야 할 것이다. 이것은 이른바 "환원 불가능한" 복잡한 시스템—이런 시스템은 몇 개의 구성부분만 없어져도 현재의 기능을 수행할 수 없다—이 비히가 주장하는 것처럼 "한 순간에" 만들어진 것이 아니라 한 조각씩 진화할 수 있음을 설명해 준다.[35)] 박테리아 편모와 그 밖의 자연계의 무수한 특징들은 진화 경로의 산물이란 것이 진실이다.

자연선택이 복잡한 특징의 시발점이란 것을 인정할 수 있는 여러 형태의 질서가 존재하고 있음을 부인할 수 없을 것이다. 진화의 유전적 패턴(역사적으로 진화한 구조)과 관련된 구조를 강조하는 학자들이 있고, 다른 한쪽에서는 물리학, 화학, 수학의 시공간적 불변의 법칙(invariant principle)을 응용하여 생명체의 형태에 영향을 미치는 구조적 힘을 중시하는 과학자들이 있다. 20세기 초에 다시 웬터워스 톰슨(D'Arcy Wentworth Thompson)이 이러한 구조적 힘의 영향을 제시한 이후 오늘날에도 여러 학자들이 활발하게 연구를 진행하고 있다.[36)] 톰슨은 자연 속에 편재(遍在)하는 대수(對數)적 나선형(예컨대, 달팽이의 갑피와 숫양의 뿔)이나 육각형(벌집이나 산호석)의 형태는 보편적인 수학적 법칙을 반영하고 있다고 지적했다. 또한 톰슨은 광물의 세계에서 수정이 물리학적 수학적 불변의 법칙을 따라 형체를 갖추고 있듯이 동물의 세계에서 많은 생명체의 구조는 역사적 진화의 결과가 아니라고 주장했다.

현대 생물학계에서는 톰슨이 자신의 이론을 지나치게 확대 적용했다고 평가하고 있지만 어떤 형태[예컨대 개별 세포의 구형(球形)형태]는 유전자 기호에 의해 만들어진 것이 아니라 보편적인 물리학적 힘에 의해 만들어진 것이라고 인정받고 있다. 톰슨의 이론을 지지하는 스튜어트

카우프만(Stuart Kauffman)은 우리가 자연 속에서 보게 되는 질서의 많은 부분은 복잡한 시스템에서 발생한 자생적인 질서라고 주장해 왔다.[37] 그의 도발적인 주장 가운데 하나는 "세포형태는 유전자 조절 시스템의 끌개(attractor)"라는 것이다.[38] 이런 관점에서 끌개는 동적 시스템이 흘러가는 상태를 의미한다. 달리 말하면, 카우프만은 생명체의 세포에서 관찰되는 다양한 형태는 전부가 진화 역사의 특유한 산물은 아니며, 동적 시스템의 자기 조직화 법칙의 구체적인 결과라고 주장하고 있다. 이런 "자유를 추구하는 질서"는 순전히 자연적인 과정을 거쳐 생성되는 것이며, 구조는 초자연적인 힘에 의해 설계되거나 자연선택에 의해 진화하는 것이 아니라 여러 가지 힘의 상호작용이 구조의 발생을 초래한다는 것이다. 이런 관점은 생명체 자체가 보다 고등형태의 생명체, "저수준으로 조직된 형태에서는 불가능한 새로운 형식의 생명, 새로운 기능이나 행태"를 발생시키는 잠재성을 만들어낸다는 에피쿠로스 학파의 전통과 상통한다.[39] 복잡한 시스템에서 발생하는 자생적인 질서는 자연선택의 기초가 되는 생명체의 초기 구조를 만들어낸다.

굴드 등 변증론 생물학자들이 지지하는 생물학의 구조주의적 관점은 순진한 관찰자들에게는 "환원 불가능한" 복잡성을 가진 것처럼 보이는 고도로 복잡한 특징의 발생에 대해 여러 가지 핵심적 설명을 제시한다. 또한 이 관점은 역동적 물질적 세계와 상호작용하는 역사와 구조를 가진 통합된 생명체를 중시한다. 구조주의와 변증법의 결합은 생명의 무수한 경이가 발생하고 진화하는 과정을 이해하는 데 핵심적인 수단을 제공한다. 자연법칙과 역사적 우연성은 자연계의 복잡성을 설명해 주며, 자연계의 작동을 설명할 때 설계자가 등장할 필요가 없게 해주고 신이 여기저기 나타나지 않아도 되게 해준다.

:: 주 ::

1 Karl Marx와 Frederick Engels, *Collected Works*(New York : International Publishers, 1975), 1 : 103. 설계와 기적의 관계를 어떻게 설명할 것인지는 설계론 지지자들에게는 골치 아픈 문제였다. 이 논제 하나만 가지고도 장문의 논문을 쓸 수 있었다. Dembski, *Intelligent Design : The Bridge Between Science and Theology* (Downers Grove, Ill. : Inter Varsity Press, 1999), 49-69를 보라.

2 지적 설계론 운동의 공격대상은 진화론에만 한정된 것이 아니라 화학, 물리학, 우주론과 다른 과학분야도 그 대상이 되었다. 우리는 이 책에서 지적 설계론의 진화생물학에 대한 공격에만 초점을 맞추고 있다. 지적 설계론의 다른 과학분야에 대한 공격은 진화론에 대한 그것만큼 발전되지 않았기 때문이다. Robert Pennock이 말했듯이 지적 설계론 지지자들의 다윈에 대한 공격에서 "반진화론자들은 과학적 설명의 결함을 찾아내어 자신들이 선호하는 견해[즉 지적설계자의 존재]를 입증하려는 가망 없는 시도를 회피했다." 그 결과 나온 것이 전통적인 "결함의 신"에 기대어 현대 과학의 생명의 기원, 열역학, 우주론에 관한 이해의 결함을 들추어내고 결국은 지적 설계자만이 이러한 결함을 채워줄 수 있다는 주장을 내놓고 있다. 예컨대, 디스커버리 연구소 연구원들의 도움을 받아 제작된 중고등학교용 지적 설계론 교과서인 *Of Panda and People*은 과학자들이 수많은 실험적 연구를 통해 해결하려 노력해 왔던 몇 가지 쟁점을 지적하면서 다음과 같은 의미 없는 말로 결론을 내리고 있다 : "이러한 해석[지적 설계]을 수긍하지 않을 수 없는 이유는 우리는 보편적 경험을 통해 정보 미립자(DNA, 프로테인)가 갖고 있는 그런 순열은 지적인 동인의 결과임을 알고 있기 때문이다." 과학적 관점에서 보자면 이런 주장은 그 내용이 완전히 공허함은 물론이고 심하게 말하자면 과학의 방해꾼에 불과하다. A. J. Petto와 L. R. Godfrey(공편), *Scientists Confront Intelligent Design and Creationism*(New York : W. W. Norton, 2007), 324에 수록된

Robert T. Pennock의 "God of the Gap" ; Niall Shanks, *God, the Devil, and Darwin*(Oxford : Oxford University Press, 2006) ; Percival Davis와 Dean H. Kenyon (학술편집자 Charles B. Thaxton), *Of Pandas and People : The Central Question of Biological Origin*(Dallas : Houghton Publishing, 1993), 58을 보라.

3 Richard Lewontin과 Richard Levins, *Biology Under the Influence*(New York : Monthly Review Press, 2007), 92.

4 Behe 같은 대표적인 설계론 지지자들이 "지적 설계자"가 또 다른 "자연적 실체"이며, 아마도 "개스 입자"로 구성되어 있고 "진흙 결정체"로서 시작되었을 것이란 주장을 공개적으로 하고 있는 것은 사실이다. "목성과 같은 환경에서도 생명체가 존재할 수 있다"고 진지하게 믿는 일부 과학자들이 있다. 그러나 지적 설계론 지지자들의 "쐐기"전략은 자연주의를 공격하기 위해 언제나 신(특히 근본주의 기독교의 신)이란 개념을 내세워 왔기 때문에 자연적인 지적 설계자란 개념을 진지하게 받아들이기는 어려운 일이다. 외계의 어떤 자연적인 존재를 초자연적인 존재를 긍정하는 지적 설계의 대상으로 보기에는 무리이다. Behe는 오히려 자신이 주장하는 지적 설계론이 "신학"임을 숨기려 하지 않는다. Michael Behe, "Reply to my Critics," *Biology and Philosophy* 16(2001. 11) 698–99, 702, 705 ; Dembski, *Intelligent Design*, 78–79, 187–210.

5 Stephen C. Meyer, "Not By Chance," *National Post*, 2005. 12. 1.

6 David Hume, *Enquiries Concerning Human Understanding and Concerning the Principal of Morals*(Oxford : Oxford University Press, 1975), 142. 여기서 드러난 Hume의 입장은 4장에서 자세히 언급되었다.

7 Behe, "Reply to my Critics," 703.

8 Micahel Behe, *Darwin's Black Box*(New York : Free Press, 1996), 39. 또 이 책의 1장을 보라.

9 Davis와 Kenyon, *Of Pandas and People*, 15–16.

10 John G. West, *Darwin Day in America*(Wilmington, Del. : Intercollegiate Studies Institute Books, 2007), 232. 또한 Phillip E. Johnson, *The Wedge of Truth : Splitting the Foundations of Naturalism*(Downers Grove, Ill. : Inter Varsity Press, 2000), 127–31을 보라.

11 Dembski, *Intelligent Design*, 86.

12 Kenneth P. Miller, *Only a Theory*(New York : Viking, 2008), 58–62.

13 Behe, "Reply to my Critics," 695.

14 Michael Behe, *The Edge of Evolution : The Search for the Limits of Darwinism*(New York : Free Press, 2007).

15 Occam's Razor : 14세기 영국의 철학자이자 신학자 Occam이 주장한 논리학의 법칙. 현상을 설명할 때는 동일한 결론을 도출할 수 있는 가설과 이론은 되도록 적게 적용해야 한다. Occam 자신의 표현을 빌리자면 "더 적은 것을 가정해서 설명할 수 있는 것을 더 많은 것을 가정해서 설명한다면 헛된 일이다."(역주)

16 Mark J. Pallen과 Nicholas J. Matzke, "From The Origin of Species to the Origin Bacterial Flagella," *Nature Reviews Microbiology* 4/10(2006) : 784–90 ; Paul Davis, *The Goldilocks Enigma*(Boston : Hughton Mifflin, 2006), 193–96. Behe와 지적 설계론 전반에 관한 유용하고도 깊이 있는 비판을 알고자 한다면 Sahotra Sarkar, *Doubting Darwin?*(Oxford : Blackwell, 2007) ; 펜실베니아 중부 지방법원, Kitzmiller 대 Dover 지역 교육위원회, http://www.pamd.uscourts.gov/kitzmiller/kitzmiller_342.pdf, 74–78을 보라.

17 Behe, *The Edge of Evolution*.

18 William A. Dembski, *The Design Inference*(Cambridge : Cambridge University Press, 1998).

19 contingency와 chance는 둘 다 우리말로는 우연으로 번역되나 contingency는 연관관계나 법칙이 있는 우연성을 의미하고 chance는 법칙이 없는 무작위적 우연성을 의미한다. 결과를 예측 할 수 없다는 점에서 둘 다 우연이지만 진화론에서는 둘을 구분하고 있다.(역주)

20 Dembski, *Intelligent Design*, 165.

21 Brett Clark와 Richard York, "Dialectical Materialism and Nature," *Organization and Environment* 18/3(2005 봄) : 318–37 ; Foster, *Marx's Ecology*(New York Review Press, 2000)을 보라.

22 Richard Dawkins, *The Blind Watchmaker : Why the Evidence of Evolution Reveals a Universe Without Design*(New York : W. W. Norton, 1986), 81.

23 Stephen J. Gould, *The Structure of Evolutionary Theory*(Cambridge, Mass. : Belknap Press of Harvard University Press, 2002) ; Stephen J. Gould, "Is a New and General Theory of Evolution Emerging?" *Paleobiology* 6/1(1980) : 119–30.

24 Gould, "Is a New and General Theory of Evolution Emerging?" 129 ; Richard Lewontin, *The Triple Helix : Gene, Organism, and Environment*(Cambridge, Mass. : Harvard University Press, 2000).

25 Stephen Jay Gould, *Eight Little Piggies*(New York : W. W. Norton, 1993) ; Gould, "Is a New and General Theory of Evolution Emerging?" 129.

26 Gould, *The Structure of Evolutionary Theory*.

27 구조주의 및 오엔과 생-힐레어의 견해를 명백하게 지지하는 주장으로서는

Benjamin Wiker와 Jonathan Witt, *A Meaningful World*(Downers Grove, Ill. : Inter Varsity Press, 2006), 229를 보라.

28 Gould, *The Structure of Evolutionary Theory*, 251–60.

29 Stephen J. Gould와 Richard Lewontin, "The Spandrels of San Marco and the Panglossian Paradigm : A Critique of the Adaptationist Program," *Proceedings of the Royal Society of London. Series B, Biological Science* 205/1161(1979) : 581–98.

30 Gould, *The Structure of Evolutionary Theory*, 1259–60.

31 Stephen J. Gould와 Elizabeth S. Vrba, "Exaptation–A Missing Term in the Science of Form," *Paleobiology* 8(1982) : 4–15.

32 Stephen J. Gould, *Bully of Brontosaurus*(New York : W. W. Norton, 1991), 139–51.

33 Gould, *The Structure of Evolutionary Theory* ; Steven Rose, *The Future of the Brain : The Promise and Perils of Tomorrow's Neuroscience*(Oxford : Oxford University Press, 2005) ; Ian Tattersall, *Becoming Human : Evolution and Human Uniqueness*(New York : Harcourt Brace, 1998).

34 Pallen과 Matzke, "From *The Origin of Species*."

35 Behe, *Darwin's Black Box*, 39.

36 D'Arcy Wentworth Thompson, *On the Growth and Form : A New Edition*(Cambridge, Cambridge University Press, 1942).

37 Stuart Kauffman, *The Origins of Order : Self–Organization in Evolution*(New York : Oxford University Press, 1993).

38 *The Origins of Order*, 482.

39 Thomas S. Hall, *Ideas of Life and Matter : Studies in the History of General Physiology, 1600 B. C.–1900A. D.*(Chicago : Chicago University Press, 1969), 1 : 19–20.

생명 역사의 테이프를 다시 돌린다면

지적 설계론 운동은 지상 생명체의 역사기록을 설계자가 존재한다는 증거로 해석한다. 창조론자들은 오래 전부터 화석기록에서 "돌연히" 등장하는 새로운 종을 신성한 존재가 종을 창조했다는 증거로 제시해 왔었는데, 설계론 지지자들도 역사가 설계되었다는 명백한 증거로서 이를 활용해 왔다. 설계론자들은 이런 교조주의적 주장을 좀 더 정교하게 다듬어 진화론을 일정 정도 받아들이면서 다만 신이 진화의 방향을 결정하기 위해 간간이 개입했다고 주장한다. 역사에 대한 가장 정교한 (그래서 가장 덜 속임수 같은) 신학적 해석은 최초의 창조 이후 신성한 존재가 개입했다는 주장을 내세우지 않고 그 대신 애초에 인간이나 일부 다른 지적인 동물의 발생이 필연적이도록 창조가 이루어졌다는 주장을 내놓고 있다. 이런 신학적 관점은 역사의 도식을 자신들의 세계관에 맞는 방식으로 읽는다. 그래서 진화론을 공격할 때 역사의 본질을 어떻게 볼 것인지가 지적인 수단의 핵심이었다. 마르크시즘에서 비롯된 유물주의와 변증법은 출발 때부터 역사의 도식과 변화의 속도에 대해 관심을 기울여 왔다. 이 장에서는 오직 물질적 과정을 통해서 (화석기록에 나오는 종의 돌연한 등장을 포함하여) 역사의 도식을 설명하고자 한다. 역사는 우리에게 세계는 예정된 것이 아니라 우연과 불가피성으로부터 발생했음을 가르쳐 주고 있다.

단속적인 평형과 우연성

18세기와 19세기에 지질학자들에 의한 "심원한" 시간의 발견과 자연과학자들에 의한 생명체 진화의 발견은 지구가 최근에 생성되었고 자연의 질서는 때때로 신성한 존재의 개입에 의해 재정비(예컨대, 노아의 홍수처럼)되기는 하지만 근본적으로 변하지 않는다(신의 변덕 때문에 종이 사라지고 새로 생겨나는 수는 있지만 종 자체는 시간이 지나도 변하지 않는다)는 창조론자들의 뿌리 깊은 믿음을 흔들어 놓았다. 신성한 존재가 간헐적으로 변화를 일으키기는 하지만 창조의 안정상태는 근본적으로 변하지 않는다는 믿음은 19세기 과학자들이 자연은 완만하고 지속적으로 변화한다는 사실—라이얼의 지질균일설과 다윈의 점진론—을 밝혀내자 차츰 설득력을 잃어갔다.[1]

창조론적 관점이나 점진주의와는 달리 마르크스주의는 오직 자연적 과정에 의해서만 변화하며, 그 변화는 필연적이기는 하지만 완만하고 지속적인 것이 아니라 일정 기간(특정되지 않은, 대립되는 힘이 균형을 이루어 상대적으로 안정된 잠정적인 기간)의 안정상태가 지난 뒤 매우 급격하게 일어난다고 본다. 완만하고 지속적인 변화를 주장하는 점진론적 관점이나 안정기를 지나면 급격한 변화가 때때로 일어난다고 보는 마르크스주의적 관점 그 어느 것도 절대적으로 옳다고 할 수는 없다. 자연과 인간 역사의 복잡성은 두 가지 형태의 변화가 모두 일어난다는 것을 증명해 주었다. (변화의 속도가 반드시 급격하거나 완만한 쪽 가운데 어느 하나일 수는 없다는 것은 말할 필요도 없지만, 이런 이분법은 연구방법상으로는 유용하다.) 나아가 특정 현상의 변화의 속도는 사실을 보고 판단할 문제이며, 경험적 증거가 없이 단정할 수는 없다.

나일스 엘드리지(Niles Eldredge)와 스티븐 굴드가 자연계의 변화에 관한 다윈주의와 마르크스주의의 유물론적 관점을 통합하여 생명체 진화의 역사는 "단속적 평형"—오랜 기간의 안정상태 뒤에 (지질학적인) 짧은 기간의 변화가 이어진다—이라는 말로 특징지을 수 있다는 주장을 내놓았다.[2] 이 주장은 화석기록을 있는 그대로 충실하게 해석한 바탕 위에서 나온 것이다. 일반적으로 화석기록을 보면 종은 오랜 기간 동안 매우 유사한 상태로 남아 있다가 (지질학적 관점에서 볼 때) 갑자기 외관상으로는 유관한 것처럼 보이나 실질적으로는 다른 형태의 종으로 대체된다. 두 사람의 주장은 다윈주의를 전면적으로 부정하는 것이 아니라 점진주의에 많이 기운 다윈의 경향을 비판하는 것이었다. 엘드리지와 굴드는 특정한 변화의 메커니즘을 지지하지는 않았다. 두 사람은 종의 분화—새로운 종의 발생—는 일반적으로 종의 부분집합이 고립되었을 때 생긴다고 주장한다. 소규모의 고립된 개체군에서는 돌연변이가 개체군의 유전자 풀(pool)을 통해 급속하게 확산되며, 개체군이 부모 종 세대와는 다른 선택의 압력에 노출되면 변화의 속도는 훨씬 더 빨라진다. 지리적으로 널리 분포되어 있는 개체군들에서는 번식을 통해 연결되어 있다 하더라도 돌연변이는 완만하게 확산되며, 개체군의 어느 부분집단에게 유리한 돌연변이는 다른 집단에게는 유리하지 않기 때문에 돌연변이는 유지되지 않는다. 그래서 굴드와 엘드리지는 널리 분포된 종은 일반적으로 오랜 시간을 두고 미미하게 변화하지만, 고립된 부차집단은 종 분화의 시점에 가까워지면 급속하게 변화한다는 주장을 내놓았다.

단속적 평형 이론은 고생물학, 유전학, 그리고 진화생물학과 관련된 다른 분야의 연구에도 광범위한 영향을 미쳤다. 이런 연구결과 다윈주의적 과정은 지질학적으로 짧은 시간(예컨대 수만 년) 동안에 새로운 종을 발생시킬 수 있으며, 실제로 그렇게 되었다는 것이 당시의 화석기록으로 입증되었다. 화석기록에 나타나는 새로운 종의 "돌연한" 등장은 진화론과 배치된다는 창조론자들의 주장은 단속적 평형 이론과 그로부터 영향을 받은 연구결과에 의해 논거를 잃게 되었다. 지적 설계론 지지자들은 화석기록상의 공백은 지적 설계의 증거라는 주장—신성한 존재의 개입을 암시하는 이 주장을 "공백창조론"이라 부른다—을 주기적으로 내놓는 경향이 있는데, 그들은 단속적 평형의 이론이 자신들의 견해와 직접적으로 대립된다는 사실을 분명하게 인식하고 있다. 진화론의 이런 해석은 사실상 지적 설계론에 대한 가장 큰 위협이 되고 있다.[3]

단속적 평형은 개념적으로는 독립되어 있지만 앞장에서 설명한 구조주의적 관점과 잘 어울린다는 점에 주목할 필요가 있다. 갈턴의 다면체 비유는 형태의 구조적 완정성이 어느 정도까지는 안정을 유지하다가 변화가 발생할 때는 마치 폭포처럼 급속하게 움직인다는(다면체의 접지면이 바뀌는 것처럼) 것을 의미한다. 우연과 필연성은 상호 침투하면서 거시 진화과정에 개입한다.

변증생물학자들은 진화에 있어서 변화의 속도를 중시하는 이론을 발전시키는 한편, 역사는 설계나 목적이 아니라 자연적 힘의 지배를 받는 우발적 과정으로 설명하는 보다 포괄적인 이론적 분석틀과 보다 일반적인 유물주의적 세계관을 제시했다. 굴드는 명성을 얻은 저서 『경이로운 생명』(*Wonderful Life*)에서 역사에 관한 유물주의적 관점을 훌륭하게 설명하고 있다.[4] 그는 캄브리아 중기(5억 년 전)의 가장 이른 다세포 동물의 모습을 보여주는 버기스(Burgess) 이판암(泥板巖)층 화석에 주목했다. 그는 이 동물들에서 나타나는 기본 골격은 최소한 오늘날만큼 다양했었고, 오늘날까지 살아남은 후손을 남긴 종이 캄브리아기에 특별히 우점종이었다는 흔적이 보이지 않는 점에 주목했다. 예컨대, **피카이아**(Pikaia)—길이 2인치 가량의 벌레 모양이며, 알려진 최초의 척삭(脊索) 동물. **호모 사피엔스**와 그 밖의 모든 척추동물은 이 문(門)에 속한다—는 캄브리아기의 바다에서는 개체수가 풍부하거나 주목할 만한 존재가 아니었다. 굴드는 이것이 생명체의 역사에서는 (그 중에서도 특히 우리 인류의 발생에서는) 아무 것도 예정된 것이 없음을 보여주는 중요한 의미를 갖는다고 했다.

자연선택은 종으로 하여금 자신들이 처한 환경에 적응하도록 만들므로 종의 진화에는 특별한 방향성이나 장기적인 궤도는 없다. 환경이 예측할 수 없는 방향으로 급속히 변화한다면 생명체의 미래 역사는 예측할 수 없다. 오랜 진화과정을 거쳐 소멸하게 될 계통과 살아남을 계통은 체계적으로 구분되지 않는다. 역사적 우연성은 가늠할 수 없고, 자연은 냉담하다. 6천5백만 년 전 백악기 말에 소행성이나 혜성이 지구와 충돌하여 공룡이 멸종된 예를 생각해 보자. 이 일이 일어나기 전 수억 년 동안 공룡은 포유동물과 함께 생존하면서 지구상의 곳곳을 지배했다. 포유류가 공룡의 경쟁상대가 될 수 없었음은 너무나 분명하고, 오히려 공룡이 하찮은 포유류의 조상들을 절대적으로 지배하고 있었다. 공룡이 멸종함으로써 포유류가 번성하여 우리가 살고 있는 지금의 세계가 열리게 된 것은 지구상의 사건 때문이 아니라 천체의 역학 때문에 발생한 우연한 충격 때문이었다. 공룡의 멸종과정을 우리 인류의 장래와 연관시켜 굴드는 이렇게 표현했다 : "공룡이란 단어는 치욕이 아니라 영광을 뜻한다. 공룡은 1억 년 동안 지상을 지배하다가 자신의 과실이 아닌 다른 이유로 인해 멸종되었다. 호모 사피엔스가 생존한 지는 1억 년도 되지 않았고, 지질학적 수명의 전망도 순전히 스스로 만든 이유 때문에 제한되어 있다."[5)]

고생대에 번성했던 삼엽충도 2억 5천만 년 전인 페름기 말에 일어난 알 수 없는 사건 때문에 소멸되었다.[6)] 당시 생존하고 있던 모든 동물류의 90% 이상을 차지하던 삼엽충이 갑자기 멸종하기 전에 그들의 쇠락을 예고하는 어떤 흔적도 없었고, 오히려 그들은 훌륭하게 성공한 계통이었다. 진화에는 방향이나 궁극적 목표가 없음이 분명하다. 진화는 자연선택과 수시로 밀어닥치는 예측할 수 없는 사건들의 압력을 받으면서 우연성이라고 하는 영역을 하루하루 배회하고 있는 것이다. 우연성의 근본적인 중요성을 이해한다면 우리는 인간이 결코 의도된 존재가 아니고, 진화는 "발전"이 아니며, 진화가 우리 자신과 같은 지적인 존재를 만들어내는 보편적인 경향을 갖고 있지도 않음을 알 수 있을 것이다.

진화의 비발전적 본질을 밝힌 굴드는 저서 『풀 하우스』[(*Full House*, 영국판 제목은 『생명의 위엄』(*Life's Grandeur*)이다]에서 복잡한 생명형식의 발생에 주목했다.[7)] 그는 사람들이 특정 시기의 복잡한 생명체는 이전 시기의 가장 복잡한 생명체보다 더 복잡하기 때문에 진화는 보다 복잡한 생명체를 만들어내는 경향이 있는 것으로 믿고 있음을 지적했다. 굴드는 이런 오해가 통계를 잘못 해석한 데서 비롯되었음을 밝혔다. 그는 화학적 성분으로부터 물리적인 자기 조직화 과정을 거쳐 발생한 생명체는 필연적으로 가장 단순한 수준, 즉 원시적인 단세포 생명체로 출발했다고 설명한다.[8] 생명형식은 발생 이후 여러 방향으로 자유롭게 변이했다. 그런데 일정 시점에 이르자 그것들이 보다 덜 복잡해질 수 있는 여지가 없어졌는데, 이는 그렇게 된다면 더 이상 살아남을 수가 없기 때문이었다. 원시 생명체는 처한 환경에 적응하는 과정에서 반드시 복잡한 구조로 나아가지는 않았지만, 단순성-복잡성 연속과정에서 우연한 변화는 단순성을 떨쳐버리고 변화는 실질적으로 한 방향으로 나아가게 되었다. 단순한 단세포 생명체가 단연 가장 보편적인 생명형식으로 남게 되었지만 생명의 기원에서부터 지금에 이르기까지 시간이 흐를수록 우연한 변화가 보다 복잡한 구조 쪽으로 발생할 기회가 더 많아졌다. 이렇게 해서 어느 시기의 가장 복잡한 생명형식이 지금에 가까워올수록 보다 복잡해지는 패턴이 생겨났다.

역사적 관점을 중시하는 굴드는 생명체의 역사 전체를 통틀어 간단한 박테리아가 어떤 기준으로 보더라도 항상 가장 보편적인 생명형식이었다고 강조한다(즉 전형적인 생명형식은 시간이 지남에 따라 복잡해지지 않았다). 복잡성의 증대가 우연히 발생했다고 주장한다고 해서 굴드가 진화 자체가 우연한 과정이라고 주장하는 것은 아니며, 지적 실계론 지지자들은 바로 이 점을 혼동하고 있다. 자연선택은 극히 조직적인 힘이다. 자연선택(그리고 앞장에서 말한 구조적 힘)이 있기 때문에 생명체는 잘 "설계된" 것이다. 그러나 특정 환경 하에서 보다 복잡하거나 또는 덜 복잡한 것이 왜 유리한지를 설명할 수 있는 보편적인 이유는 없다. 특정한 경우에 복잡한 특징은 자연선택에 의해 촉진될 수 있지만 보편적으로 복잡성을 강화하는 지배적인 힘은 존재하지 않는다. 다시 말해 일단 우리가 복잡성 연속체의 가장 단순한 부분에서 멀어진다면 어떤 특정한 종이라도 그 환경에 적응함으로써 가능한 한 덜 복잡해지려 한다. 예컨대, 기생충 역할을 택한 많은 종들은 그들의 환경에 적응하고 기생충 서식처를 만드는 과정에서 덜 복잡해지려 한다. 고도로 복잡한 생명체 복잡성의 다양한 수준 때문에 그렇게 보이는 것이지, 복잡성으로 유도하는 일반적 원동력이나 중심적 경향이 존재하는 것은 아니다. 굴드가 이 점을 강조한 것은 부분적으로는 세계는 인간을 위해 만들어졌으며, 인류의 발생이 모든 역사의 종착점이라는 어리석고 교만한 생각을 반박하기 위해서였다.

저명한 진화이론가(이자 사회학자)인 J. B. S. 할데인이 (출처는 좀 의심스럽지만) 이런 말을 했다고 한다 : "창조론 연구가 창조자에 관해 가르쳐 준 게 있는가?" 그는 또 이런 말도 했다고 한다 : "창조자는 갑충(甲蟲)을 지나치게 좋아한 것 같다." 이 표현은 자연의 역사를 깊이 관찰한 결과에 빗대어 말한 것이다(분류가 완료된 백만 개가 약간 넘는 동물의 종 가운데서 1/4이 훨씬 넘는 숫자가 갑충류이며, 포유류는 0.5%에도 미치지 못한다). 창조자가 존재한다면 그의 창조작업은 인간이 아니라 갑충류를 만드는 일에 치중되었음이 분명하다. 굴드는 이런 관점을 확장하여 우리는 흔히 말하는 "인간의 시대"를 살아본 적이 없다고 했다. 우리는 "박테리아의 시대"를 살아왔고 지금도 "박테리아의 시대"를 살고 있다.[9]

변증법적인 세계에서의 발생

자연을 보는 관점은 흔히 단순하다. 자연은 특정한 목적을 가지고 설계되었거나 아니면 내재적인 질서에 의해 결정되었거나 둘 중의 하나이다. 에피쿠로스가 지적했듯이 세계에 대한 우리의 이해는 운명과 결정론의 속박 속에 갇혀 있다. 그 결과 자연계에 대한 탐구를 배척하는 여러 가지 각본과 궁극적인 목적론이 횡행하고 있다. 이런 접근방식은 자연의 경이로움을 간과하고 자연계에 대한 공개적인 탐구를 거부하며 드러난 진실을 감추려 한다.[10)]

진화는 펼쳐보일 수 있고 예측 가능한 과정이 아니라 물질세계의 제약과 가능성 사이를 헤매는 우발적이고 종잡을 수 없는 경로이다. 굴드는 진화의 우발적이고 있을 법하지 않은 특성이 역사—자연의 역사이건 사회의 역사이건—가 진정한 설계자란 증거이며, 세계가 질서를 잡게 된 이면에 있는 힘이 바로 역사란 증거라고 주장한다. 진화의 증거로서든 아니면 신성한 고안의 증거로서든 그 어느 쪽이든 간에 이상적인 설계를 추구한다는 것은 그릇된 접근법이다. 굴드는 이렇게 말했다 : "우리의 교과서는 진화를 최적 설계의 예로서 제시하려 한다. 그러나 이상적인 설계란 진화론의 너저분한 주장일 뿐이다. 이상적인 설계 그 자체가 전지전능한 창조자의 행위를 당연한 것으로 생각하고 모방하려는 것이기 때문이다. 되는 대로의 배열과 기묘한 해법이 진화의 증거이다. 분별력 있는 신이라면 그런 경로를 택하지 않았을 것이다. 진화는 역사의 제약을 받아 억지로 진행되는 자연과정이다."[11)]

굴드는 『판다의 엄지손가락』(*The Panda's Thumb*)에서 "되는 대로의 배열과 기묘한 해법"이 진화의 실상을 보여주는 것이라 주장했는데, 지적 설계론 지지자 윌리엄 뎀스키는 이를 직접 겨냥하여 굴드의 견해를 조목조목 공격했다. 그는 "무엇보다도 설계론자는 모든 생물학적 구조가 설계되었다는 입장을 고수하지 않는다"고 했다. 일부는—전부는 아닐지라도 대부분은—진화론적으로 적응한 결과일 수 있다. 둘째로,

지적 설계는 "최적 설계"와 혼동되어서는 안 된다. 최적 설계란 개념은 설계의 "실용적인 의미"를 배제하고 있다. 지적 설계자는 "차선의 설계"를 내놓을 수 있으며, 이것이 굴드가 지적한 되는 대로의 배열과 기묘한 해법이다. 셋째로, "설계자의 의도를 알지 못하고서는 굴드처럼 설계자가 [여러 가지 상충되는] 의도 가운데서 불완전한 타협책을 제시했는지를 논할 수 없다." 넷째로, 굴드는 다른 사람들—루크레티우스나 다윈처럼 자연 속에 존재하는 기형과 무자비함은 신성한 섭리가 존재하지 않음을 의미한다고 주장하는 사람들—처럼 악의 문제를 무시하고 과학과 신학을 뒤섞어 놓고 있다. 뎀스키는 지적인 설계가 "고문실"의 형태를 띠고 있다고 해서 "신은 악의 얼굴을 한 전지전능하고 자비로운 존재"라고 추정해서는 안 된다고 주장한다. "고문도구로 가득 찬 고문실은 설계된 것이며, 설계자의 악이 고문실의 효능을 변화시킬 수는 없다." 그러나 우리는 이 문제가 과학이 풀 수 없는 문제임을 알고 있다. "악의 문제는 신학의 문제"이지 과학의 문제가 아니기 때문이다.

뎀스키는 굴드의 견해를 낱낱이 비판하고 마지막으로는 그나마 명맥을 유지하던 지적 설계론은 과학이라는 지극히 의심스러운 주장의 신뢰를 송두리째 무너뜨리는 설명을 했다. 지적인 설계를 통해 제시되는 것은 차선의 설계이다(무엇이 설계되었는지를 찾아내기도 쉽지 않다). 인간의 지성으로는 그것을 직접 인지할 수는 없으며, 인간은 설계자의 의도 전체를 파악할 수 없다. 설계자는 악과 함께 선도 분명하게 보여주며, 그래서 불합리하고 무서운 결과가 나타난다. 뎀스키는 결국 이렇게 타이른다 : "세상은 타락했다. 신이 원래 의도했던 선은 더 이상 드러나지 않는다 … . 우리가 생각하는 것보다 훨씬 더 많이 설계는 왜곡되었다." 오직 신학만이 "악이 차단하고 있음에도 불구하고 신의 창조의 손길을 식별해낼 수 있다." 우주목적론 자체가 그것의 분신인 "반목적론"—즉 악의 의도—에 의해 붕괴되었다.

이런 혼란스러운 주장으로부터 우리는 초기 교회의 교부였던 태르툴리아누스의 지혜를 발견하게 된다(그는 신앙이란 불합리한 것을 받아들이는 것이라고 했다). 자연을 신성한 목적론의 굴레로 묶어두려는 창조론의 입장에서 보자면 신앙의 이름으로 불합리한 것을 받아들이도록 요구하는 것이 유일한 "합리적" 방어이다. 이런 태도는 세계와 그 역사를 이해하거나 탐구할 수 있는 근거를 제시하지 않는다. 반면에 설계를 부인하는 진화론적 관점에서는 "신의 설계"가 왜 그토록 자주 "왜곡"되는지를 설명하기 위해 "타락한 세상" 같은 개념을 필요로 하지 않는다.[12)]

진화론은 자연의 다양성을 설명할 때 복잡하고 우발적인 경로에 주목한다. 진화에 대한 역사적·유물주의적 접근방식은 끊임없이 변하는 관계와 과정을 중시하는 변증법적 관점을 앞세움으로써 생명체의 발생과 진화, 그리고 그 복잡성에 관한 뛰어난 통찰력을 제공한다. 리처드 레빈스와 리처드 르원틴은 모든 생명체가 존재하고 있는 대자연은 우발적인 역사와 구조적인 조건들로 가득 차 있다고 주장한다. 달리 말하면, 세계는 "끊임없이 움직이고 있다. 억제는 변수가 되고, 원인은 결과를 낳으며, 계통이 발생한다. 계통은 발생하면서 자신의 발생을 가능케 했던 조건들을 파괴한다." 우주는 현존하는 힘과 새로 발생하는 힘의 긴장관계에서 생기는 변화이고, "대립되는 힘 때문에 세계의 조건이 변형되며, 물체가 지금 존재하는 것과 같은 모습으로 존재하는 이유는 대립되는 힘들이 일시적 균형을 이루고 있기 때문이다."[13)]

진화론을 바탕으로 한 접근방법은 우연(chance)과 필연성, 우발(contingency)과 발생을 수용한다. 이런 접근방법으로 보면 자연의 역사는 다수의 힘과 경로로 이루어진 영역에 자리잡고 있다. 앞장에서 설명한 대로 구조는 부분적으로 자연선택의 과정에 영향을 미치는 한편, 생명체의 발생과정이 구조의 변형에 영향을 미친다. 다시 말해 생명체는 환경과 유전자가 서로 영향을 미치는 장소이다. 이런 변증법적 관계에서는 생명체와 환경은 긴장 속에 함께 존재한다. 생명체는 환경에 생존을 의존하고 두 영역은 서로 관계를 통해 전환하지만 "서로를 완벽하게 결정하지는 못한다."[14)]

레빈과 르원틴의 분석에서 핵심은 상호작용, 전환, 역사적 제약이다. 생명은 일련의 사건들이 뒤죽박죽이 되어 멋대로 흘러가는 것이 아니다. 오히려 그것은 끊임없이 일어나는 복잡한 상호작용으로부터 발생한다. 한 생명체는 주체이면서 동시에 객체이고, 변증법적 접근을 통해 생명체와 환경의 상호작용을 밝힐 수 있다. 매일매일의 작동에서 일정한 물질들(물, 돌 등)이 환경 속에 존재하나 생명체는 이용할 수 있는 적은 부분을 활용하고 또 그것들과 상호작용한다. 생명체는 생명 패턴 속에서 자신의 생육과 관련 있는 것이 무엇인지를 결정한다. 생명을 유지하는데 필요한 요소들을 획득하는 과정에서 생명체는 환경과 상호작용해야 하며, 그 과정에서 그들은 외부세계를 (자신들이나 다른 종의 용도에 맞게) 변화시킨다. 생명체가 외부세계의 성분을 소모한다는 것은 한편으로는 새로운 환경의 발생을 의미한다. 이전에 존재했던 생명 동인이 역사적으로 자연을 형성해 왔다고 한다면 공존하고 있는 종들도 또한 물질적 조건을 변화시키는 데 관여하고 있다.

진화를 통해 선택된 "특성"은 역동적인 생명체–환경관계의 영향을 받는다. "특성이나 환경 어느 것도 독립적으로 존재하지는 않으며", 무엇이 유용한 것으로 변하는가는 오랜 역사과정의 결과물이며, 그것은 변할 수 있다. 생명체는 유전자와 환경의 복잡한 상호작용의 결과물인 동시에 생명체는 자신의 환경, 생태적 지위, 자신의 구조를 만들어 간다. 어느 종이 성공할 것인지에 대해 냉담한 세계에서 생명체는 주체이자 객체로서 (부분적으로) 자연선택의 조건을 결정한다.

생명체의 구조적 완정성(조직)과 관련해서는 다수의 진화경로가 존재한다. 생명체는 생존을 위해 필요한 물질을 획득하는 과정에서 대립되는 힘과 상호작용하기 때문에 외부환경이 고정되어 있더라도 다수의 경로가 존재한다. 선천적인 우월성만이 생존을 결정하는 것이 아니라, 이 세계를 형성하는 다수의 영향력에 의해 발생하는 우발적인 사건들도 많은 영향을 미친다.

발생과 우연은 역동적인 세계를 분석하는 데 기초적인 개념이다. 변화는 생명의 법칙이다. 생명과정은 역사적으로 우발적인 것이기 때문에 고정적이고 보편적인 설명을 용납하지 않는다. 변화의 범위와 변형의 특성은 부단히 변화한다.[15] 이런 유물주의적-변증법적 관점에서 보자면 "지적 설계"(와 지적 설계자)란 개념은 불필요한 것이며, 진정한 과학적 의미를 결여한 것일 수밖에 없다. 그것은 전지전능한 신의 터무니없는 행동을 이성으로 포장하려는 의도에서 나온 죽은 개념이다.

*

현존하는 세계는 (사회적 관점에서 보거나 자연적 관점에서보거나) 존재할 수 있는 여러 세계 가운데 하나일 뿐이다. 굴드는 강력한 비유를 동원하여 이 점을 강조하고 있다.[16] 그는 생명의 역사를 형성하는 수많은 우연 때문에 생명의 테이프를 재상영한다면 전혀 다른 얘기가 펼쳐질 것이라고 주장한다. 재상영하는 테이프에는 지금 존재하는 인간이나 생명체는 하나도 등장하지 않을 것이 분명하고, 지금 우리가 살고 있는 세계의 역사만큼이나 구체적이고 "필연적"이지만 전혀 다른 세계의 역사가 등장할 것이다. 이런 주장은 지적 설계론에 대한 가장 근본적인 수준의 반박이다. 이런 주장 앞에서는 신은 초기에 설계만 했을 뿐 후속 과정에는 개입하지 않았다는 신학적인 변명은 설 자리가 없다. 생명의 역사는 설계를 짐작할 만한 증거를 제시하지 않으며, 예정된 질서를 보여주지도 않는다. 마르크스가 말했듯이 우리가 우리 자신의 역사를 만들어 가듯 자연은 자연 자신의 역사를 만들어 간다.

:: 주 ::

1 Gould, *Ever Since Darwin*(New York : W. W. Norton, 1977) ; Brett Clark와 Richard York, "Dialectical Materialism and Nature," *Organization and Environment* 18/ 3(2005, 봄) : 318-37을 보라.

2 T. J. M. Schopf(편), *Models of Paleobiology*(San Francisco : Freeman, Cooper and Co., 1972), 82-115에 수록된 Niles Eldredge와 Stephen J. Gould의 "Punctuated Equilibria : An Alternative to Phyletic Gradualism" ; Niles Eldredge와 Stephen J. Gould, "Punctuated Equilibria : The Tempo and Mode of Evolution Reconsidered," *Paleobiology 3*(1977) : 115-51.

3 Phillip E. Jonson, *Darwin on Trial*(Washington, D. C. : Regnery Gateway, 1991), 61-62.

4 Stephen J. Gould, *Wonderful Life*(New York : W. W. Norton, 1989).

5 Stephen J. Gould, "The Persistently Flat Earth : Irrationality and Dogmatism Are Foes of Both Science and Religion," *Natural History* 103/3(1994) : 12-9 ; David M. Raup, *Extinction : Bad Genes or Bad Luck?*(New York : W. W. Norton, 1991).

6 페름기의 멸종의 원인에 관한 가설에 대해서는 Douglas H. Erwin, *Extinction : How Life on Earth Nearly Ended 250 Million Year Ago*(Princeton, N. J. : Princeton University Press, 2006)를 보라.

7 Stephen J. Gould, *Full House*(New York : Harmony Books, 1996).

8 바이러스로 발전한 레플리콘이 있듯이 단세포 생명체로 발전한 유기 화학적 선구세포가 있었지만 이것들은 "생명체"라고 불릴 만큼 충분한 구조를 갖추고 있지 않다.

9 Ibid., 175-95.

10 Richard Lewontin과 Richard Levins, *Biology Under the Influence*(New York :

Monthly Review Press, 2007), 92를 보라.

11 Stephen J. Gould, *Pada's Thumb*(New York : W. W. Norton, 2007), 20–21.

12 Dembski, *Intelligent Design*, 261–64, 286, 301 ; William Dembski와 James Kushiner(편), *Signs of Intelligence*(Grand Rapids, Mich. : Brozos Press, 2001), 7–12에 수록된 "What the Intelligent Design Is Not."

13 Richard Levins와 Richard Lewontin, *The Dialectical Biologist*(Cambridge, Mass. : Harvard University Press, 1985), 286–88.

14 Levins와 Lewontin, *The Dialectical Biologist*, 136 ; Richard Lewontin, *The Triple Helix : Gene, Organism, and Environment*(Cambridge, Mass. : Harvard University Press, 2000).

15 Levins와 Lewontin, *The Dialectical Biologist*, 277, 288.

16 Stephen J. Gould, *Wonderful Life*.

쐐기전략의 종말

다윈의 진화론과 지적 설계 창조론은 둘 다 쐐기의 비유를 들고 있지만 그 방식은 전혀 다르다. 다윈은 자연선택론을 고안하면서 쐐기가 가득 박힌 통나무의 비유를 인용했다. 그는 다음과 같이 썼다 :

> 자연은 표면이 수많은 날카로운 쐐기로 뒤덮인 물체로 비유할 수 있다. 형태가 같은 쐐기도 많고 형태가 다른 쐐기도 많다. 쐐기는 종을 나타낸다. 쐐기는 그칠 새 없는 힘에 의해 박힌다. 쐐기를 내려박는 힘은 어떤 때는 매우 강해진다. 때로는 한 형태의 쐐기가 박히고 어떤 때는 다른 형태의 쐐기가 박힌다. 한 쐐기가 깊이 박히면 다른 쐐기를 밀어낸다. 쐐기가 박히는 쇳소리와 충격은 멀리 떨어져 여러 방향에 흩어져 있는 다른 쐐기에도 전달된다.[1)]

쐐기 비유는 원래 다윈이 맬서스의 영향을 받아 자연선택의 이론을 찾아냈을 때(1838년) 그의 연구 노트에 등장한다. 다윈은 그후로 연구를 계속하여 『자연선택』이라는 책으로 완성했고(이 책은 출판되지 않았다), 이 책을 바탕으로 하여 요약본 형태로 출판된 것이 『종의 기원』이다. 스티븐 굴드는 다음과 같이 설명했다 :

> 다윈은 자연이 종으로 가득 찼다고 생각했다("표면이 수많은 쐐기로 뒤덮인"). 가능한 위치는 모두 점령되었지만 새로운 도전자가 계속적으로 나타나 자리를 두고 다툰다. 그것들은 제한된 자원을 두고 공개된 경쟁에서 다른 종을 밀어내야만 성공할 수 있다("한 쐐기가 깊이 박히면 다른 쐐기를 밀어낸다").[2)]

다윈의 쐐기 비유는 자연선택의 힘을 표현하기 위함이었는데 지적 설계론 지지자들은 엉뚱하게도 전혀 다른 의도로 쐐기 비유를 채용했다. 필립 E. 존슨은 다음과 같이 말했다 : "통나무는 견고한 물체이지만 쐐기가 틈을 내어 파고들어 점차로 넓혀가면 마침내 통나무는 갈라진다. 과학적 유물주의란 이데올로기는 이런 통나무와 같다."[3)] 여기서는 상이한 쐐기들(종)의 경쟁이란 면은 사라지고 그 자리에 환경(통나무)의 파괴란 목적이 등장하여 이후로 비유는 이 목적에 맞게 왜곡된다. 다윈의 자연선택이란 쐐기는 사라지고 모든 과학적 · 사회적 · 문화적 환경을 무시한 채 창조론자들의 신학적 · 도덕적 질서를 주입시키려는 인위적인 쐐기박기가 시작된 것이다. 뎀스키에 의하면 쐐기란 용어는 "유물주의와 진화론을 추락시키기 위한 지적 · 문화적 운동의 전략"에서 나왔다.[4)]

지적 설계론 지지자들은 하나의 쐐기만을 내세우고 있는데, 그것은 유물주의와 진화과학을 겨냥한 신 또는 로고스란 쐐기이다. 이 쐐기의 날카로운 끝은 과학의 외피를 입힌 지적 설계론이고(지적 설계론 지지자들은 이를 "과학적 재건"이라고 부른다) 뭉툭한 머리부분은 근본주의 기독교 신학과 도덕(또는 "문화적 재건")이다.[5] 지적 설계론 지지자들의 목표는 쐐기의 머리부분까지 박아넣는 것이다. 이 비유의 파괴적인 이미지는(유물주의란 통나무를 짜개는 일) 근본주의 기독교의 종말론과 재림의 교리와 잘 어울린다.

존슨은 그의 저서 『진실의 쐐기』(2장에서 언급)에서 지적 설계론 운동의 쐐기전략이 갖고 있는 보다 원대한 목표를 분명하게 밝혔다 :

> 쐐기는 나와 생각을 같이 하는 사람들의 비공식적인 운동이다. 우리의 전략은 오랫동안 무시되어 왔던 문제를 표면에 드러내어 대중의 논쟁을 유발함으로써 자연주의란 통나무의 갈라진 틈에 우리의 쐐기를 박아넣는 것이다. 물론 최초의 침투가 전부는 아니다. 쐐기가 침투하면서 틈이 점점 커져야만 통나무는 짜개질 것이다.[6]

지적 설계론 운동의 쐐기는 날카로운 끝과 뭉툭한 끝 두 가지를 갖고 있다. 지적 설계론의 날카로운 끝은 다윈주의에 대응하는 "과학적" 이론으로 위장하고 있다. 이것은 초기 단계에서는 (2005년 펜실베니아 도버에서 벌어진 재판에서 보듯) 공립학교에서의 과학교육에 대한 공격의 형태를 띠면서 다윈주의 진화론에 대한 대안으로써 지적 설계 창조론을 제시한다. 쐐기는 파고들면서 사회 · 문화 · 정치적 분야에서 유물주의에 대한 보다 광범위한 비판으로 변모하고 사회에서 기독교 신학이 강력한 도덕적 역할을 하도록 요구한다. 유물주의를 대표하는 주요 인물들—주로 다윈, 마르크스, 프로이트—의 자리를 창조론의 새로운 예언자들이 차지해야 한다.

이런 전략은 1999년에 발표된 디스커버리 연구소 과학문화 재건센터의 **쐐기문서**에 노골적으로 드러나 있다. 이 문서는 "문화재건"의 궁극적 목표는 설계론이 사회과학, 인문과학 그리고 문화 전반—특히 "심리학, 윤리학, 정치학, 신학, 철학"—의 원칙으로서 자리잡게 하는 것이라고 설명하고 있다. 그런 목표 가운데는 "낙태, 성역할, 신에 대한 믿음"과 관련된 이 시대의 관점을 변화시키는 계획도 포함되어 있다. 이런 목표를 달성하기 위해서는 "인간을 도덕적 · 영적 존재가 아니라 순전히 비인격적 힘에 의해 지배되는 세계에 서식하고 있는 동물이나 기계로 간주하는" "찰스 다윈, 칼 마르크스, 지그문트 프로이트 같은 유물주의 사상가들"의 관점을 타도해야 한다.[7]

그러므로 지적 설계론 운동의 의도는 표면적으로는 진화론에 반대하고 대안의 과학을 제시하는 것이지만, 그들 자신의 문서에서 표현되어 있듯이 보다 원대한 목표는 지적인 설계자가 지배하는 "인식할 수 있는 도덕적 질서"를 보여주는 것이다.[8] 다윈이 쐐기 비유를 통해 자연에서의 자연선택의 역할을 상세히 설명(그리하여 유물주의적 세계관을 강화)하려 했던 반면에, 지적 설계론 지지자들은 과학뿐만 아니라 문화분야에서도 유물주의를 타도하고 신이 지배하는 세상으로 가는 길을 다시 열기 위한 도구로서 쐐기 비유를 이용하고 있다.

쐐기의 뭉툭한 부분 I : 신학

지적 설계론 지지자들은 자신들의 해석을 신학이 아니라 과학이라고 주장한다. 그러나 그들의 의도는 과학을 발전시키는 것이 아니라 신학적 주장을 펼치기 위해 과학적 주장을 이용하는 것이다. 윌리엄 뎀스키의 1999년 저서 『지적 설계 : 과학과 신학 사이의 다리』(*Intelligent Design : The Bridge Between Science and Theology*)에서 이 점이 분명하게 드러나 있다. 뎀스키는 이 책을 통해 지적 설계론과 창조론 사이에 분명한 구분을 시도했다. 그는 "둘 사이의 가장 분명한 차이는 과학적 창조론은 종교적 편향을 갖고 있지만 지적 설계론은 그렇지 않다는 것"이라고 했다. 뎀스키의 주장에 의하면 지적 설계론은 "고리타분한 종교적 관점"을 덜 갖고 있으며, 기독교란 작은 틀 안에 머물지 않고 플라톤과 스토아 학파의 젊은 지구 창조론과 상통한다. "지적 설계론은 창조자나 기적을 미리 상정하지 않는다. 지적 설계론은 신학적으로 최소주의자(minimalist)이다. 지적 설계론은 설계자의 본질을 추측하지 않으면서 설계의 지성을 탐구한다." 뎀스키는 17–19세기 영국의 자연신학이 오늘날의 지적 설계론의 선구자이기는 하지만, 자연신학자들은 신의 본질에 관한 결론을 끌어내려 함으로써 과학과 신학을 섞어놓는 실수를 저질렀다고 주장한다. 그의 주장에 따르면 새로운 지적 설계론 운동은 그런 실수를 저지르지 않기 위해 과학과 신학 사이에 방화벽을 설치해 놓고 있다. 지적 설계론은 신학으로 건너가는 다리를 놓아두었지만 그 다리를 건너는 일이 없이 과학의 영역에 머물고 있다는 것이다.[9]

그러나 지적 설계론의 주요 지지자의 한 사람인 뎀스키는 같은 책에서, 심지어는 한 책의 같은 장 안에서도 그 "다리"를 건너 신학에서 과학으로, 다시 과학에서 신학으로 넘나들기를 되풀이하고 있다. 그는 "지적 설계론은 정보 이론의 언어로 다시 씌어진 요한 복음서의 로고스 신학이나 마찬가지"라고 했다.[10] 그의 저서에서 지적 설계자는 신, 그리스도, 로고스의 형상으로 스며들어 있다. 자연 속에서 설계의 사례는 성서기록의 사례와 함께 언급되고 있다. 또한 과학은 그리스도와 함께 하지 않으면 불완전하고 열등한 것으로 묘사되고 있다. 뎀스키가 생각하는 "과학"과 신학 사이의 다리가 무엇인지 알려면 그의 저서 『지적 설계』에 등장하는 몇 구절을 인용하는 것으로 충분할 것이다.

- 우리에게는 언제나 창조자가 아니라 창조물을 숭배하고 싶은 욕망이 있다. 이 세계는 신의 세계이며, 신의 허락 없이는 아무 것도 일어날 수 없다는 사실을 잊어버릴 때 이런 일이 생긴다.
- 우리가 칼케돈 종교회의에서 결정된 그리스도론(그리스도는 완전한 인간이며 동시에 완전한 신이다)을 진지하게 받아들이고 신의 모든 창조의 목적(telos)은 그리스도에게서 완결된다는 사실을 인식한다면 그리스도를 배제한 어떤 과학적 관점도 근본적으로 불완전하다는 사실을 알게 될 것이다.
- 그리스도는 복음의 현신(現身)이며, 현신을 통하여 실재 속에 들어오며 모든 실재를 변화시킨다.
- 우리가 이해해야 할 핵심은 그리스도는 과학적 이론의 부록이 아니라 언제나 과학적 이론의 완성이라는 사실이다.
- 그리스도론은 우리에게 과학적 이론의 유효성은 그리스도를 떠나서는 유지될 수 없으며 … 그리스도는 이 세계의 빛이요, 생명임을 가

르쳐 주고 있다. 모든 물체는 그에 의해 창조되었으며, 그를 위해 창조되었다. 그리스도가 인간과 세계와 운명을 규정한다. 그러므로 과학자는 세계의 어떤 모습을 이해하려 할 때 첫 단계에서 그리스도와 관련된 모습을 다루게 되며, 이것은 과학자가 그리스도를 인정하느냐에 관계없이 진실이다.

- 그리스도는 어떤 과학 이론에서도—그 이론의 고안자가 그리스도에 관해 어떤 설명을 하지 않더라도—불가결의 존재이다 … .이론의 개념적 유효성은 결국 그리스도 안에 존재할 수밖에 없다.
- 창조행위로 구현된 신의 언어는 언어학적 규칙을 따르지 않는다. 요한 복음서가 우리에게 가르쳐 주고 있듯이 그것은 신성한 로고스(Logos)이며, 그리스도에게서 육신으로 나타난 복음이며, 그리스도를 통하여 모든 것은 창조된다.
- 신학은 성서의 기록으로부터 데이터를 얻고 과학은 자연으로부터 데이터를 얻는다. 그러므로 자연은 성서기록과는 아주 다른 방법으로 신의 존재를 증거할 수 있다.
- 신은 신성한 로고스를 통하여 세계를 창조하는 지적인 동인으로 행위한다고 말하는 것은 진실의 절반만 말하는 것이다 … . 세계는 지성에 의해 알 수 있으며 … 신은 신성한 로고스를 통해 세계를 창조할 뿐만 아니라 세계가 지성을 통해 알 수 있도록 해준다.
- 신학은 전통적으로 "학문의 여왕"이라 불리어 왔다.[11)]

이런 방식으로 뎀스키는 지적 설계론의 궁극적 목표가 성서기록 속에서 신에 관한 지식을 얻는 신학으로부터 과학으로 건너갔다가 과학에서 다시 신학으로 돌아오는 다리를 놓는 것임을 분명하게 밝혔다. 그의 단언에도 불구하고 지적 설계론은 17-19세기 영국의 자연신학과 같은 목표를 갖고 있다. 실제로 페일리만큼 자연과 성서기록의 연관성을 분명하게 주장한 사람은 없다.

지적 설계론 지지자들은 이처럼 과학과 신학이 충돌한다는 관점을 인정하지 않으며, 과학과 종교는 인간 인식의 서로 다른 영역으로 구분될 수 있다는 관점—스티븐 굴드가 말한 과학과 종교의 "비중첩영역"—도 배격한다. 뎀스키의 말을 빌리자면 오히려 그들은 과학과 신학은 "상호 지원적"이라고 주장한다. 예컨대, "신학자는 자연과학자로부터 우주는 이른바 빅뱅이라 부르는 무한한 밀도의 화구(火球)로부터 시작되었다는 것을 배울 수 있고, 반면에 자연과학자는 신학자로부터 신이 신성한 로고스라는 수단을 사용하여 세계를 창조했다는 사실을 배울 수 있다"고 주장한다. 우리가 알고 있는 바로는 지적 설계란 누군가 세계를 설계했다는 주장을 통해 설계자가 과학의 영역 안에 발판을 구축하게 하려는 것이며, 신학은 이 발판과 성서기록 속에 나오는 신을 연결하려는 목적을 갖고 있다. 그런데 성서기록의 신은 과학을 가르치려 하며 과학을 제약한다. 필립 E. 존슨이 말했듯이 다윈주의가 갖고 있는 문제는 성서의 기록과 배치된다는 것이다 : "다윈주의 진화론은 창세기와 배치되기 때문만이 아니라 성서의 모든 기록과 처음부터 끝까지 모순되기 때문에" 받아들일 수 없다. "태초에 말씀이 있었다. 태초에 지성과 목적과 지혜가 있었다. 그러므로 성서는 주장할 권리를 갖고 있다. 유물주의 과학자들은 착각하고 있다."[12)]

그러므로 지적 설계 창조론의 주목적은 그 지지자들이 공언하고 있듯이 과학의 발전이 아니라 그리스도의 긍정과 영향의 확대이다. 1999년에 나온 디스커버리 연구소의 **쐐기문서**는 유물주의가 "기독교적 신학적 확신과 조화를 이루는 과학"으로 대체되어야 한다고 주장하고 있다. 제이 웨슬리 리처드(Jay Wesley Richards)는 2001년에 『지성의 흔적』[*Signs of Intelligence*, 뎀스키, 제임스 쿠쉬너(James Kushiner) 공동 편저]에 실은 글에서 지적 설계론은 "기독교 호교론을 위한 가치 있는 자원이다. 적극적으로 보자면 지적 설계론은 호교론적 주장이 될 수 있을 뿐만 아니라 기독교의 창조론 교리와 상통하는 자연과학의 관점을 제시한다"고 주장했다.[13)]

지적 설계론 지지자들은 지적 설계론이 종교적 예단으로부터 논리적으로 독립되어 있다고 주장하고 있지만, 그들은 지적 설계론의 모순은 과학의 영역 안에서가 아니라 완벽한 과학을 지원하는 신학의 영역 안에서 극복될 수 있다는 변명을 자주 늘어놓는다. 그렇기 때문에 과학 안에서 지적 설계론의 날카로운 끝은 신학이라는 쐐기의 뭉툭한 머리부분이 있어야만 완결될 수 있다.

지적 설계론이 그 주장을 완결하기 위해서는 신학에 의존해야 한다는 사실은 지적 설계론 지지자들이 에피쿠로스, 루크레티우스, 흄, 다윈, 굴드 같은 사람들의 이론을 공격할 때 늘 내세우던 주장에서 분명하게 드러난다. 그들은 세계는 최적의 설계를 보여주는 것이 아니라 차선의 설계를 보여준다고 주장한다. 자연은 온갖 기묘한 해답을 제시하며 진정한 고통과 재난을 일어나게 한다(다윈이 지적했듯이 개미는 노예를 부리고 홍수는 수많은 생명을 앗아간다). 그렇다면 이런 것들을 어떻게 **지적인** 설계라 부를 수 있을까? 뎀스키는 한편으로는 설계는 (지적이긴 하지만) 필연적으로 "불완전"하고 "제약을 받는다"고 주장하면서, 다른 한편으로는 자연이 차선의 설계를 보여주는 것은 악의 문제가 있음을 밝히기 위해서라고 주장한다. "지적인 설계에 저항하는 악의 문제를 들어 비난하는 사람들은 과학을 멀리하고 철학과 신학에 매달리는 사람들이다 … . 자연 속에 존재하는 설계의 증거들을 악의적으로 뒤집어 보는 반목적론은 실재한다." 그는 여기서 거대하고 지적인 악(악마를 말하는 것인가?)의 존재를 암시하고 있는데, 우리는 이 암시가 "이 세상은 타락했다. 신이 애초에 의도했던 선은 더 이상 흔적을 찾을 수 없다"라는 의미임을 알고 있다. 뎀스키는 악의 문제를 강조하기 위해 과학보다는 신학이 필요하다고 주장한다. 신학의 "임무는 신의 진리의 빛을 드러내고 그리하여 악의 그림자를 몰아내는 것이다." 벤자민 와이커와 조나단 위트도 "나쁜 설계"란 문제는 "악"의 문제와 연결되어 있다고 주장한다. 결과적으로 지적 설계는 과학의 영역에서 혼자 힘으로는 완전한 논리를 제시할 수 없고, 신학—그것이 우주목적론이건 반목적론이건—이라고 하는 쐐기의 머리부분이 있어야 그 주장을 완결할 수 있다.[14]

쐐기의 뭉툭한 부분 II : 정치, 도덕, 문화

미국에서 복음주의 기독교는 정치적 운동인 동시에 종교적 운동이다. 다윈주의 진화론에 대한 공격—지적 설계론 운동이란 쐐기의 날카로운 부분—이 지금까지 많은 관심을 끌어모은 것은 이해할 만한 일이다. 그러나 지적 설계론 운동의 궁극적인 목표는 쐐기의 뭉툭한 부분까지 박아넣는 것이며, 그것은 창조론으로 대변될 뿐만 아니라 기독교 복음주의의 심장부에 자리잡고 있는 극단적으로 보수적인 정치적 압력으로도 나타난다. 지적 설계론의 쐐기가 사회에 강요하려는 것은 바로 이러한 보수적인 문화와 도덕과 정치이며, 그러기 위해 유물주의적 과학과 철학을 중요한 적으로 설정하고 있다.

지적 설계론 운동을 주도하는 인물들은 저술활동을 통해 쐐기전략의 "문화재건"이란 임무를 맡고 있다. 그 대표적인 경우가 디스커버리 연구소 과학문화 센터 부책임자이며 **쐐기문서**의 도입부를 저술한 정치학자 존 G. 웨스트이다. 그는 2007년에 출간한 『미국에서의 다윈의 날 : 우리의 정치와 문화는 과학이란 이름으로 어떻게 비인간화되었나』(*Darwin Day in America : How Our Politics and Culture Have Been Dehumanized in the Name of Science*)에서 과학적 유물주의가 등장한 결과로 사법적 정의, 사회복지, 공공교육, 성역할, 출생과 죽음 등 모든 면에서 "비인간화"가 진행되었다고 주장했다. 그는 유물주의의 연원은 그리스의 원자론자들인 레우키푸스, 데모크리토스, 에피쿠로스와 로마 시인 루크레티우스라고 지적하고 이들을 "인간과 그 밖의 자연 속의 생명체를 어리석은 원자들의 충돌의 산물로 보는 사람들"이라고 규정했다.[15] 이런 유물주의자들의 사상은 17-18세기의 과학혁명 가운데서 다시 등장하여 근대 과학을 발전시키는 도구가 되었고, 19세기에는 찰스 다윈이라고 하는 가장 중요한 신봉자를 만났다. "다윈은 유물주의를 사회의 주류에서 일탈한 일부 사상가들의 광신적인 담론에서 근대 과학의 핵심적인 위치에 자리하는 영광스러운 과학적 원칙으로 변모시키는 데 공헌했다 … . 다윈은 인간 활동의 거의 모든 영역에 유물주의를 적용하려는 지적 혁명의 불씨를 제공했다. 이 새롭고 완벽한 '과학적' 유물주의는 경제와 정치에서부터 교육과 예술에 이르기까지 문화의 모든 영역에 영향을 미쳤다."

웨스트는 저서의 첫 두 장에서 유물주의의 등장을 비판적으로 고찰하고, 이어지는 한 장은 사회적 다윈주의를 공격하는 데 할애하였으며 [조지 W. 부시는 조지 길더, 뉴트 깅그리치(Newt Gingrich)와 함께 반사회적 다원주의자로 칭송을 받았고, 사회주의자들은 사회적 다윈주의에 철저히 물든 사람들로 평가되었다], 나머지 두 장에서는 현재 논란이 되고 있는 지적 설계 창조론을 옹호했다. 그의 비난 가운데는 진화론이 과학 수업시간에 동성애자들의 권익을 옹호하는 논리로 이용되었다는 주장도 담겨 있다.[16]

그런데 웨스트가 이런 분석을 한 보다 큰 목적은 현대 철학과 문화의 유물주의적 기반을 허물기 위함이었다. 그는 유물주의의 파괴적 영향으로서 (1) 처벌을 교화로 바꿈으로써 사법적 정의 면에서 자유 의지의 존재가 부정되었고, (2) 복지 면에서는 도덕적 원칙보다는 우생학이나 그 밖의 "과학적" 기법이 중시되고 있으며, (3) "비즈니스 과학"이 등장하여 인간을 광고를 통한 조작의 대상으로 다루고 있다. 또한 (4) 학교에서의 성교육이 자유로운 성행위를 조장하는 데 이용되어 왔고, 절제를 가르치지 못했으며, (5) 기독교적 금욕생활이 안락사와 낙태를 허용하는 죽음의 문화로 변모했다는 점을 들었다. 『미국에서의 다윈의 날』은 지적 설계론 지도 하의 과학 재건이 "유물주의가 과거의 정치와 문화에 끼친 만큼의 영향을 미래의 정치와 문화에 끼칠 것"이라는 주장으로 결론을 맺고 있다.

지적 설계론은 이처럼 쐐기의 날카로운 끝으로 인식되고 있으며, 쐐기를 더 깊이 박을수록 기독교 복음주의의 노선과 함께 하는 "문화재건"이 일어날 것이다.[17] 웨스트는 「C. S. 루이스와 유물주의」라는 논문에서 지적 설계론 운동 덕분에 "유물주의의 습격 이후 처음으로 우리는 유물주의가 붕괴되는 모습을 지켜볼 것이고, C. S. 루이스가 반세기 이전에 꿈꾸었던 대로 [기독교] 노선과 함께 하는 과학과 문화를 다시 발견하게 될 것이며, 현대 복지국가와 유물주의적 사회과학의 몰락을 보게 될 것"이라고 했다.[18]

와이커는 그의 저서 『도덕적 다윈주의 : 우리는 어떻게 향락주의자가 되었나』(*Moral Darwinism : How We Became Hedonists*)에서 (다윈주의를 포함하여) 근대 유물주의는 에피쿠로스의 유물주의가 성장한 것이며, "모든 종교를 파괴하기 위해 고안된 것"이라고 주장했다. "사회적 다윈주의와 우생학 … 방종주의, 낙태, 영아살해, 안락사, 생명체 복제"는 한마디로 유물주의에서 생겨난 향락주의이며, 그 책임은 첫째로 에피쿠로스에게, 다음으로는 다윈, 마르크스, 프로이트에게 물어야 한다고 주장했다.

『죽음의 문화의 건설자들』(*Architects of the Culture of Death*)란 저서에서 도날드 데 마르코와 와이커는 유물주의는 기독교의 "생명의 문화"에 맞서는 "죽음의 문화"라고 지칭했다. 이 책에서는 칼 마르크스, 찰스 다윈, 지그문트 프로이트, 오귀스트 꽁트, 장-폴 사르트르, 시몬느 보봐르, 빌헤름 라이히(Wilhelm Reich), 마가렛 미드(Margaret Mead), 마가렛 생거(Margaret Sanger)와 잭 커보키언(Jack Kevorkian)에게 각각 한 장씩을 할애하여 이들을 "신과 인간에 대한 깨달음을 스스로 차단하여 죽음의 문화를 만들어낸 사람들"이라고 비난했다. 『세상을 비튼 열 권의 책과 도움을 주지 못한 다섯 권의 책』(*Ten Books That Screwed the World, and Five Others That Didn't Help*)이란 저서에서 와이커는 니콜로 마키아벨리, 토마스 홉스, 장 자크 루소, 존 스튜어트 밀, 프리드리히 니체, 레닌, 알프레드 킨지(Alfred Kinsey), 베티 프리단(Betty Friedan)에게 각각 한 장씩을 할애하여 이들 모두가 유물주의를 받아들여 기독교 도덕을 배척했고 악을 위해 봉사했다고 비난했다. 다른 지적 설계론 지지자들의 저작에서도 다윈의 진화론은 히틀러에게 이어졌다고 비난한다. 와이커는 나치의 홀로코스트를 두고서 "다윈의 『인류의 유래와 성 선택』을 떠올리지 않을 수 없다"

고 평했다.[19]

사회과학, 문화 그리고 인간의 문명과 관련하여 쐐기의 뭉툭한 부분은 설계는 의미 있는 것(즉 신의 로고스)이며 유물주의는 무의미한 것이거나 (악 그 자체는 아닐지라도) 허무주의라고 말한다. 와이커와 위트는 에피쿠로스주의가 무의미한—목적이 없고 신도 없으며 우연의 지배를 받는—우주의 원형을 고안해냈다고 주장한다. 그들은 또한 역사과정을 통하여 "여러 샘과 개울이 흘러들어 유물주의/상대주의/허무주의라는 큰 강을 만들었지만 빅토리아 시대 이후로 그 강의 주요한 수원은 프로이트주의, 마르크스주의, 그리고 무엇보다도 다윈주의였다"고 했다. 프로이트는 모든 것을 "두 가지 동기—죽음에 대한 공포와 성적 욕구—로 환원시켰고", 마르크스는 모든 것을 "물질적 생산수단을 둘러싼 인간의 다툼으로 축소시켰으며, 모든 사고와 행위를 계급투쟁이라는 형태로 파악하고 정의했다." 그리고 다윈은 모든 것을 동물적인 "생존과 번식의 욕구"로 귀착시켰다.[20]

이들은 니체의 허무주의는 사르트르의 실존주의와 데리다의 극단적 상대주의 및 해체주의와 마찬가지로 유물주의의 당연한 결과라고 평가했다. 그들에 의하면 사르트르, 니체, 데리다는 "[문화를] 신의 로고스와 대립되는 인간이 만들어낸 거짓 의미로 가득 찬 유물주의의 어둠 속에 질식사시킨" 인물들이다. 특히 데리다는 "적나라한 허무주의적 어둠의 언어, 무의미한 세계에 걸맞은 무의미의 언어라는 개념을 발전시켜 … 그가 의도하지는 않았지만, 유물주의가 신을 제거하고 만들어낸 의미 없는 드라마의 의미를 그려냄으로써 매우 귀중한 공헌을 했다"는 비난을 받았다. 와이커는 『도덕적 다윈주의』에서 현대 사회가 에피쿠로스의 유물주의를 과학의 기반이자 현실을 보는 필터로 받아들인 결과로 어떤

일이 일어났는지 다음과 같이 지적했다 :

> 고대로부터 내려온 자연에 관한 탈도덕적 믿음이 부활했다. 기독교적 자연법칙의 도덕적 기반이었던 자연의 내재적 목적성이 다윈으로부터 치명적인 일격을 받았다 … . 유물주의자들이 개별적으로는 어떤 도덕적 품성을 갖고 있든지 간에 서구사회가 점차로 세속화됨에 따라 기독교 신앙(더 멀리는 유대교)에 이론적 역사적 근원을 둔 낙태, 영아살해, 우생학, 안락사, 성적 방종에 대한 거부감이 사라졌다는 것은 부인할 수 없는 사실이다. 이런 도덕적 전도(顚倒)의 원인은 세속화이며, 우리가 보아왔듯이 세속화의 원인은 도덕적 다원주의로 정점에 이른 에피쿠로스 유물주의의 등장이다.[21]

이런 상황에 대응하기 위해 제시된 것이 로고스라는 "의미 있는 세계"이며, 이것은 지적 설계론을 사회현상에 적용시킨 것이다. 와이커와 위트는 『의미 있는 세계』(*The Meaningful World*)라는 저서에서 "신성한 로고스를 … 아들과 동일시하는 것이 기독교의 고유한 면이다. 그러나 자연이 로고스를 드러내고 있다는 관념은 기독교 고유의 것은 아니다. 그런 관념은 이런저런 형태로 그리스와 로마의 철학에서 보이며, 특히 스토아 학파에서 강하게 나타났다"고 기술했다. 두 사람은 유물주의의 목표는 "신을 몰아내고 그 자리에 우연을 앉히는 것"이며, 그럼으로써 "선과 악이라는 두 실체(즉 신의 로고스)를 모두 몰아내는 것"이라고 하였다. 그러나 신이 없이는 의미도 도덕도 존재할 수 없다.[22]

과학과 인간의 자유에 불필요한 존재인 신

마르크스는 에피쿠로스가 "세계는 환상에서 깨어나야 하며, 특히 신들에 대한 두려움으로부터 해방되어야 한다. 세계는 나의 친구이기 때문이다"라고 주장했다고 한다.[23] 에피쿠로스는 신들을 물질세계와는 관계없는 존재로 보았고, 그래서 인간은 운명의 속박을 받지 않고 자연과 자유와 자신의 생명을 지킬 수 있다고 보았다. 이 때문에 에피쿠로스 철학은 설계론을 믿던 소크라테스, 플라톤, 스토아 학파, 초기 기독교로부터 차례로 공격을 받았다. 에피쿠로스는 기독교적 우주목적론의 주요한 적이었을 뿐만 아니라, 세계 소외적 특성을 가졌던 초기 기독교 교부들의 주요한 적이었다.

에피쿠로스의 "세계는 나의 친구"라는 말과는 정반대로 신약 시대의 사도 야고보는 "세상의 친구가 되고자 하는 자는 … 모두 신의 적"이라고 했다. 기독교 교리에 관한 한 토론에서 헬렌 엘러비(Helen Ellerbe)는 이렇게 지적했다 : "자연은 소외되고 … 자연은 악마의 영역으로 간주되었다. 교회는 그리스 신화의 자연의 신인 판(Pan)의 이미지를 악마를 묘사하는 데 사용했다. 머리에는 뿔이 나 있고 염소의 다리와 발굽을 가진 인간의 모습을 한 판은 번식이나 풍작을 상징하는 신들과 함께 농촌의 풍요를 가져다 주는 신으로 인식되었다 … . 이 신의 이름 '판'은 '모두'와 '빵'을 의미했다. 그러나 서기 천 년 무렵에 교회가 특정한 악마의 상을 제정하면서 판은 공포와 '공황'(panic)을 불러일으키는 사탄의 이미지를 갖게 되었다."[24]

기독교 교리의 특징인 물질세계에 대한 뿌리 깊은 혐오감은 20세기 중엽의 작가인 C. S. 루이스의 작품에서도 잘 드러나고 있는데, 그런 탓에 루이스는 지적 설계론 지지자들의 수호성인으로 추앙받고 있다. 루이스의 반유물주의/반자연주의는 1947년에 발표한 작품 『기적』에 명확하게 묘사되어 있다 :

> 자연주의자들은 자연이 존재하는 것만 생각한다. 자연이란 단어는 그들에게는 그저 "모든 것", "구경거리 전체", "무엇이든 있는 모든 것"을 의미한다. 자연이 그런 의미라면 자연 이외에는 아무 것도 존재하지 않는 것이 당연하다 … . 자연 이외에는 아무 것도 없다면 그러므로 이성이 역사적 과정을 통해서 등장해야만 한다. 물론 자연주의자들의 관점에서 보자면 이런 과정은 진리를 찾아낼 수 있는 정신적 태도를 만들어내도록 설계되지는 않았다. 설계자는 없었다.[25)]

『인간의 파괴』(*The Abolition of Man*)에서 루이스는 주로 유물주의적 관점에서 인간을 보는 것은 인간성의 파괴, 즉 비인간화와 도덕적 · 정신적 확신의 상실과 다름 없다고 주장했다. 3부작으로 이루어진 우주 공상과학 소설—『침묵의 행성으로부터』, 『페렐란드라』, 『악의 힘』—에서 루이스는 이런 관점을 더욱 발전시켜 지구를 사탄과 사탄의 유물주의 추종자들이 지배하는 (로고스로부터 단절된) "침묵의 행성"으로 설정한 반면, 화성과 금성은 천사들의 영역으로 설정했다. "침묵의 행성"은 그리스도를 통해 새 생명을 얻기를 기다리는 타락한 세계이다. 그러므로 물질적 변화는 위험하며 유토피아적(나아가 사탄적) 환상이다. 「위대한 신화의 죽음」(Funeral of a Great Myth)이란 글에서 루이스는 진화의 효력(최소한 진화론의 신화적인 내용)에 대해 의문을 제기했다. 그는 진화론을 진보의 신화를 담은 "대중적 상상"으로 보았다. 신은 이 세계를 위해 절대적으로 필수불가결한 존재이다. 진화의 개념은 근대 정치에서 "혁명의 시대"라고 불리는 시기에 등장했기 때문에 더욱 더 의심스럽다. 루이스는 또 「두 개의 논문」(Two Lectures)이란 글에서 로켓의 설계자가 있듯이 자연에도 설계자가 있음이 분명하다고 했다. 그는 작품을 통해 "우주가 절대적 선(자비로운 신)의 지배를 받지 않는다면 우리의 모든 노력은 장기적으로 희망이 없다"고 했다.[26]

그러나 자비로운 신이 존재하지 않음으로써 오는 절망은 유물주의의 특징이 아니다. 유물주의는 **호모 파버**(homo faber, 도구를 쓸 줄 아는 인간)에 희망을 걸고 있다. (루이스는 유물주의가 신을 왕좌에서 끌어내리고 "인간이 그 자리에 올라갔다. 인간은 신이 되었다"고 비난한다.)[27] 지적 설계론의 입장에서 볼 때 과학의 유물주의적 기반이 진실로 못마땅한 이유는 신을 거부했기 때문(무신론)이 아니라, 유물주의가 세속에서 신의 필요를 제거함으로써 세계와 인간의 자유를 위해 신이 쓸모없는 존재가 되었기 때문이다.

지적 설계론의 입장에서 볼 때 노골적인 유물주의 못지않게 못마땅한 대상은 찰스 퍼스(Charles Peirce)와 윌리엄 제임스(William James) 같은 미국식 실용주의자들이다. 이들은 신을 과학이라는 물질세계와는 직접적인 관련이 없으며, 다만 실용적이며 심리적인 면에서 필요한 존재로 전락시켰다. 퍼스—그는 자신에게 가장 큰 영향을 준 인물은 에피쿠로스라고 밝혔다—는 이렇게 말한 적이 있다 : "과학자의 마음 속에는 모든 신비적인 이론에 대해 강한 의문이 생기지 않을 수 없다. 그러므로 과학이 신학에 대해 적대적이지 않다는 것을 보여주려는 과학적인 사람들은 그들의 반대편에 서 있는 사람들의 속셈을 꿰뚫어 보지 못하고 있다."

퍼스에게 있어서 과학이 쉽게 받아들일 수 있는 유일한 종교는 신을 "최고의 이상"이란 추상적인 형식으로 제시하는 종교인데, 그런 신은 "실제의 존재와는 일치하지 않는다." 달리 말하자면, 그런 신은 순전히 물질적인 바탕 위에서 신을 파악해야 하는 물질세계에는 맞지 않는 존재이다. 퍼스의 관점으로는 자연의 영역을 유물주의에게 넘겨준다고 해서 종교적 도덕이나 신에 대한 믿음의 가능성이 배제되는 것은 아니다. 그는—에피쿠로스, 다윈, 마르크스, 굴드처럼—신(들)은 모든 세속적인 실체를 다루는 과학의 영역과는 관계가 없다고 주장했다. 마르크스 같은 변증법적 유물주의자들은 한걸음 더 나아가 신은 불필요한 존재일 뿐만 아니라 도착(倒錯)된 세계의 표현이며, 따라서 인간이 만든 소외된 산물이라고 주장했다.[28]

이제 우리는 지적 설계론 지지자들이 모든 유형의 유물주의적 사상—특히 에피쿠로스 학파와 현대의 세속적 삼위일체(다윈, 마르크스, 프로이트)—을 겨냥한 극도로 적대적인 공격의 전모를 이해할 수 있게 되었다. 필립 E. 존슨은 스피노자가 말한 신, 아인슈타인이 말한 신, 호킹이 말한 신은 추상작품이라고 비판했다. 존슨에게 있어서 굴드가 말한 비중첩영역은 종교가 "초자연적인 창조자(바로 예수로 체화된 존재), 자연 속에 스며 있는 성스러운 영혼, 생물학적 죽음 이후의 생명, 성서기록에 나타나는 신성한 계시 등을 주장하지 못하도록" 막는 "힘겨루기"에 불과했다. "이것은 다른 형태의 인종격리 정책과 같다." 신은 "인식대상으로서의 지위"를 상실했다. 그는 또 유물주의적 과학과의 "화해"는 "종교가 상상의 영역만을 논하고 객관적인 실체에 대해서는 독립적인 주장을 하지 않을 때만 유물주의자들이 받아들일 것이기 때문에" 성립할 수 없다고 했다.[29]

이와 마찬가지로 와이커는 굴드가 말한 비중첩영역 같은 유물주의적 접근법은 (항구적인 휴전을 목표로 하고 있으나) "도덕의 도덕성"은 종교에게 넘겨주지만 "도덕의 인류학"은 과학의 영역이라 고집한다고 비난한다. 그런데 유물주의는 에피쿠로스 이후로 지금까지(다윈, 마르크스, 프로이트를 포함하여) 근본주의와 도덕적 세계를 창조한 신의 지적 설계를 폄하하고 도덕의 도덕성을 도덕의 인류학에 종속시키려 해왔기 때문에 (유물주의의 접근법은) 속임수이다. 와이커의 말을 빌리자면, "자연에 관한 '사실에 입각한 결론' 은 필연적으로 이런 결론을 인간의 본성에 관한 탐구에도 적용시키려 할 것이고, 이는 곧 과학이 거짓 평화의 조건들을 지킬 수도 없고 지키려 하지도 않을 것임을 의미한다."[30] 당연한 얘기지만, 굴드가 비중첩영역을 제시한 의도는 도덕적 문제에 대한 신성한 해답이 없는 것과 마찬가지로 자연도 그런 문제에 대해 답변을 제시하지 못함을 강조하고자 함이었다. 우리가 무엇을 해야 하는가 하는 문제(도덕의 도덕성)는 매우 중요하지만 절대적인 해답은 없으며, 이 문제에 관한 해답은 인간이 살아가는 시대의 맥락 안에서만 찾을 수 있다.

사회과학자들도 그렇지만 자연과학자들은 세계가 예정되었다거나, 목적을 갖고 창조되었다거나, 기적과 신성한 개입에 의해 지배된다는 주장을 받아들이지 않는다. 지적 설계론의 부활은 유신론 철학자들(주로 근본주의 기독교인들)이 계몽주의 시대와 다윈주의 혁명 이후로 일반적으로 배제당해 왔던 물질세계를 다시 장악하기 위한 노력에서 나왔다. 그러므로 지적 설계론은 유물주의적 휴머니즘과 그것이 자연과 사회에 반영된 역사적 진화론에 대한 최초이자 가장 강력한 공격이다.

유물주의와 창조론(지적 설계론) 사이의 투쟁은 고대 그리스 시대로부터 지금까지 수천 년을 이어져 왔다. 수세기 전의 자연신학자들과 마찬가지로 오늘날의 지적 설계론 지지자들은 성서기록/계시에 부합하는 자연 속의 설계(또는 로고스)의 증거를 제시할 수 있다고 주장한다. 마르크스의 지상 비판의 기초인 천국 비판에 맞서서 지적 설계론 지지자들은 천국의 목적론을 입증하기 위해 지상세계(자연과 사회)의 목적론을 제시하고 있다.

과학 사회학자이자 지적 설계론 옹호자인 스티브 풀러는 유사(類似) 실용주의(미국적 실용주의와는 거리가 멀기는 하지만)를 바탕으로 하여 신성한 목적론은 과학보다 우수하다는 주장을 내놓았다. 풀러는 다윈주의가 편협한 유물주의에 집착하고 있다고 비난하면서 "다윈으로 대표되는 보편적 진화의 관점은 … 오히려 체계적인 과학적 탐구를 경시하고 궁극적으로 무한한 세계에서 나타나는 순간적인 물질적 조건을 설명하는 데 치중하는 경향이 있다"고 주장한다. 그의 주장에 따르면, 지적 설계론은 이와는 반대로 "과학에 대해 현대 진화론보다 더 확실한 '진보적' 태도를 보여주고 있다." "근본적으로 종교적인" 관점에 입각한 목적론적·인간중심적·계층적인 지적 설계론은 "인간의 고상함, 인간이 신의 형상으로 창조된 종임을 중시"한다는 것이다. 풀러는 지적 설계론에 대한 '믿음'은 그 내재적인 진실 가치도 중요하지만 과학보다는 우수한 결과를 생산해냈다고 주장한다. 그런데 풀러의 유사 실용주의적인 종교적 목적론 주장은 과학의 발전이 목적이 아니라 지적인 설계자의 존재를 증명하여 직접적인 종교적 진리를 밝히기를 원하는 사람들로부터는 오히려 경원당하고 있다.[31]

지적 설계론의 쐐기전략은 우리의 세계에 대한 이해를 끊임없이 축소시켜 주사위를 굴리든지(순전한 우연) 신을 믿든지 둘 중의 하나를 선택하도록 요구하면서 사실은 신이 복잡한 세계의 실체를 완전하게 설명할 수 있다고 강조한다. 그들은 순전한 우연은 충분한 설명이 될 수 없음이 판명되었으므로 오직 신만이 "환원 불가능한 복잡성"을 설명해 줄 수 있다는 주장을 내세워 우리가 퇴행적인 근본주의 기독교를 믿을 필요가 있다고 느끼도록 유도한다. 그들이 말하는 기독교란 신과의 주종관계이며, 성서기록과 계시를 바탕으로 한 신학이며 동성애, 낙태, 여성의 권리, 복지, 사회적 계획, 민주주의, 진보 등을 공격하는 문화적·정치적 운동이다.

반면에 세계에 대한 유물주의적이며 진화론적 접근은 자연적/물질적 과정의 복잡성, 즉 예정되지 않았으며 생명의 테이프를 다시 돌려보아야만 이해할 수 있는 우발적인 진화의 경로를 인정하고 지지한다. 유물주의의 영역에서는 세계는 자연과 역사의 풍부함에 노출되어 있으며, 항상 일어나고 있는 조정과 충돌과 변화의 과정이다. 다윈은 "지적 설계론"—현대적인 의미의 지적 설계란 용어를 처음 사용한 사람이 다윈이다—에 맞서 그것을 대체하는 "자연선택"—이 용어도 다윈이 고안했다—이라는 우발적인 세계를 제시했다. 그의 쐐기 비유는 자연계의 특징인 생동력, 끊임없는 변화, 다양성을 아울러 표현한 것이었다. 세계는 페일리의 시계처럼 기능적이고 기계적인 실체가 아니라 신성한 목적이 없이도 끊임없이 변모하는 진화론적 변화의 과정이며, 그 과정은 인간이 만들어낸 역사적 의미와 함께한다.

스티븐 J. 굴드는 저서 『다윈 출현 이후』(*Ever since Darwin*)에서 다윈의 진화론에 다음과 같이 평가했다 :

> 이 이론을 받아들이는 데 걸림돌이 되는 것은 과학적 난해성이 아니라 우리가 아직 버릴 준비가 되어 있지 않은 공고한 방벽으로 둘러

싸인 서구문화의 가치관을 향해 다윈이 도전적으로 던진 급진적인 철학적 메시지이다. 첫째, 다윈은 진화는 목적을 갖고 있지 않다고 주장했다. 개체는 그들의 유전자를 미래 세대를 통해 더 많이 표현하려고 노력한다는 것이 전부다 … . 둘째, 다윈은 진화에는 방향성이 없다고 주장했다. 보다 고도의 생명체로 진화하는 필연성은 존재하지 않는다. 생명체는 그들이 처한 환경에 더 잘 적응할 뿐이다 … . 셋째, 다윈은 자연을 해석함에 있어서 일관되게 유물주의 철학을 적용했다 … .

그렇다. 다윈이 출현한 이후로도 세계는 똑같지 않다. 세계는 역동적이며 교훈적이다. 자연 속에서 목적을 발견할 수 없다면 우리 스스로가 자연에 대한 정의를 내려야 한다 … . 나는 진정한 다윈주의 정신이 서구문화에 팽배한 오만함 때문에 고갈된 우리의 세계를 구제할 것이라고 믿는다. 인간은 미리 설계된 과정을 통해 만들어진 가장 고결한 존재이므로 세계와 세계의 생명체를 통제하고 지배할 운명을 갖고 태어났다—이것이 우리들의 오만함이다.[32)]

같은 취지로 프로이트는 과학적 세계관으로 종교적 세계관을 대체해야 인간이 자신의 환상과 억압으로부터 해방될 수 있고 인간의 자유가 보다 확대될 수 있다고 주장했다.

사회에 대한 유물주의적 해석의 여지를 넓히고 동시에 자연에 대한 유물주의적 해석을 확대하기 위해 마르크스는 천국과 지상 비판에 몰두했다. 마르크스의 관점에서 볼 때 천국에 대한 비판은 세속적 소외를 극복하기 위해 충분하지는 않지만 필수적인 조건이었으며, 그러기 위해서는 지상과 현실사회의 변화에 대한 비판도 동시에 진행해야 했다. 에피쿠로스에게서 영감을 얻은 마르크스는 자연계의 우발성을 강조했고, 그것은 동시에 인간 사회의 자유를 확대하기 위한 전제조건이기도 했다. 자연계를 둘러싼 논쟁이 중요한 이유는 바로 이것이다. 마르크스의 변증법에서는 인간사회는 자연의 축약이 아니었다. 그는 "인간의 생물학적 · 정신적 생명은 자연과 연결되어 있다고 하는 말은 인간은 자연의 한 부분이기 때문에 바로 자연은 인간 자신과 연결되어 있다는 의미"라고 했다.[33] 다윈이나 프로이트와 마찬가지로 마르크스는 자연과 사회의 관계를 공(共)진화의 하나로 본 것이다.

마르크스의 역사적 유물주의는 이러한 일관된 유물주의적 관점 때문에 지적 설계론을 비판할 때 활용할 수 있는 중요한 사회적 기반이 되었다. 역사적 유물주의는 자연과 사회 둘 다를 분석하는 단호한 비기계론적 · 비환원주의적 · 유물주의적 변증법을 낳았다. 하버드 대학의 생물학자이자 유전학자인 리처드 르원틴은 다윈과 마르크스의 이론을 바탕으로 하여 다음과 같은 확고한 유물주의적 · 과학적 견해를 밝힌 바 있다 :

> 우리가 과학이 갖고 있는 고유의 불합리성에도 불구하고, 과학이 건강과 생명에 관해 내세우는 과장된 약속에도 불구하고, 과학계가 실질적 내용이 없는 '그렇다고 하더라' 는 식의 주장을 쉽게 관용함에도 불구하고 과학의 편에 서는 이유는 우리가 이미 한 언약, 다시 말해 유물주의를 지키겠다는 언약을 했기 때문이다. 우리가 자연계에 대한 유물주의적 해석을 받아들이는 까닭은 과학의 방법론과 관습 때문에 어쩔 수 없이 그렇게 하는 것이 아니라, 오히려 실질적인 설명을 해주는 일련의 개념과 연구의 논리적 장치를 만들어내는 유물주의적 대의(大義)에 대한 선험적 확신 때문에 그렇게 하지 않을 수 없는 것이다. 직관과 배치되고

풋내기를 우롱하는 면이 없는 것은 아니나 유물주의는 너무나 확고하기 때문에 우리는 성스러운 존재가 우리의 문간에 발을 들여놓게 할 수 없는 것이다.[34]

마르크스(또한 다윈, 프로이트, 굴드)의 관점에서 볼 때 "성스러운 존재의 발길"을 자연계와 물질계에 들여놓지 못하게 막는 싸움은 결정적으로 중요한 것이었다. 그런데 유물주의적 인간중심주의의 또 다른 영역인 사회 · 역사적 세계에서도 마찬가지이다. 진정한 과학의 첫 번째 과제는 실재 세계에 관한 인간의 지식을 강화함으로써 종교적 소외를 극복하는 것이었다. 루크레티우스가 "물체는 신들의 도움 없이 생겨난다"고 했듯이 마르크스에게 있어서 인간의 본성 및 재능의 발전과 새로운 빈곤의 발생 등을 포함한 인간의 역사는 모두가 자연의 한 부분으로서 스스로 적응하며 "신들의 도움 없이" 존재하는 인간에 의해 만들어진다.[35] 역사에 설계의 증거가 있다면 그것은 지속적으로 자연계와 신진대사적인 상호 교환을 하는 설계자가 있기 때문이다. 그런데 그 설계자는 발전과 자유를 위한 끊임없는 역사적 · 우발적 투쟁의 결과로 생겨난 다름 아닌 인간 자신이다. 비코가 말한 대로 인간의 역사는 (언제나 우리 스스로의 선택에 따른 것은 아니지만) 우리가 만들었기 때문에 우리는 역사를 알 수 있다. 자연과 우리의 관계 또한 제한된 범위 내에서이기는 하지만 우리 자신의 선택의 문제이다.

스피노자는 우리를 둘러싼 세계를 이해하기 위한 간절한 시도로서 "신의 의지"를 찾는 것은 "무지라고 하는 피난처"에 숨는 것이라 했다. 그것은 인간의 자유와 사회적 존재로서 우리들 서로에 대한 책임을 부인하는 것이며, 아울러 자연에 대한 우리의 책임—생명 그 자체—을 부인하는 것이다. 마르크스는 이렇게 선언했다. "역사를 개척해 나가려는 의지를 갖고 있고 절대적으로 자유로워지기를 바라는 심장 속에 마지막 한 방울의 피가 남아 있는 한 철학은 결코 지치지 않고 그 적대자들을 향하여 에피쿠로스의 주장을 인용하여 외칠 것이다 : '진정으로 불경한 자는 군중이 경배하는 신들을 부정하는 자가 아니라 군중이 신들에 대해 믿는 바를 긍정해 주는 자라고.'"[36] 신들이 마침내 지상으로부터 사라져야 비로소 이성과 과학과 인간의 자유의지가 진정한 활동을 시작할 것이다. 에피쿠로스는 고대에 이미 이를 깨닫고 있었다.

:: 주 ::

1 Stephen Jay Gould, *Eight Little Piggies*(New York : W. W. Norton, 1993), 302에 인용된 다윈의 말 ; Charles Darwin, *On the Origin of Species*(Cambridge, Mass. : Harvard University Press, 1964), 67 ; Charles Darwin, *Charles Darwin's Notebooks, 1836–1844*(Ithaca, N. Y. : Cornell University Press, 1987), 375–76.

2 Gould, *Eight Little Piggies*, 303–12. Gould는 다윈이 쐐기의 비유를 사용한 것은 그가 살던 빅토리아 시대의 편견에 맞추어 자연선택으로 나아가는 방향성이 있다고 설명하기 위함이었다고 한다. 다윈은 일반적으로 자연적 진화에는 방향성(또는 목적)이 있다는 주장을 받아들이지 않았다. Gould, *Ever Since Darwin*(New York : W. W. Norton, 1977), 12–13을 보라.

3 Phillip E. Johnson, *Defeating Darwinism*(Downers Grove, Ill. : Intervarsity Press, 1997), 92 ; Barbara Forrest와 Paul R, Gross, *Creationism's Trojan Horse : The Wedge of Intelligent Design*(Oxford : Oxford University Press, 2007), 22.

4 William A. Dembski(편), *Darwin's Nemesis*(Downers Grove, Ill. : InterVarsity Press, 2006), 100에 수록된 William A. Dembski의 "Dealing with the Blacklash Against Intelligent Design."

5 William A. Dembski, *The Design Revolution*(Downers Grove, Ill. : InterVarsity Press, 2004), 306–9 ; Niall Shanks, *God, the Devil, and Darwin*(Oxford : Oxford University Press, 2006), 11–12, 157–59, 258 ; Eugene C. Scott, *Evolution vs. Creationism*(Berkeley : University of California Press, 2004), 125–26.

6 Phillip E. Johnson, *The Wedge of Truth : Splitting the Foundations of Naturalism*(Downers Grove, Ill. : Inter Varsity Press, 2000), 14.

7 Center for Renewal of Science and Culture, Discovery Institute, http://www.antievolution.org/features/wedge.html ; Forrest와 Gross, *Creation's Trojan Horse* 30 ; Andrew J. Petto와 Laurie R. Godfrey(편저), *Scientists Confront Intelligent*

Design and Creationism(New York : W.W. Norton & Company, 2007), 110–128에 수록된 John R. Cole의 "Wielding the Wedge."

8 Scott, *Evolution vs, Creationism*, 124–25에 인용된 Center for Renewal of Science and Culture, Discovery Institute.

9 William A. Dembski, *Intelligent Design : The Bridge Between Science and Theology* (Downers Grove, Ill. : Inter Varsity Press, 1999), 107, 246–52.

10 William Dembski와 James Kushiner(편), *Signs of Intelligence*(Grand Rapids, Mich. : Brozos Press, 2001), 192에 수록된 William Dembski의 "Signs of Intelligence."

11 William A. Dembski, *Intelligent Design*, 102–3, 187–210, 225–30.

12 Ibid., 191–93 ; Edward Humes, *Monkey Girl*(New York : HarperCollins, 2007), 71에 인용된 Johnson의 말.

13 Center for Renewal of Science and Culture, Discovery Institute, *The Wedge Strategy*, http://www.antievolution.org/features/wedge.html ; Dembski와 Kushiner(편), *Signs of Intelligence*, 51–59에 수록된 Jay Wesley Richards의 "Proud Obstacles and a Reasonable Hope."

14 Dembski, *Intelligent Design*, 261–264 ; Dembski와 Kushiner(편), *Signs of Intelligence*, 7–12에 수록된 Dembski의 "Introduction" ; Benjamin Wiker와 Jonathan Witt, *A Meaningful World*(Downers Grove, Ill. : Inter Varsity Press, 2006), 28–29.

15 John G. West, *Darwin Day in America*(Wilmington, Del. : Intercollegiate Studies Institute Books, 2007), 6–8. West는 에피쿠로스의 학설을 비교적 상세히 언급한 논문에서 에피쿠로스의 유물주의는 자유의지와 모순되지 않음을 인정하였다.

16 John G. West, *Darwin Day in America*, 41–42, 118–22, 216.

17 West, *Darwin Day in America*, ix–x, 375 ; William Dembski와 James Kushiner(편), *Signs of Intelligence*, 60–69에 수록된 John G. West의 "The Regeneration of Science and Culture : The Cultural Implications of Scientific Materialism Versus Intelligent Design" ; Shank, *God, the Devil, and Darwin*, 226–29.

18 John G. West, "C. S. Lewis and Materialism," *Religion and Liberty* 6/6(1996. 11–12) : 6–8.

19 Benjamin Wiker, *Moral Darwinism : How We Became Hedonist*(Downers Grove, Ill. : Inter Varsity Press, 2002) ; "Darwin as Epicurean : Interview," *Touchstone* 15/8 (2002. 10), http://www.touchstone.mag/ ; *Ten Books That Screwed the World : And Five Others That Didn't Help*(Washington, D. C. : Regnery Publishing, 2008), 147. Donald De Marco와 Benjamin Wiker, *Architect of the Culture of Death*(San

Francisco : Igniatius Press, 2004). 다윈의 이론이 히틀러가 등장하는 길을 닦아주었다는 주장은 Wiker만 한 게 아니라 Center for Science and Culture의 연구원인 Richard Weikart도 그의 저서 *From Darwin to Hitler*(New York : Palgrave Macmillan, 2004)에서 주장했다. Fuller는 Weikart의 저서를 기초로 하여 다윈주의, 환경사회학과 생태학은 이런 저런 형태로 "인종적 위생학" 및 "혈통과 자연환경"과 연결되어 있다고 주장했다. Steve Fuller, *Science vs. Religion?* (Cambridge : Polity Press, 2007), 149를 보라.

20 Wiker와 Witt, *A Meaningful World*, 16, 60.

21 Ibid., 108,-9, 247-49 ; Wiker, *Moral Darwinism*, 296-97.

22 Wiker와 Witt, *A Meaningful World*, 248.

23 Karl Marx와 Frederick Engels, *Collected Works*(New York : International Publishers, 1975), 5 : 141-42.

24 야고보서 3 : 13-14, 4 : 4. Wesley Center Online, http://www.wesley.nnu.edu/john-wesley/Wesley-NT/20-Jam.html에 실려 있는 "The General Epistle of St. James"(John Wesley 번역) ; J. B. S. Haldane, "Auld Hornie, F. R. S.," *The Modern Quarterly*, no. 4(1946. 가을) : 39-40 ; Hellen Ellerbe, *The Dark Side of Christianity*(Windermer, Florida : Morningstar and Lark, 1995), 140을 보라.

25 C. S. Lewis, *Miracles*(New York : Harper and Row, 1960), 6, 27-28.

26 C. S. Lewis, *The Abolition of Man*(New York : HarperCollins, 1974) ; *Out of the Silent Planet*(New York : Macmillan, 1971) ; *The Seeing Eye*(New York : Ballantine, 1967), 113-29 ; *God in the Dock*(Grand Rapids, Mich. : Eerdmans, 1970), 20811 ; Jeffrey D. Schultz와 John G. West(편), *The C. S. Lewis Readers' Encyclopedia* (Grand Rapids, Mich. : Zondervan Publishing House, 1998), 158-59, 178-79, 308-9, 316-17, 360-61, 396-99, 425 ; J. B. S. Haldane, "More Anti-Lewisite," http://www.solcon.nl/arendsmilde/cslewis/reflections/e-haldane.htm#Anti-Lewisite.

27 Lewis, *The Seeing Eye*, 121.

28 Charles S. Peirce, *Essays in the Philosophy of Science*(New York : Bobbs-Merril, 1957). William James의 지적 설계 비판에 관해서는 James, *Varieties of Religious Experience*(New York : Modern Library, 2002), 535-38을 보라. Nancy Pearcey는 지적 설계론의 입장에서 Peirce의 사상이 에피쿠로스의 영향을 받았고 Peirce는 "정신의 다윈주의자"라고 공격하고 있다. Nancy Pearcey, *Total Truth : Liberating Christianity From Its Cultural Captivity*(Wheaton, Ill. : Good News Publications, 2004), 235-36, 389를 보라. Peirce와 에피쿠로스의 관계에 관해서는 Diana S. Gordon과 David R. Suits(편), *Epicurus : His Continuing Influence and Con-*

temporary Relevance(Rochester, N. Y. : Rochester Institute of Technology, Cary Graphics Arts Press, 2003), 139–55에 수록된 David R. Suits의 "The Fixation of Satisfaction : Epicurus and Peirce on the Goal"을 보라.

29 Johnson, *Wedge of Truth*, 86–87, 91–92, 99–101.

30 Wiker, *Moral Darwinism*, 314–15.

31 Fuller, *Science vs. Religion*, 1–3.

32 Stephen J. Gould, *Ever Since Darwin*(New York : W. W. Norton, 1977), 12–13.

33 Karl Marx, *Early Writings*(London : Penguin, 1974), 328. 역설적이게도 Dembski는 마르크스에 대해 반박하면서 그리스도는 신이자 동시에 인간이므로 그리스도에 대한 믿음이 인간소외를 예방한다고 주장한다. 그는 "그리스도 자신이 인간이었다. '인간적인 것은 어느 것도 나로부터 소외되어 있지 않다'는 것이 칼 마르크스의 금언이었다. 그런데 기독교인만큼 이 금언을 지키는 사람은 없다." 그런데 여기서 Dembski가 말하는 소외란 기독교의 영적인 의미이며 마르크스가 지적한 자연적 사회적 존재로서의 인간 소외를 말하는 것이 아니다. Dembski, *Intelligent Design*, 206–207을 보라.

34 Richard Lewontin, "Billions and Billions of Demons," *New York Review of Books* 64/1(1997. 1. 9) : 28–32.

35 István Mészáros, *Marx's Theory of Alienation*(London : Merlin Press, 1971), 162–89.

36 Benedict Spinoza, *Ethics*(London : Penguin, 1996), 29 ; Marx와 Engels, *Collected Works*, 1 : 30.

색인

[ㅂ]

[ㅅ]

[ㅊ]

[ㅋ]

[ㅌ]

[ㅍ]

[ㅎ]

지은이

• **존 벨라미 포스터**(John Bellamy Foster)

『벌거벗은 제국주의』(*Naked Imperialism*), 『마르크스의 생태학』(*Marx's Ecology*), 『취약한 지구』(*The Vulnerable Planet*)의 저자. Monthly Review 편집자. 오레곤 대학 사회학과 교수.

• **브렛 클라크**(Brett Clark)

노스 케롤라이나 주립대학 사회학과 조교수.

• **리차드 요크**(Richard York)

오레곤 대학 사회학과 조교수. *Organization & Environment*의 공동편집자.

옮긴이

• **박종일**(朴鐘一)

고려대학교 정치외교학과 졸업

30여 년간 기업에서 일한 후 은퇴하여 지금은 번역가로 활동 중이다.

번역서로는

John Bellamy Foster 저, 『벌거벗은 제국주의』(공역, 2008, 인간사랑)

Jan Melissen 편저, 『신공공외교』(공역, 2008, 인간사랑)

범문란(範文瀾) 저, 『중국통사(中國通史)』(상/하)(2009, 인간사랑)

Joseph Cummins 저, 『미국 대통령선거 이야기』(2009, 인간사랑)

다윈주의와 지적 설계론

초판1쇄 / 2009년 3월 30일

지은이 **존 벨라미 포스터, 브렛 클라크, 리차드 요크**
옮긴이 **박종일**
펴낸이 **여국동**
펴낸곳 **도서출판 인간사랑**
인 쇄 **백왕인쇄**
제 본 **은정제책사**

출판등록 1983. 1. 26. / 제일 3호

(411- 815) 경기도 고양시 일산구 백석동 1178-1
TEL (031)901-8144, 907-2003
FAX (031)905-5815
e-mail/igsr@yahoo.co.kr / igsr@naver.com

정가 15,000원

ISBN 978-89-7418-273-1 93130

※ 잘못된 책은 교환해 드립니다.